U0895261

网络安全核心技术
及其软件编程理论研究

桑志国　金　峰　著

中国原子能出版社

图书在版编目(CIP)数据

网络安全核心技术及其软件编程理论研究/桑志国，金峰著. --北京：中国原子能出版社，2018.9

ISBN 978-7-5022-9428-1

Ⅰ.①网… Ⅱ.①桑… ②金… Ⅲ.①计算机网络一网络安全一程序设计一研究 Ⅳ.①TP393.08

中国版本图书馆 CIP 数据核字(2018)第 235904 号

内容简介

处于互联网时代，网络安全在信息领域中的地位从一般性的防卫手段变成了非常重要的安全防御措施。本书主要围绕网络安全研发的主要领域与方向，对涉及网络安全的技术展开讨论，在介绍技术的同时，还会对相关软件编程理论进行讨论。本书主要内容包括：套接字 Socket 网络编程、防火墙部署及编程理论、网络端口扫描技术及程序设计、TCP/IP 数据包安全技术及编程理论、E-mail 安全技术及编程理论、网络信息加密传输技术及编程理论、客户机/服务器程序设计等。本书结构合理，条理清晰，内容丰富新颖，是一本值得学习研究的著作。

网络安全核心技术及其软件编程理论研究

出版发行　中国原子能出版社（北京市海淀区阜成路 43 号　100048）
责任编辑　张　琳
责任校对　冯莲凤
印　　刷　北京亚吉飞数码科技有限公司
经　　销　全国新华书店
开　　本　787mm×1092mm　1/16
印　　张　19.5
字　　数　349 千字
版　　次　2019 年 3 月第 1 版　2024 年 9 月第 2 次印刷
书　　号　ISBN 978-7-5022-9428-1　　定　价　78.00 元

网址：http://www.aep.com.cn　　E-mail：atomep123@126.com
发行电话：010－68452845

前　言

Internet应用技术、无线网络技术和网络安全技术的研究与发展，使得计算机网络技术进入了一个更高的阶段，正在对社会产生着前所未有的影响。计算机网络已经和电力、电话一样，成为支持现代社会整体运行的基础设施。目前，网络技术发展迅速、应用广泛、知识更新快、产业发展势头强劲，是一个充满活力与机遇的领域。

社会对网络人才的需求十分强烈，但是真正懂得网络安全技术、具备深入网络协议内部的高层次网络应用系统设计和网络软件编程的人才非常缺乏，他们也是社会急需的高级专业人才。基于这样的认识，作者写作了本书，旨在让读者了解网络安全核心技术的同时提高软件编程能力。

由于网络安全的内容非常丰富，本书以加强实践性、提高实用性为目的进行写作，讲究知识性、系统性、条理性、连贯性，注重知识概念，强调深入浅出。本书以清晰的思路、合理的体系、通俗的语言，向读者介绍计算机网络核心技术的基本理论、基本知识和常用技术，在注重网络安全基础理论上，又着眼提高读者软件编程能力。本书的特点是技术性和编程方法的结合，实践性很强，既基于编程又不限于编程。本书文字简明、图表准确、通俗易懂，用循序渐进的方式叙述网络安全知识，对网络信息安全技术难点的介绍适度，内容安排合理。

全书分为8章，第1章绪论，第2章套接字Socket网络编程理论，第3章防火墙部署及编程理论，第4章网络端口扫描技术及程序设计，第5章TCP/IP数据包安全技术及编程理论，第6章E-mail安全技术及编程理论，第7章网络信息加密传输技术及编程理论，第8章客户机/服务器程序设计。

本书的撰写凝聚了作者的智慧、经验和心血，在撰写过程中参考并引用了大量的书籍、专著和文献，在此向这些专家、编辑及文献原作者表示衷心的感谢。由于作者水平有限以及时间仓促，书中难免存在一些不足和疏漏之处，敬请广大读者和专家给予批评指正。

作　者

2018年7月

目 录

第1章 绪 论

网络安全(network security)是抵御内部和外部各种形式的威胁,以确保网络安全的过程。当今大部分的现代网络都有很多资源需要被保护,这是因为大多数企业都部署了网络系统,并通过网络以数字形式而不是其他形式(比如纸质印刷形式)向用户提供信息。因而,需要保护的资源数量显著增长。

1.1 网络安全策略的要素

为了透彻了解什么是网络安全策略,我们可以对网络安全策略最重要的元素进行分析以帮助理解。RFC 2196 列出以下内容作为一个安全策略的要素。

①计算机技术购买准则,指明了需要的或者涉及的安全特性。这些特性应该是对现有企业的IT产品采购计划的补充。

②保密策略,定义例如监控电子邮件、记录键盘输入和访问用户文件等与保密相关的、合理的期望行为。

③访问策略,用于定义访问权限,制订最终用户、运营部门的员工和管理者可接受的使用准则,以便保护网络资产不会丢失或者泄密。它应该为外部连接、数据通信、向网络中连接设备和向系统中添加新的软件提供指导准则。它还应该包括所有的提示信息(例如,访问设备的提示信息应提供关于授权使用的警告信息和在线监控信息,而不是只简单地说“欢迎”)。

④职责策略,用于定义最终用户、运营部门和管理者的职责。它应该规定审计能力并且提供事故处理准则(例如,如果检测到一个可能的入侵的话,应该做什么以及和联系谁)。

⑤认证策略,通过一个有效的密码策略建立信任机制,以及为认证远程用户和设备使用提供准则(例如一次性密码和产生一次性密码的设备)。

⑥可用性声明,用来定义用户对资源可用性的期望值。它应该包含地

址冗余和故障恢复等问题，也指明操作时间和维护停机时间。它还应包括报告系统和网络故障的联系人等信息。

⑦信息技术系统和网络维护策略，描述为允许内部和外部维护人员处理和访问网络资源时所使用的技术。这里提出的一个重要议题，是否允许远程维护以及怎样控制这样的访问，这时需要考虑的另一个领域是外包以及怎样管理它。

⑧违规行为报告策略，用以指明哪种类型的违规是必须汇报的（例如，保密和安全，内部的和外部的），以及报告生成后向谁汇报。在不具威胁性并且允许匿名报告的前提下，侦测到某种违规行为并且进行汇报的概率会增加。

⑨支持信息，它针对每种违反策略的行为而提供给用户、员工和管理者相关的联系信息；当遇到一个安全事故时如何处理来自外部的咨询，或者哪些信息应被当成保密或是私有的；以及安全程序的交叉引用和所有与其相关的信息，比如公司策略和政府的法律法规。

1.2 构建及部署网络安全策略

1.2.1 构建网络安全策略

网络安全策略定义了一个框架，它基于风险评估分析以保护连接在网络上的资产。网络安全策略对访问连接在网络上的不同资产定义了访问限制和访问规则，它还是用户和管理员在建立、使用和审计网络时的信息来源。

网络安全策略在范围上应该是全面和广泛的。这也就意味着当我们要基于这个策略做安全方案的时候，它应该提供一些摘要性的原则，而不是这个策略实现的具体细节等内容。这些细节可能一晚上就变了，但是这些细节所反映的一般性原则是保持不变的。

S. Garfinkel 和 G. Spafford 在 *Practical Unix and Internet Secwrity* 一书中，定义了一个策略应该完成的3个任务：

①阐明保护什么和为什么保护它。

②规定谁负责提供这种保护。

③为解释和解决以后可能出现的任何冲突打下基础。

第一点是关于资产确定和风险评估的一个分支。风险评估在本质上就是一个阐明为什么网络上的资产需要得到保护的客观的方法。第二点阐述了由谁来确保网络上的安全需求都得到了满足，可以是下面的一个或多个：

- 网络的用户；
- 网络管理员和主管；
- 审计网络使用的审计员；
- 拥有网络和相关资源全部所有权的管理人员。

重要的是第三点，因为对于策略中不包括的问题，它把职责指定到某些特定个人，而不是让他们任意解释。为了使安全策略落到实处，它必须是通过现有的技术可以实现的策略。如果构建了一个非常全面的策略但在技术上却无法实现，那也毫无用处。

就用户对网络资源使用的易用性而言，有两种类型的安全策略。

- 许可性的(permissive)——任何没有明确禁止的都是允许的。
- 限制性的(restrictive)——任何没有明确允许的都是禁止的。

从安全的角度来说一个比较好的办法是，首先部署一个限制性的策略，然后基于日后的实际使用再对合法的用户进行允许操作。要知道无论计划得多么周密，许可性的策略总还是会有漏洞存在的。

安全策略需要平衡易用性、网络性以及在规则中定义的安全问题。这一点是重要的，因为与那些不太严格但不会耗费太多网络性的安全策略相比，限制性过高的安全策略会导致成本增加。当然，风险分析所确定的最小安全需求在部署安全策略时必须得到满足。

1.2.2 部署网络安全策略

定义了安全策略之后，下一步要做的就是部署它。部署安全策略不是一件简单的事情，它包括技术性和非技术性两方面的内容。找到能够互相兼容的设备，并且通过这些设备真正地实现安全策略极具挑战性，同时对所有相关团队提出一个切实可行的设计也同样困难。

在开始实现安全策略之前，有几点需要记住：

①公司中所有的风险承担者，包括管理人员和终端用户，必须都同意或者一致同意这个安全策略。如果不是每个人都相信这个安全策略是必须的话，那么维护这个安全策略将非常困难。

②用“为什么安全是重要的”来培训用户和相关的团体(包括管理人员)是至关重要的。必须确保所有的团体都理解制定的安全策略及其实现它的原因。这种培训必须是持续性的，以便让新加入的员工知道网络安全相关

的问题。

③安全不是凭空得来的。实现安全的代价是昂贵的，并且需要经常性投入，而不是一次性支出就一劳永逸了。因此让企业管理者和财务人员了解安全策略中计划的费用和风险分析是很重要的。

④必须为不同的人清楚地定义他们在网络中的职责分工及相互之间的报告关系。

部署一个安全策略的时候，牢记这些问题将能够帮助你实现一个物理设备和用户思想上的双重安全策略。

1.3 网络体系结构及协议

1.3.1 协议与划分层次

在计算机网络中要做到有条不紊地交换数据，就必须遵守一些事先约定好的规则。这些规则明确规定了所交换的数据的格式以及有关的同步问题。这里所说的同步不是狭义的（即同频或同频同相）而是广义的，即在一定的条件下应当发生什么事件（例如，应当发送一个应答信息），因而同步含有时序的意思。这些为进行网络中的数据交换而建立的规则、标准或约定称为网络协议（network protocol）。网络协议也可简称为协议。更进一步讲，网络协议主要由以下三个要素组成：

①语法，即数据与控制信息的结构或格式。

②语义，即需要发出何种控制信息、完成何种动作以及做出何种响应。

③同步，即事件实现顺序的详细说明。

由此可见，网络协议是计算机网络不可缺少的组成部分。实际上，只要想让连接在网络上的另一台计算机做点什么事情（例如，从网络上的某台主机下载文件），就必须要有协议。但是当我们经常在自己的个人电脑上进行文件存盘操作时，就不需要任何网络协议，除非这个用来存储文件的磁盘是网络上的某个文件服务器的磁盘。

协议通常有两种不同的形式。一种是便于人来阅读和理解的文字描述，另一种是让计算机能够理解的程序代码。这两种不同形式的协议都必须能够对网络上的信息交换过程做出精确的解释。

ARPANET 的研制经验表明，对于非常复杂的计算机网络协议，其结构应该是层次式的。我们可以举一个简单的例子来说明划分层次的概念。

现在假定在主机 1 和主机 2 之间通过一个通信网络传送文件。这是一项比较复杂的事情，因为需要做不少的工作。例如，发送端的文件传送应用程序应当确信接收端的文件管理程序已做好接收和存储文件的准备。若两台主机所用的文件格式不一样，则至少其中的一台主机应完成文件格式的转换。这两项工作可用一个文件传送模块来完成。这样，两台主机可将文件传送模块作为最高的一层(图 1-1)。在这两个模块之间的虚线表示两台主机系统交换文件和一些有关文件交换的命令。

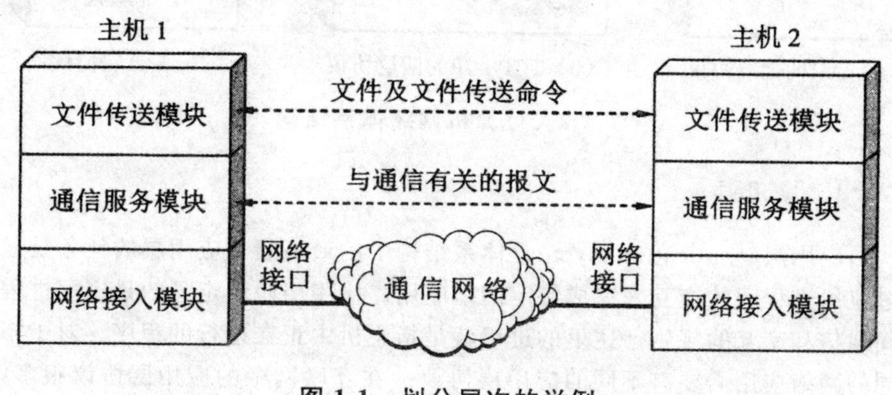

图 1-1 划分层次的举例

1.3.2 具有五层协议的体系结构

OSI 的七层协议体系结构[图 1-2(a)]的概念清楚，理论也较完整，但它既复杂又不实用。TCP/IP 体系结构则不同，它得到了非常广泛的应用。TCP/IP 是一个四层的体系结构[图 1-2(b)]，它包含应用层、运输层、网际层和网络接口层(用网际层这个名字是强调这一层是为了解决不同网络的互连问题)。不过从实质上讲，TCP/IP 只有最上面的三层，因为最下面的网络接口层并没有什么具体内容。因此在学习计算机网络的原理时往往采取折中的办法，即综合 OSI 和 TCP/IP 的优点，采用一种只有五层协议的体系结构[图 1-2(c)]，这样既简洁又能将概念阐述清楚。有时为了方便，也可把最底下两层称为网络接口层。

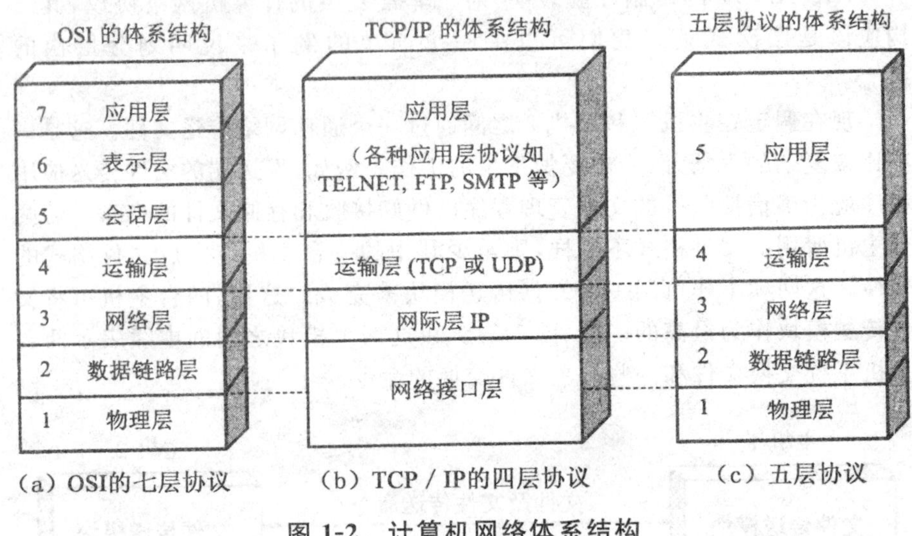

(a) OSI的七层协议　(b) TCP / IP的四层协议　(c) 五层协议

图 1-2　计算机网络体系结构

1. 应用层

应用层(application layer)是体系结构中的最高层。应用层的任务是通过应用进程间的交互来完成特定网络应用。应用层协议定义的是应用进程间通信和交互的规则。这里的进程就是指主机中正在运行的程序。对于不同的网络应用需要有不同的应用层协议。在互联网中的应用层协议很多，如域名系统 DNS、支持万维网应用的 HTTP 协议、支持电子邮件的 SMTP 协议等等。我们把应用层交互的数据单元称为报文(message)。

2. 运输层

运输层(transport layer)的任务就是负责向两台主机进程之间的通信提供通用的数据传输服务。应用进程利用该服务传送应用层报文。所谓“通用的”是指并不针对某个特定网络应用，而是多种应用可以使用同一个运输层服务。由于一台主机可同时运行多个进程，因此运输层有复用和分用的功能。复用就是多个应用层进程可同时使用下面运输层的服务，分用和复用相反，是运输层把收到的信息分别交付上面应用层中的相应进程。

3. 网络层

网络层(network layer)负责为分组交换网上的不同主机提供通信服务。在发送数据时，网络层把运输层产生的报文段或用户数据报封装成分组或包进行传送。在 TCP/IP 体系中，由于网络层使用 IP 协议，因此分组也叫做IP数据报，或简称为数据报。

4. 数据链路层

数据链路层(data link layer)简称链路层。我们知道，两台主机之间的数据传输，总是在一段一段的链路上传送的，这就需要使用专门的链路层的协议。在两个相邻结点之间传送数据时，数据链路层将网络层交下来的IP数据报组装成帧(framing)，在两个相邻结点间的链路上传送帧(frame)。每一帧包括数据和必要的控制信息(如同步信息、地址信息、差错控制等)。

5. 物理层

物理层(physical layer)为数据链路层提供比特传输服务，确保比特在通信子网中从一个节点传输到另一个节点上。物理层协议主要定义传输介质接口的电气的、机械的、过程的和功能的特性，包括接口的形状、传输信号电压的高低、数据传输速率、最大传输距离、引脚的功能以及动作的次序等。

1.3.3 TCP/IP的体系结构

TCP/IP的体系结构比较简单，它只有四层。图1-3给出了用这种四层协议表示方法的例子。请注意，路由器在转发分组时最高只用到网络层而没有使用运输层和应用层。

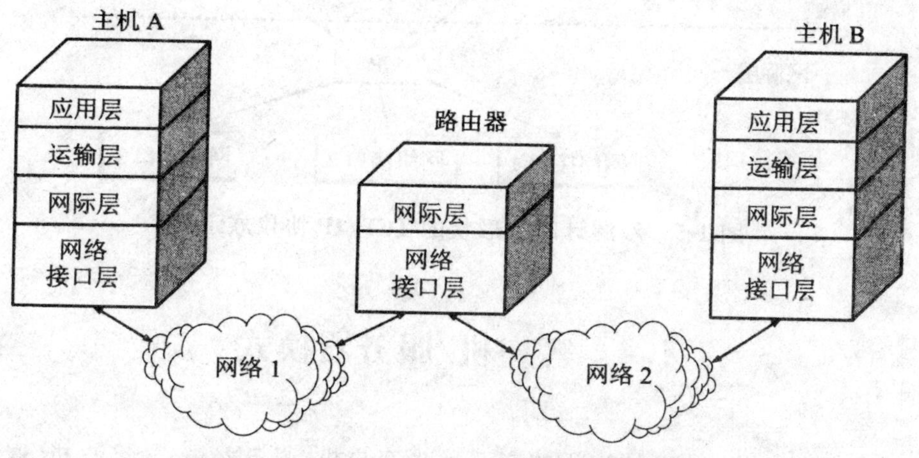

图1-3 TCP/IP四层协议的表示方法举例

应当指出，技术的发展并不是遵循严格的OSI分层概念。实际上现在的互联网使用的TCP/IP体系结构有时已经演变成为图1-4所示的那样，即某些应用程序可以直接使用IP层，或甚至直接使用最下面的网络接口层，图1-4就是这种表示方法。

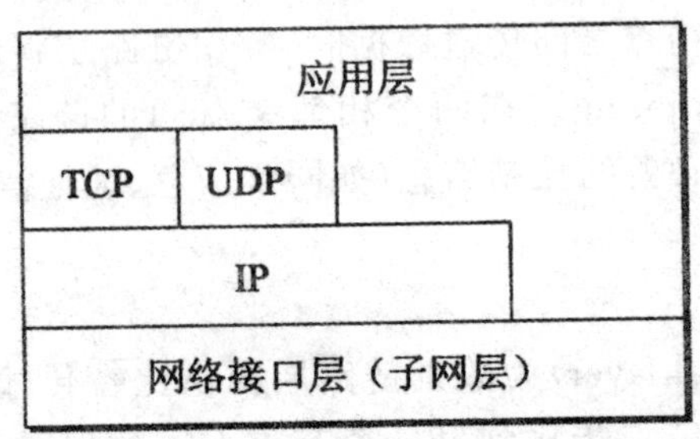

图1-4 TCP/IP体系结构的另一种表示方法

还有一种方法，就是分层次画出具体的协议来表示TCP/IP协议族（图1-5），它的特点是上下两头大而中间小：应用层和网络接口层都有多种协议，而中间的IP层很小，上层的各种协议都向下汇聚到一个IP协议中。

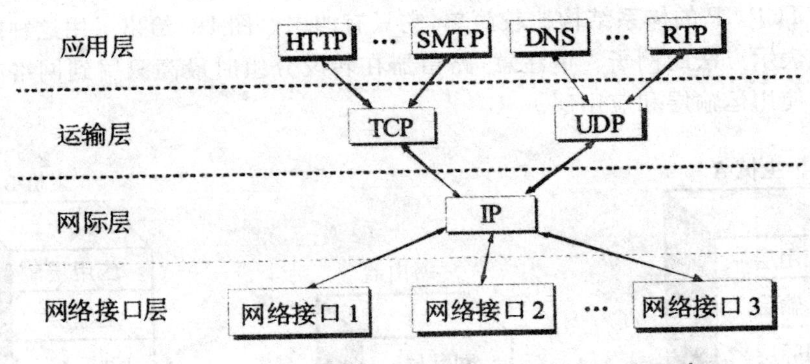

图1-5 沙漏计时器形状的TCP/IP协议族示意

1.4 客户机/服务器模式

客户应用与服务器应用的交互称为客户机/服务器模式，客户机/服务器模式是个定义而不是标准。在互联网中，一个服务器程序定义为一个应用等待另一个应用请求连接。服务器程序常常等待默认客户端口号请求连接。如图 1-6 所示是几个客户应用通过互联网来请求与服务器程序的连接。

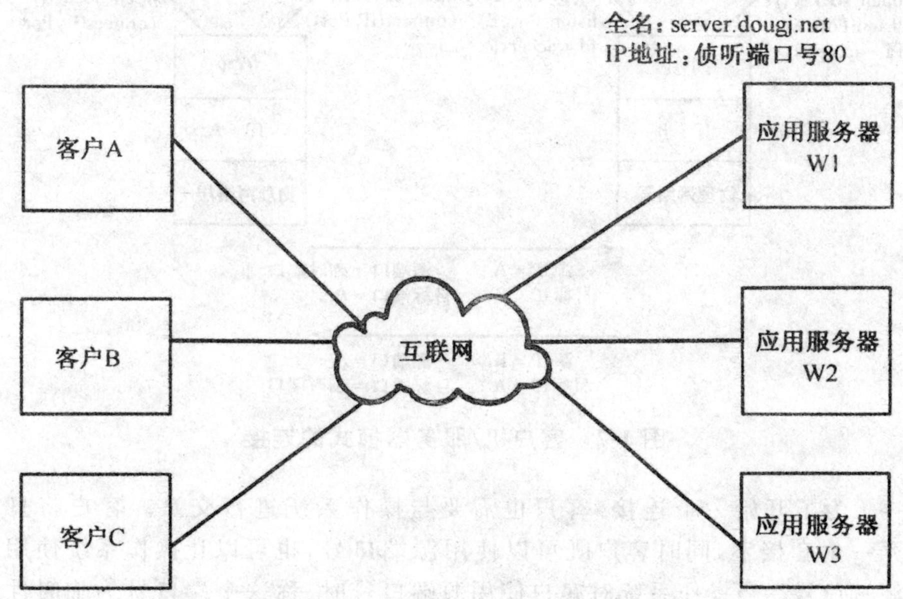

图 1-6　客户应用通过互联网请求与服务器程序连接

如图 1-6 所示，服务器应用驻留在具有全名及 IP 地址的计算机上，这个应用还被分配了应用地址（侦听端口号）。图 1-6 中的 3 个应用都在等待端口 80（Web 服务器使用相同的端口号）。客户应用通过指定目标地址和目标端口号请求与一个等待的服务器程序进行连接。客户也可以使用 DNS 系统把服务器的全域名转换为服务器程序的 IP 地址。

请求一个连接，就是一个服务器程序请求操作系统打开一个与 TCP 层的连接（一个套接字），并侦听目标为某个端口号的连接（侦听端口号）。如图 1-7 所示是两个客户与两个服务器程序及它们开始通信的过程。同一台主机上的每个服务器程序侦听一个不同的端口号，在建立连接时，客户必须指定目标端口号及目标 IP 地址。套接字是应用与操作系统之间的连接的规定名称，它是由侦听 IP 地址与端口号定义的。一个应用只可以侦听一个与给定的目标 IP 地址有联系的给定端口。如果有多个 IP 地址与计算机联系，应用需要指示正在侦听的目标 IP 地址。

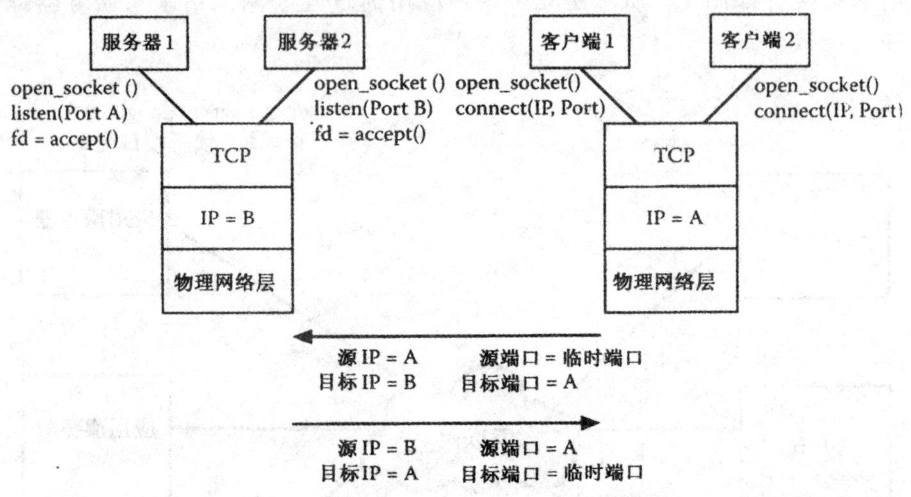

图 1-7　客户机/服务器模式的连接

为了开始一个连接，客户也需要与操作系统进行交互。客户将打开一个套接字，同时客户既可以使用源端口号，也可以让操作系统使用源端口号。当操作系统对客户使用源端口号时，称这个端口号为临时性端口。正像服务器应用一样，一个客户应用只能在某一时间使用一个给定的源端口号。客户应用指定它要连接的应用的目标 IP 地址和目标端口号。

有时一个服务器程序要处理来自一个主机的同一个客户的多个连接请求，要弄明白同一个服务器程序如何处理多个连接请求，需要考察客户应用是如何处理多个连接的。在一个指定的主机上客户的每一个连接请求将由操作系统分发一个不同的临时端口号，这样，两个数据包将有不同的临时端口号，一个具有两个连接的客户应用就可以打开同一个服务器程序。一个很好的例子就是在同一个 Web 服务器上，同一个 Web 浏览器可以同时打开两个窗口。如前所述，每一个客户和服务器连接都是唯一的，这是由 IP 地址和端口号构成的 4 元组进行区分的。图 1-8 给出一个的几个客户向两个 Web 服务器请求连接的例子，它的端口号是默认的 80。

在图 1-8 中有 5 个连接，如表 1-1 所示，每个连接由不同的 4 元组组成。注意，目标服务器的每个数据包的 4 元组是如何不同的，每个返回数据包就将是如何不同的。还应注意，由客户 B 占用的临时端口号与客户 A 占用的临时端口号可以是相同的，因为源 IP 地址是不同的。

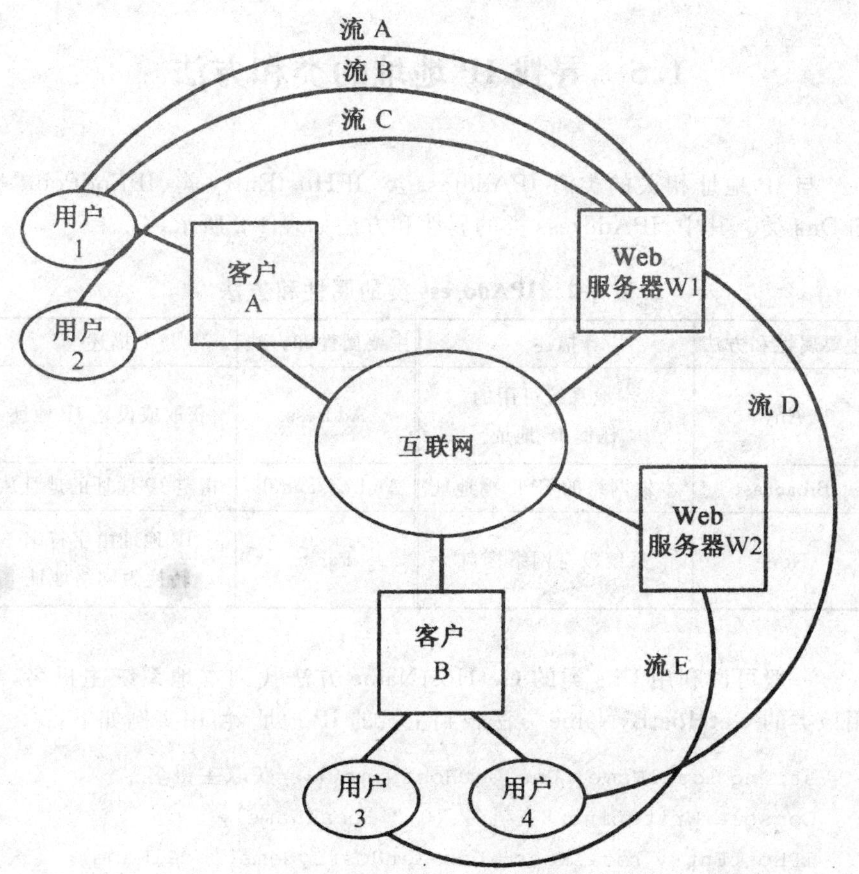

图 1-8 多客户机/服务器模式

表 1-1 流地址

流	源 IP	目标 IP	源端口	目标端口号
A	A	W1	临时端口 A1	80
B	A	W1	临时端口 A2	80
C	A	W1	临时端口 A3	80
D	B	W1	临时端口 B1	80
E	B	W2	临时端口 B2	80

1.5 寻找 IP 地址的类和方法

与 IP 地址相关的类有 IPAddtess 类、IPHostEntry 类、IPEndPoint 类和 Dns 类。其中，IPAddress 类的属性和方法如表 1-2 所示。

表 1-2 IPAddress 类的属性和方法

主要属性和方法	描述	主要属性和方法	描述
Any	本地系统可用的任何 IP 地址	Address	获取或设置 IP 地址
Broadcast	本地网络的 IP 广播地址	AddrossFamily	指定 IP 地址的地址族
None	系统没有网络接口	Parse	IP 地址由字符串转换为网络地址

一般可以利用 Dns 类的 GetHostName 方法找到本地系统主机名，再用该类的 GetHostByName 方法找到主机的 IP 地址，使用实例如下：

```
string localName= Dns.GetHostName();//获取主机名
Console.WriteLine("主机名:{0}",localName);
IPHostEntry localHost= Dns.GetHostByName(localName);
//输出对应 IP 地址
foreach(IPAddress localIP in localHost.AddressList)
{
    Console.WriteLine("IP 地址:",localIP.Tostring());
}
//使用 Parse 方法创建 IPAddress 的实例
IPAddress ip1= IPAddress.Parse("192.168.1.1");
Console.ReadKey();
```

使用 IPEndPoint 类来指定 IP 地址与端口的组合，比如：

```
using System;
using System.Net;
class TestIPEndPoint
{
    public static void Main()
```

```
{
    IPAddress localIP= IPAddress.Parse("127.0.0.1");
    IPEndpoint localEP= new IPEndPoint(localIP,8000);
    Console.WriteLine("The local IPEndpoint is:{0}",loc-
alEP.ToString());
    Console.WrlteLine ( " The  Address  is: { 0 }",
localEP.Address);
    Console.WriteLine("The AddressFarnily is:{0}",loc-
alEP.AddressFamily);
    Console.ReadKey();
}
}
```

输出结果为：

```
The Local IPEndPoint is:127.0.0.1:8000
The Address is:127.0.0.1
The AddressFamily is:InterNetwork
```

1.6　数据流的类型与应用

流(stream)是串行化设备的抽象表示，可以是文件、内存、网络套接字等。通过该抽象化，不同的设备可以用相同的流来访问，为程序员提供统一的编程接口。Stream 类是所有流类的抽象基类。

在 VS. NET 平台上，包括了以下 3 种数据流类型：

①网络流 Network Stream，命名空间是 System. Net. Sockets，用于网络数据的读/写操作。

②内存流 Memory Stream，命名空间是 System. IO，用于内存数据的处理和转换。

③文件流 File Stream，命名空间是 System. IO，用于文件的读/写操作。

1.6.1　NetworkStream 类

NetworkStream 对象的构造例子：

Socket netSocket＝new Socket(AddressFamily. InterNetwork，SocketType. Dgram，ProtocolType. Udp)；

NetworkStream netStream=new NetworkStream(netSocket);

此后，程序将一直使用 NetStream 发送和接收网络数据，而不需要使用 Socket 对象 NetSocket。

NetworkStream 类的重要属性和方法如表 1-3 所示。

表 1-3　NetworkStream 类的主善属性和方法

主要属性和方法	描述	主要属性和方法	描述
DataAvailable	有数据可读时，该属性值为真	EndRead()	结束一个异步 NetworkStream 读操作
Read()	从 NetworkStream 中读取数据	BeginWrite()	启动一个异步 NetworkStream 写操作
Write()	向 NetworkStream 写数据	EndWrite()	结束一个异步 NetworkStream 写操作
ReadByte()	从 NetworkStream 中读取一个字节的数据	Flush()	从 NetworkStream 中取走所有数据
WriteByte()	向 NetworkStream 写一个字节的数据	Close()	关闭 NetworkStream 对象
BeginRead()	启动一个异步 NetworkStream 读操作		

1.6.2　MemoryStream 类

MemoryStream 类创建的流是以内存而不是磁盘或网络连接作为支持存储区。MemoryStream 封装以无符号字节数组形式存储的数据，该数组在创建 MemoryStream 对象时被初始化，或者该数组可创建为空数组。可在内存中直接访问这些封装的数据。内存流可降低应用程序中对临时缓冲区和临时文件的需要。

流的当前位置是下一个读取或写入操作可能发生的位置。当前位置可以通过 Seek 方法检索或设置。在创建 MemoryStream 的新实例时，当前位置设置为零。

MemoryStream 在屏幕图像捕获、音频实时处理等数据量大的场合得到应用，用于读/写内存数据流，经常作为不同缓冲数据之间的转换方式。

1.6.3　FileStream 类

文件流用于对文件的读/写，有下面 2 种类：

①文本文件的读/写类：StreamReader、StreamWrite；

②二进制文件的读/写类：BinaryReader、BinaryWrite。

在 System.IO 命名空间下，包含了对目录和文件操作的类，常用的有：

①Directory 和 DirectoryInfo 类，提供了对目录的各种操作。

②File 和 FileInfo 类，提供了对文件的各种操作。

③Path 类，提供了对包含文件和目录路径信息的字符串进行操作的静态方法。

一些常用的属性和方法如表 1-4 所示。

表 1-4　FileInfo 和 DirectoryInfo 类的主要属性和方法

主要属性和方法	描述	主要属性和方法	描述
Exists	文件或文件夹是否存在	IsFile	如果当前对象是文件，则返回 true
Extension	文件的扩展名，对文件夹则返回空白	IsDirectory	如果当前对象是目录，则返回 true
FnllName	文件或文件夹的完整路径	Create()	创建给定名称的文件夹或空文件
Name	文件或文件夹的名称	GetDirectories()	返回 DirectoryInfo 对象数组，表示当前目录中包含的所有子目录
Root	路径的根，只适用于 DirectoryInfo	GetFiles()	返回 FileInfo 对象数组，表示当前目录下的所有文件
Length	返回文件的字节数，只适用于 FileInfo		

下面给出一个文件流操作的例子：

```
using System;
using System.IO;
public class TestFileStream
```

```
{
    static void Main()
    {
        StreamWriter sw= new StreamWriter("MyFile.txt",true,
System.Text.Encoding.Unicode);
        sw.WriteLine("第一条语句。");
        sw.WriteLine("第二条语句。");
        sw.Close();
        StreamReader sr= new StreamReader("MyFile.txt",Sys-
tem.Text.Encoding.Unicode);
        while((string str= sr.ReadLine())! = null)
        {
            Console.WriteLine(str);
        }
        sr.Close();
        Console.ReadLine();
    }
}
```

实际上,使用 StreamReader 和 StreamWriter 不仅适用于文本文件,只要读/写内容是文本信息,则对于任何数据流(如 NetworkStream 流)都可以使用它们进行读写操作。

第 2 章　套接字 Socket 网络编程理论

套接字接口最初是美国加州大学 Berkeley 分校为 UNIX 操作系统而开发的一种网络编程接口，称为 Berkely Socket。随着 UNIX 操作系统和 TCP/IP 协议的广泛应用，套接字接口成为当前最流行的网络编程接口。在 20 世纪 90 年代初，Sun Microsystem、Microsoft、JSB Corporation、FTP Software 和 Microdyne 等公司联合起来共同制定了 Windows Sockets（简称 Winsock）规范，使 Windows 环境下的 Socket 应用开发规范化和标准化。

2.1　套接字及其类型

2.1.1　套接字的概念

在客户机/服务器工作模式中，客户机向服务器发出对服务的请求，服务器向客户机返回对请求的响应。为了完成不同计算机的应用进程之间的通信，TCP/IP 协议在全网范围内唯一地标识一个进程，这时需要使用网络层的 IP 地址与传输层的端口号，它们合起来就称为套接字（Socket）。图 2-1 给出了 Socket 地址的概念。如果客户机与服务器的进程进行通信，需要使用客户机的 Socket 与服务器的 Socket，这与 UNIX 网络编程中的五元组概念是一致的。

网络环境中的分布式进程通信需要采用 Socket 编程方式。网络环境中的每台计算机都有自己的操作系统，操作系统应该提供与网络应用程序的接口，即网络环境中的应用编程接口（application program interface, API）。图 2-2 给出了网络编程接口的层次。Socket 屏蔽了底层通信软件和操作系统的差异，使任何两台安装 TCP/IP 协议软件和遵循套接字规范的计算机之间进行通信成为可能。随着 UNIX 操作系统与 TCP/IP 协议的广泛应用，Socket 已经成为当前最流行的网络编程接口。

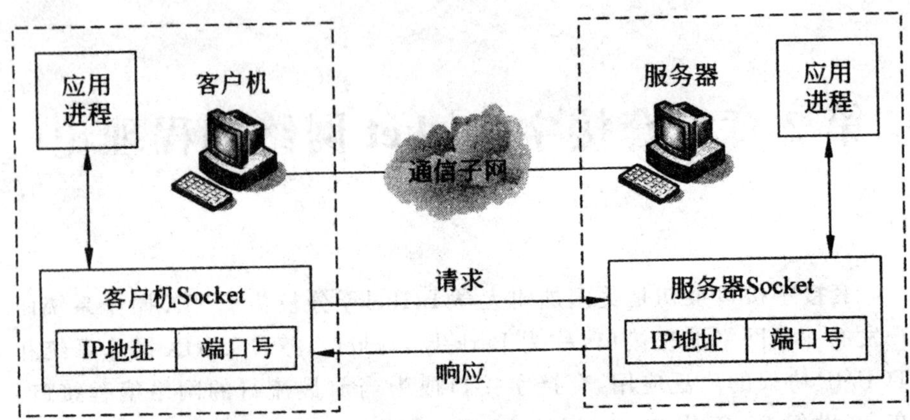

图 2-1 Socket 地址的概念

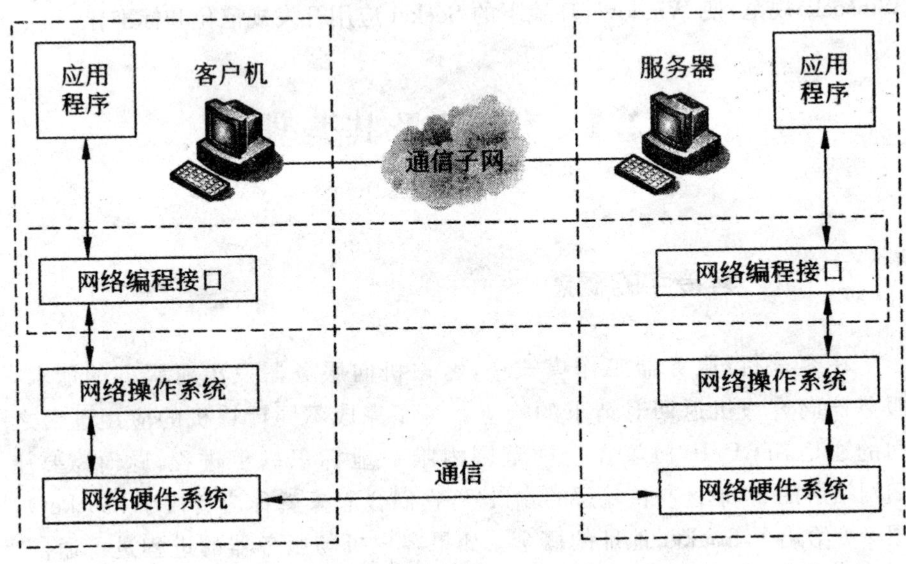

图 2-2 网络编程接口的层次

2.1.2 套接字的分类

Socket 是一种独立于协议的网络编程接口，在 OSI 模型中主要集中在传输层与会话层。Socket 定义了很多用于网络通信的函数与数据结构，程序员可以利用它们来开发 TCP/IP 网络中的应用程序。

Socket 可以支持不同的通信协议与套接字类型。不同的通信协议针对的是不同类型的网络。Berkeley Socket 支持多种类型的协议族，包括

UNIX、TCP/IP、Xerox、Novell 与 AppleTalk 等协议。最初版本的 Winsock 只支持 IPv4 协议，新版本的 Winsock 开始支持更多种协议。目前，比较常见的协议是 IPv4（即常说的 IP），它是一种广泛应用于 Internet 的网络层协议。

不同类型的 Socket 针对的是不同类型的网络应用。目前，常见的 Socket 类型主要有以下三种。

1. 数据流式套接字

数据流式套接字（stream socket）主要用于 TCP 协议。流式套接字提供了双向的、有序的、无重复的、无记录边界的数据流服务。图 2-3 给出了流式套接字的工作过程。流式套接字的设计是针对面向连接的服务，在数据传输之前需要预先建立数据传输连接，在数据传输结束后需要释放传输连接。同时，通信双方需要对传输数据进行验证，这样就可以保证数据传输的正确性。

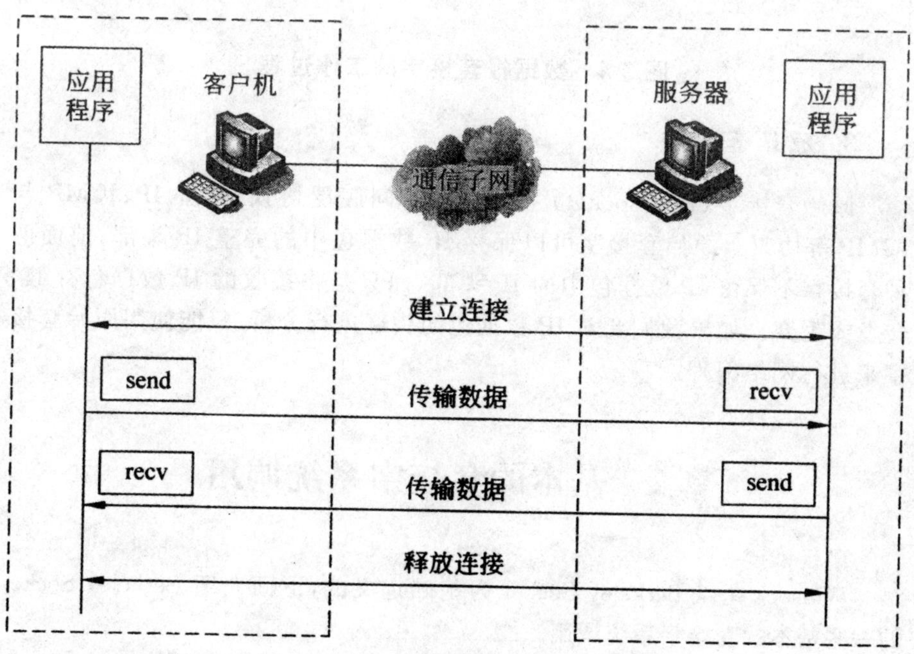

图 2-3 流式套接字的工作过程

2. 数据报套接字

数据报套接字（datagram socket）主要用于 UDP 协议。数据报套接字提供了双向的、无序的、可能重复的、有记录边界的数据流服务。图 2-4 给出了数据报套接字的工作过程。数据报套接字的设计针对的是无连接的服务，在数据传输之前不需要建立数据传输连接，它无法保证数据传输的正确性。

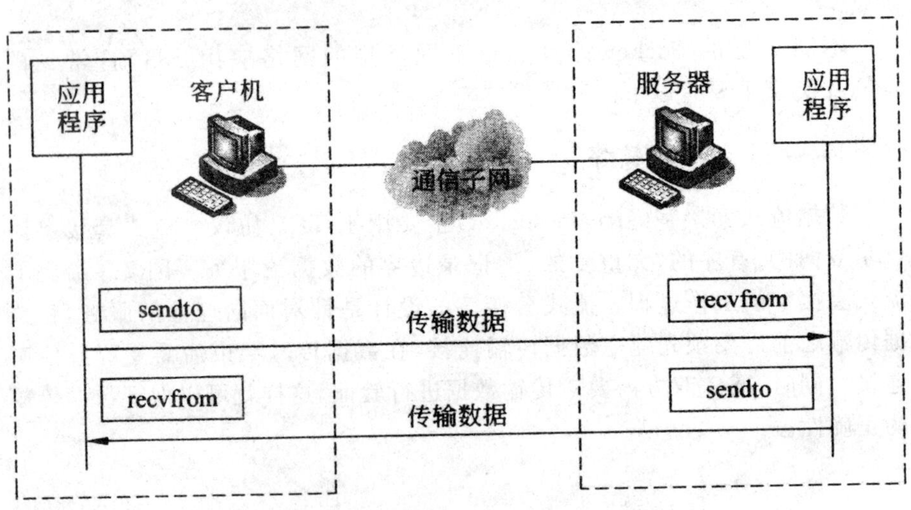

图 2-4 数据报套接字的工作过程

3. 原始套接字

原始套接字（raw socket）主要用于访问底层协议，例如 IP、ICMP 与 IGMP 等协议。原始套接字可以保存 IP 数据包中的完整 IP 头部；前面两种套接字不保留 IP 数据包中的 IP 头部，而只是将接收的 IP 数据包存储、转发或丢弃。如果我们要对 IP 数据包的头部进行分析，只能使用原始套接字来进行网络编程。

2.2 基本的套接字系统调用

Winsock 是以 Berkeley Socket 为基础定义的，下面介绍 Berkeley Socket 的一些基本的套接字系统调用。

2.2.1 创建与关闭套接字

(1)socket()函数

socket()函数的作用是创建套接字。当应用程序调用该函数时，操作系统会为应用程序创建指定类型的套接字,并为该套接字分配合适的系统资源。在 Windows 扩展模式下,对应的函数是 WSASocket()。

socket()函数的原型为:

```
SOCKET socket(int af,int type,int protocol)
```

其中,af 指定通信协议类型,通常设为 AF_INET;type 指定创建的套接字类型,流式套接字为 SOCK_STREAM,数据报套接字为 SOCK_DGRAM,原始套接字为 SOCK_RAW;protocol 依赖于第二个参数,指定套接字使用的协议,通常设为 IPPROTO_IP。该函数执行成功后返回新创建的套接字描述符,失败后则返回 SOCKET_ERROR。

套接字描述符是一个整数类型的值。每个进程空间中都有一个套接字描述符表,该表存放套接字描述符和套接字数据结构的对应关系。

(2)closesocket()函数

closesocket()函数的作用是关闭套接字。当应用程序调用 closesocket()时,操作系统会关闭套接字并释放相应的系统资源。

closesocket()函数的原型为:

```
int closesocket(SOCKET s)
```

其中,s 指定要关闭的套接字描述符。该函数执行成功后返回 0,失败后则返回 SOCKET_ERROR。

2.2.2 绑定套接字

bind()函数的作用是绑定本地地址与套接字。当应用程序按要求创建一个套接字后,套接字结构中会有一个默认的 IP 地址和端口号。无论是服务器端还是客户端程序,都需要将本地地址绑定到新创建的套接字上。

bind()函数的原型为:

```
int bind(SOCKET s,const struct sockaddr* name,int namelen)
```

其中,s 指定要绑定的套接字描述符;name 指定 sockaddr 结构的套接字地址,通常使用 sockaddr_in 结构,使用时可将它强制转换为 sockaddr 结构;namelen 指定套接字地址结构的长度。该函数执行成功后返回 0,失败后则返回 SOCKET_ERROR。

2.2.3 与服务器建立连接

(1)listen()函数

listen()函数的作用是监听端口的连接建立请求。listen()函数是专门为流式套接字设计的,用于有连接的 TCP 服务类型。服务器端程序调用 listen()函数使流式套接字处于监听状态。

listen()函数的原型为:

```
int listen(SOCKET s,int backlog)
```

其中,s 指定要监听的套接字描述符;backlog 指定流式套接字要维护的客户连接请求队列,该队列最多能容纳 backlog 个客户连接请求。该函数执行成功后返回 0,失败后则返回 SOCKET_ERROR。

(2)connect()函数

connect()函数的作用是请求与服务器建立连接。connect()函数是专门为流式套接字设计的,用于有连接的 TCP 服务类型。客户端程序调用 connect()函数向服务器端 Socket 发出建立连接请求。在 Windows 扩展模式下,对应的函数是 WSAConnect()。

connect()函数的原型为:

```
int connect(SOCKET s,const struct sockaddr* name,int namelen)
```

其中,s 指定客户端的套接字描述符;name 返回服务器端的套接字地址结构;namelen 返回服务器端的套接字地址长度。该函数执行成功后返回 0,失败后则返回 SOCKET_ERROR

(3)accept()函数

accept()函数的作用是对连接建立请求的响应。accept()函数是专门为流式套接字设计的,用于有连接的 TCP 服务类型。服务器端程序调用 accept()函数从处于监听状态的流式套接字的客户连接请求队列中取出排在最前面的一个客户请求,并且创建一个新的套接字来与客户端套接字建立连接。在 Windows 扩展模式下,对应的函数是 WSAAccept()。

accept()函数的原型为:

```
SOCKET accept(SOCKET s,struct sockaddr* addr,int addrlen)
```

其中,s 指定要监听的套接字描述符;addr 返回新创建的套接字地址结构;addrlen 返回新创建的套接字地址长度。该函数执行成功后返回新创建的套接字描述符;失败后则返回 SOCKET_ERROR。此后,与客户端通信需要使用新创建的套接字。

2.2.4　发送与接收数据

(1)send()与 sendto()函数

send()与 sendto()函数的作用都是发送数据。无论是服务器端还是客户端程序,都需要使用 send()或 sendto()函数向对方发送数据。其中,send()函数是专门为流式套接字设计的,用于有连接的 TCP 服务类型;sendto()函数是为数据报套接字设计的,用于无连接的 UDP 服务类型。在 Windows 扩展模式下,对应的函数分别是 WSASend()与 WSASendTo()。

这两个函数的原型分别为:

```
int send(SOCKET s,const char* buf,int len,int flags)
int sendto(SOCKET s,const char* buf,int len,int flags,const char* to,int tolen)
```

在 send()函数中,s 指定发送端套接字描述符;buf 指定发送端等待发送数据的缓冲区;len 指定要发送数据的字节数;flags 指定需要附加的标志位,通常设置为 0。在 sendto()函数中,前 4 个参数与 send()函数相同;to 指定存放接收端等待接收数据的缓冲区;tolen 指定要接收数据的字节数。这两个函数执行成功后返回发送数据的字节数,失败后则返回 SOCKET_ERROR。

(2)recv()与 recvfrom()函数

recv()与 recvfrom()函数的作用都是接收数据。无论是服务器端还是客户端程序,都需要使用 recv()或 recvfrom()函数从对方接收数据。其中,recv()函数是专门为流式套接字设计的,用于有连接的 TCP 服务类型;recvfrom()函数是为数据报套接字设计的,用于无连接的 UDP 服务类型。在 Windows 扩展模式下,对应的函数分别是 WSARecv()与 WSARecvFrom()。

这两个函数的原型分别为:

```
int recv(SOCKET s,char* buf,int len,int flags)
int recvfrom(SOCKET s,char* buf,int len,int flags,const char* from,int fromlen)
```

在 recv()函数中,s 指定接收端套接字描述符;buf 指定接收端等待接收数据的缓冲区;len 指定要接收数据的字节数;flags 指定需要附加的标志位,通常设置为 0。在 recvfrom()函数中,前 4 个参数与 recv()函数相同;from 指定存放发送端等待发送数据的缓冲区;fromlen 指定要发送数据的字节数。这两个函数执行成功后返回接收数据的字节数,失败后则返回 SOCKET_ERROR。

2.2.5 读取与设置 Socket 属性

getsockopt()函数的作用是读取套接字的属性。setsockopt()函数的作用是设置套接字的属性。

这两个函数的原型分别为：

```
int getsockopt(SOCKET s,int level,int optname,char* optval,int*
optlen)
int setsockopt(SOCKET s,int level,int optname,const char*
optval,int* optlen)
```

其中,s 指定要读取或设置属性的套接字;level 指定套接字选项的级别,大多数是特定协议和套接字专有,例如 IP 协议应为 IPPROTO_IP;optname 指定要读取或设置属性的选项名称,例如 SO_RCVTIMEO 表示接收超时,SO_SNDTIMEO 表示发送超时等;optval 指定存放选项值的缓冲区指针;optlen 指定该缓冲区的长度。这两个函数执行成功后返回 0,失败后则返回 SOCKET_ERROR。

2.2.6 关闭套接字

closesocket()函数的作用是关闭套接字,当对某个套接字的通信结束时,必须调用该函数关闭指定的套接字。

函数格式：

```
BOOL closesocket(SOCKET s);
```

s 是已结束通信任务要关闭的套接字的描述符。

2.3 套接字调用的一般流程

2.3.1 面向连接的套接字调用流程

面向连接的套接字调用流程如图 2-5 所示。

可见,服务器方的工作流程比较复杂,技术难点主要表现如下：

①监听方法的队列长度:该长度直接控制了客户机的并发连接数。

②接收请求方法及其返回值:由于返回值也是套接字类型,且是真正用

来与客户机通信的，所以这种服务器正好构成了并发服务器。为了处理这种大量的并发任务，应该采用多线程技术进行实现。

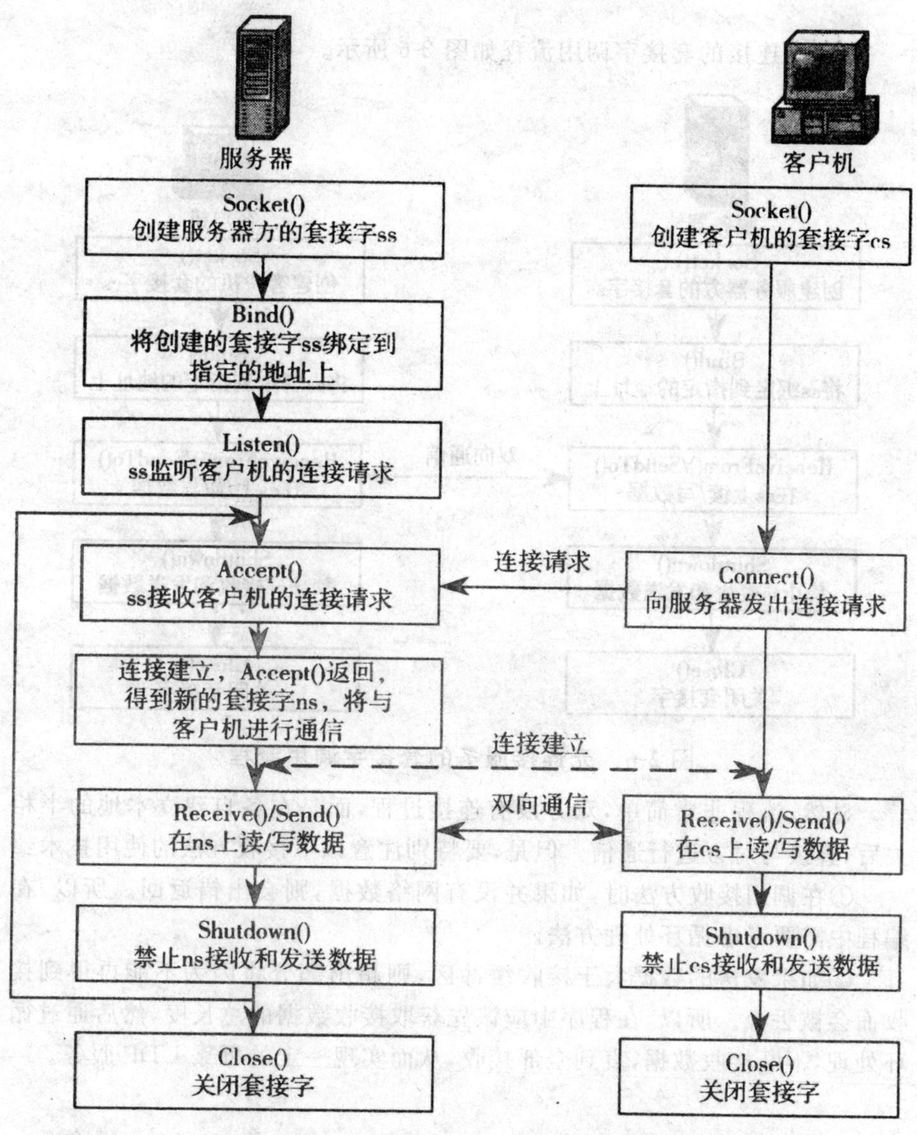

图 2-5 面向连接的套接字调用流程

③此外，考虑到服务器的工作效率，随着客户机数量的增减变化，线程数量或从服务器的数量应该有一个比较合理的范围。

④客户机在传输任务结束后会主动退出，但是服务器方的从服务器却可能由于没有及时释放占用的资源而导致运行缓慢。所以，要特别注意。

2.3.2 无连接套接字调用流程

面向无连接的套接字调用流程如图 2-6 所示。

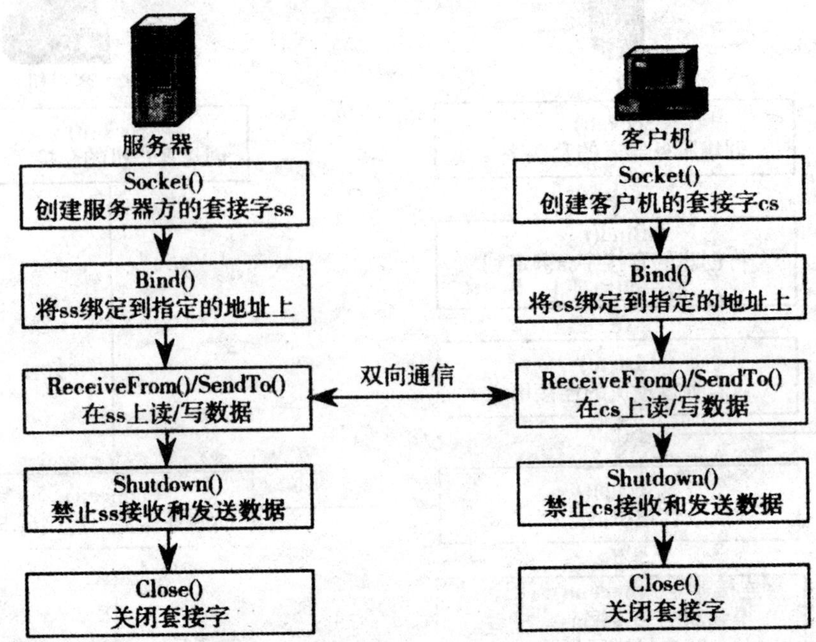

图 2-6 无连接服务的套接字调用流程

显然，流程非常简单，双方没有连接过程，而是在各自建立本地的半相关后，直接与对方进行通信。但是，要特别注意以下接收方法的使用技术：

①在调用接收方法时，如果并没有网络数据，则会出错返回。所以，在编程中需要考虑循环处理方法。

②如果发送的数据大于接收缓冲区，则超出部分将因为不能再得到接收而会被丢弃。所以，在程序中应该先获取接收数据的总长度，然后通过循环处理，不断接收数据，直到全部接收，从而实现一定的可靠 UDP 服务。

2.4 Winsock 网络编程接口

20 世纪 90 年代初期，Microsoft 公司联合其他几家公司制定了 Windows 下的网络编程接口，即 Windows Sockets 规范（简称 Winsock），使 Windows 环境中的 Socket 应用开发规范化与标准化。

2.4.1　Winsock 的基本概念

1. Winsock 的工作方式

Winsock 提供两种 I/O 方式：同步方式与异步方式。其中，同步方式又称为阻塞方式，异步方式又称为非阻塞方式。

在阻塞方式中，这类 Socket 函数被调用后，在完成其任务之前不会返回。在该函数调用返回之前，该 Socket 不能进行其他操作，调用它的进程处于挂起状态，因此这种工作模式被称为阻塞方式。例如，应用程序调用 send()或 recv()函数后，需要花费相当长的时间等待数据到达，该进程在这段时间内无法继续执行。如果发送方的数据无法到达，该进程就会无限期地等待下去。Berkeley Socket 的很多函数都是阻塞方式。图 2-7 给出了阻塞方式的工作原理。

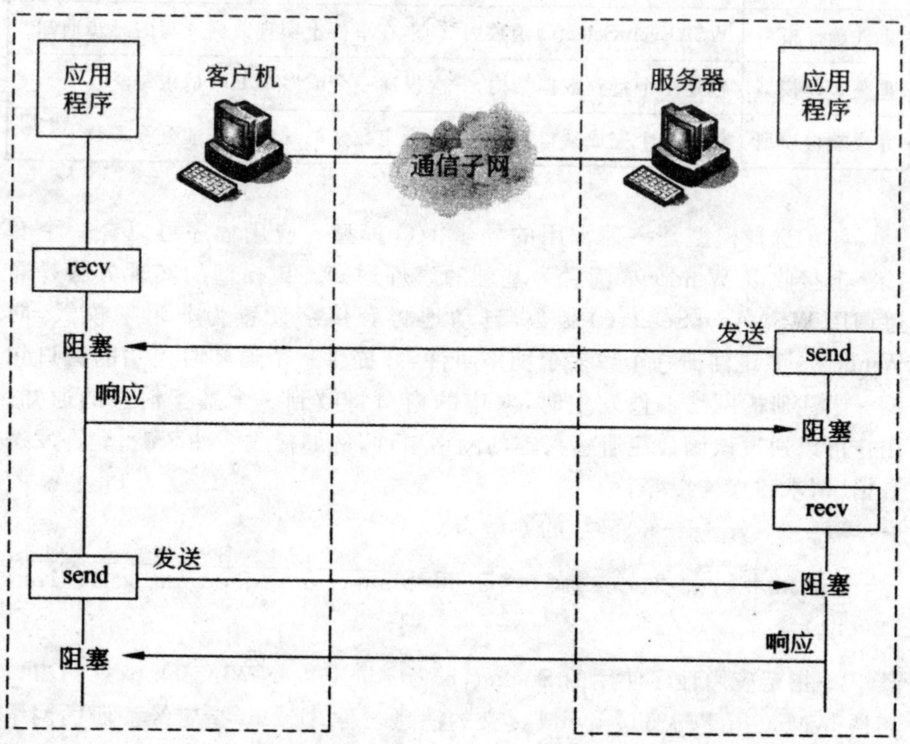

图 2-7　阻塞方式的工作原理

2. Winsock 异步 I/O 模型

Winsock 在保留基本 Socket 函数的基础上，通过异步机制管理一个或多个 Socket 上的通信。在非阻塞方式中，这类 Socket 函数被调用后，该函数不等任务完成就会立即返回，调用该函数的进程可以继续执行。当 Socket 函数所要执行的任务完成后，Winsock 的 DLL 向应用程序发送一个事先约定好的消息，应用程序根据这个消息做出相应处理。表 2-1 给出了 Winsock 提供的异步 I/O 模型。Winsock 1.1 提供了选择与异步选择模型，Winsock2.2 提供了表中列出的 5 种异步 I/O 模型。

表 2-1　Winsock 提供的异步 I/O 模型

I/O 模型	说明
选择模型	Select()函数为核心的阻塞模式
异步选择模型	WSAAsynSelect()函数为核心，在窗口上实现数据读写的异步通知
事件选择模型	WSAEventSelect()函数为核心，在事件上实现数据读写的异步通知
重叠 I/O 模型	创建一个重叠数据结构，一次投递一个或多个 I/O 请求
完成端口模型	创建一个完成端口对象，通过指定数量的线程来管理重叠 I/O

异步选择模型是一种常用的异步 I/O 模型。应用程序可以在一个套接字上接收以 Windows 消息为基础的事件通知。该模型的实现方法是通过调用 WSAAsynSelect()函数，自动地将套接字设置为非阻塞模式，向 Windows 系统注册一个或多个网络事件，并提供一个通知时使用的窗口句柄。当注册的网络事件发生时，对应的窗口将收到一个基于消息的通知。用户可以通过该函数注册感兴趣的网络事件，例如接收缓冲区满、允许发送数据、请求建立连接等。

WSAAsynSelect()函数的原型为：

```
int WSAAsynSelect(SOCKET s,HWND hWnd,unsigned int wMsg,long
lEvent)
```

其中，s 指定应用程序使用的 Socket；hWnd 指定接收 Winsock 消息的窗口句柄；wMsg 指定向窗口 hwnd 提交的消息名称；lEvent 指定经注册的网络事件，它可以是一种事件，也可以是几种事件的组合。表 2-2 给出了 WSAAsynSelect 可选择的网络事件。该函数执行成功后返回 0，失败后则返回 SOCKET_ERROR。

表 2-2　WSAAsynSelect 可选择的网络事件

事件符号	说明
FD_READ	Socket 接收数据的消息
FD_WRITE	Socket 发送数据的消息
FD_ACCEPT	Socket 接收到连接请求的消息
FD_CONNECT	Socket 连接成功的消息
FD_CLOSE	Socket 连接关闭的消息
FD_OOB	Socket 接收到紧急数据的消息

2.4.2 初始化与卸载 Winsock

1. WSAStartup()函数

WSAStartup()函数的作用是初始化 Winsock 的 DLL。当应用程序调用 WsAStartup()函数时，操作系统根据请求的 Socket 版本搜索相应的 Socket 库，并将应用程序与找到的 Socket 库进行绑定，然后应用程序就可以调用 Socket 库中的其他函数。在 Winsock 的 DLL 内部维持着一个计数器，仅在第一次调用 WSAStartup()时真正装载 DLL，以后每调用一次只是将计数器加 1。

WSAStartup()函数的原型为：

```
int WSAStartup(WORD wVersionRequested,LPWSADATA lpWSAData)
```

其中，wVersionRequested 指定应用程序请求使用的 Socket 版本，高位字节指明副版本，低位字节指明主版本，目前 Winsock 主要有 1.1 和 2.2 版本，因此该参数可以是 0x101 或 0x202；lpWSAData 用来返回请求的 Socket 版本信息。该函数执行成功后返回 0，失败后则返回 SOCKET_ERROR。

2. WSACleanup()函数

WSACleanup()函数的作用是卸载 Winsock 的 DLL。当应用程序调用 WSACleanup()函数时，操作系统会解除应用程序与 Socket 库的绑定，并且释放 Socket 库占用的系统资源。

WSACleanup()函数的原型为：

```
int WSACleanup()
```

WSACleanup()函数的功能与WSAStartup()相反，每调用一次只是将计数器减1，当计数器减到0时将DLL从内存中卸载。因此，调用WSACleanup()与调用WSAStartup()的次数应该相同。该函数执行成功后返回0，失败后则返回SOCKET_ERROR。

另外，在使用Winsock 2.0进行网络编程时，需要在程序开始部分包含winsock2.h头文件，并加载ws2_32.lib库文件与ws2_32.dll动态链接库。

2.4.3 Winsock的错误处理

Winsock使用WSAGetLastError()函数来获得当前线程最近操作的错误代码。Winsock的每个函数调用后基本上都可以返回一个值来说明本次调用是否成功。如果不成功，则可通过调用WSAGetLastError()函数来得到错误代码。

例如，

```
len= send(s,temp,len,0);
if(len= = SOCKET_RROR)
{
   if(WSAGetLastError()= = WSAEWOULDBLOCK)
   return TRUE;
   else{
   /* 通知用户发送失败* /
   return FALSE;
   }
}
```

上述程序段中，首先判断发送是否成功。如不成功，则进一步用WSAGetLastError()函数获取错误码。如果错误码为宏WSAEWOULD-BLOCK，则说明发送失败是由于阻塞引起的，故返回重发；否则，显示出错信息。

2.4.4 套接字地址结构

1. sockaddr结构

sockaddr结构是一种通用的Socket地址结构，可用于不同类型的协议族，例如 TCP/IP、UNIX、AppleTalk 等。sockaddr 结构随着选择的协议而变化。

下面给出的是 sockaddr 结构：

```
struct sockaddr
{
    short sa_family;
    char sa_data[14];
};
```

其中，sa_family 指定主机地址类型（TCP/IP 协议族是 AF_INET，UNIX 协议族是 AF_UNIX，Xerox 协议族是 AF_NS），这里通常使用 AF_INET；sa_data 指定 14 字节的协议地址，包含该 Socket 结构的 IP 地址与端口号。

2. sockaddr_in 结构

sockaddr_in 结构是更常用的 Socket 地址结构，专门应用于 TCP/IP 类型的协议族。在进行实际的网络编程时，通常将 sockaddr_in 转化为 soekaddr 结构。

下面给出的是 sockaddr_in 结构：

```
struct sockaddr_in
{
    short sin_family;
    short sin_port;
    struct in_addr sin_addr;
    char sin_zero[8];
};
```

其中，sin_family 指定主机使用的地址类型，TCP/IP 协议族为 AF_INET；sin_port 指定协议使用的端口号；sin_addr 指定主机使用的 IP 地址，即 in_addr 结构的 IP 地址，如果将 sin_addr 设置为 INADDR_ANY，则表示任意 IP 地址；sin_zero 是填充字段，将 sockaddr_in 转化为 sockaddr 结构时，通过填充 0 保证与 sockaddr 大小一致。

3. hostent 结构

hostent 结构是表示主机信息的数据结构。由于主机的 IP 地址难以记忆与读写，因此通常使用主机名来表示主机，这样需要在 IP 地址与主机名之间对应。例如，函数 gethostbyname()就是一种对应函数。

下面给出的是 hostent 结构：

```
struct hostent
{
    char* h_name;
    char* * h_aliases;
    short h_addrtype;
    short h_length;
    char* * h_addr_list;
};
```

其中，h_name 指定主机使用的主机名；h_aliases 指定主机使用的别名指针；h_addrtype 指定主机使用的地址类型；h_length 指定主机使用的地址长度；h_addr_list 指定主机使用的地址指针。

4. protoent 结构

protoent 结构是表示协议信息的数据结构。由于协议的名称是给人来理解的，而计算机通常使用的是端口号，因此需要在协议名与端口号之间进行对应。例如，函数 getprotobyname()就是一种对应函数。

下面给出的是 protoent 结构：

```
struct protoent
{
    char* p_name;
    char* * p_aliases;
    short p_proto;
};
```

其中，p_name 指定主机使用的协议；p_aliases 指定协议使用的别名指针；p_proto 指定协议使用的端口号。

5. TCP/IP 协议定义

在针对 TCP/IP 协议族的网络编程中，可能会对某种具体的网络协议进行处理。根据 TCP/IP 协议的规定，每种网络层协议都有其对应的值。例如，IP 协议对应的值为 0，而 TCP 协议对应的值为 6。Socket 接口针对每种协议也进行了定义。

下面给出的是常见的 TCP/IP 协议的定义：

```
#define IPPROTO_IP 0
```

```
#define IPPROTO_ICMP 1
#define IPPROTO_IGMP 2
#define IPPROTO_TCP 6
#define IPPROTO_UDP 17
#define IPPROTO_RAW 255
```

第3章 防火墙部署及编程理论

随着网络的广泛应用，网络开始面临这样的窘境：一方面为了信息共享，必须实现网络互连，并允许网络之间相互交换信息；另一方面为了信息安全，必须对网络之间的信息交换过程实施严格控制。这就需要一种新的互连设备，它一方面允许网络之间进行必要的信息交换，另一方面可以通过制定安全策略，对网络之间进行的信息交换过程实施严格控制，这种新型互连设备就是防火墙。

3.1 防火墙的分类方法

防火墙的分类如图3-1所示，根据其作用的范围可以将防火墙分为个人防火墙和网络防火墙。

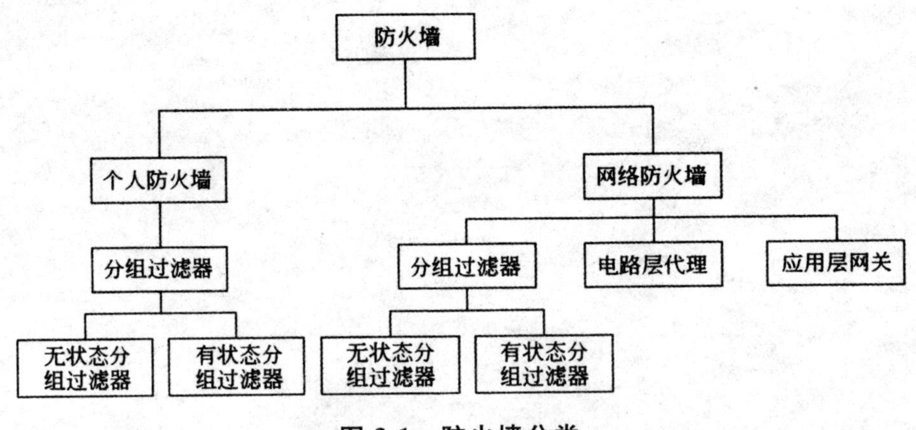

图3-1 防火墙分类

个人防火墙只保护单台计算机，用于对进出计算机的信息流实施控制，因此，个人防火墙通常是分组过滤器，能够根据用户制定的安全策略监测进出计算机的IP分组，过滤掉安全策略不允许传输的IP分组。

个人防火墙中的分组过滤器分为有状态分组过滤器和无状态分组过滤器两种类型。无状态分组过滤器只根据单个IP分组携带的信息确定是否过滤掉该 IP 分组。而有状态分组过滤器不仅根据 IP 分组携带的信息，而且还根据 IP 分组所属的会话的状态确定是否过滤掉该 IP 分组。Windows 自带的个人防火墙属于有状态分组过滤器。

有些个人防火墙能够将分组过滤功能和操作系统中的安全访问功能相结合，提供远程数据安全访问功能，而且可以实施基于文件的安全访问策略，因此，个人防火墙在保护数据安全性、防止黑客攻击和病毒感染方面，有着网络防火墙不可替代的优势。但对于企业网中成千上万台计算机，不仅无法承受为每一台计算机安装个人防火墙所需要的费用，更无法对计算机配置统一的安全策略。因此，个人防火墙更多用于家庭用计算机。

网络防火墙通常位于内网和外网之间的连接点，保护内网中的信息资源，目前作为网络防火墙的主要有：分组过滤器、电路层代理和应用层网关等。

(1)分组过滤器

网络防火墙中的分组过滤器同样分为有状态分组过滤器和无状态分组过滤器两种类型。网络防火墙中的分组过滤器能够根据用户制定的安全策略对内网和外网间传输的信息流实施控制，它对信息流的发送端和接收端是透明的，因此，分组过滤器的存在不需要改变终端访问网络的方式。随着有状态分组过滤器的应用，防火墙对内网和外网间传输的信息流的监控变得更加精致，因此，分组过滤器是目前应用最广泛的通用网络防火墙。

(2)电路层代理

一个典型的电路层代理的工作机制如图 3-2 所示，终端发送的用于和某个服务器建立 TCP 连接的请求报文被电路层代理截获，由电路层代理向终端发送同意建立 TCP 连接的响应报文，并在接收到终端发送的确认报文后，向终端推送一个用于鉴别用户身份的 Web 页面，要求终端用户输入用户名和口令，并在用户名和口令验证无误的情况下，向服务器转发终端发送的请求建立 TCP 连接的请求报文，并建立电路层代理和服务器之间的 TCP 连接。从图 3-2 中可以看出，终端和服务器之间的 TCP 连接由终端与电路层代理之间的 TCP 连接和电路层代理与服务器之间的 TCP 连接组成，终端和服务器之间交换的信息流经过电路层代理中继，电路层代理在传输层对信息流的合法性进行检测，如 IP 分组是否属于某个合法的 TCP 连接、序号和确认序号是否合理等。

电路层代理对终端是不透明的，终端需要同时给出电路层代理和服务器的 IP 地址(或是完全合格的域名)，终端先和电路层代理建立 TCP 连接，电路层代理在完成对终端用户的身份鉴别后，和服务器建立 TCP 连接，并将这两个 TCP 连接绑定在一起。

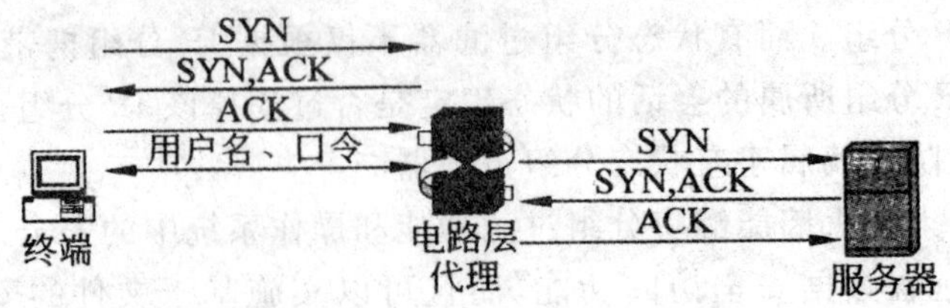

图 3-2 电路层代理工作机制

(3)应用层网关

应用层网关可以工作在透明模式下,也可以工作在代理模式下。如果工作在透明模式下,应用层网关对源和目的主机是透明的。应用层网关在应用层对相互交换的信息流的合理性进行检测,如图 3-3 所示是终端通过 FTP 从文件服务器下载文件的操作过程。如果是电路层代理,它在中继终端发送 FTP 请求消息和文件服务器发送 FTP 响应消息时,只对封装 FTP 消息的 TCP 报文所属的 TCP 连接,以及 TCP 报文携带的序号和确认序号的合理性进行检测。因此,电路层代理是应用层无关的,它适用于所有应用层协议。如果是工作在代理模式的应用层网关,对相互交换的 FTP 消息,必须根据 FTP 规范检测其合理性,包括请求和响应消息中的各个字段值是否正确;请求消息和响应消息是否匹配;文件内容是否包含禁止传播的非法内容或病毒等。应用层网关必须支持 FTP,才能中继 FTP 消息,因此,应用层网关是应用层相关的。

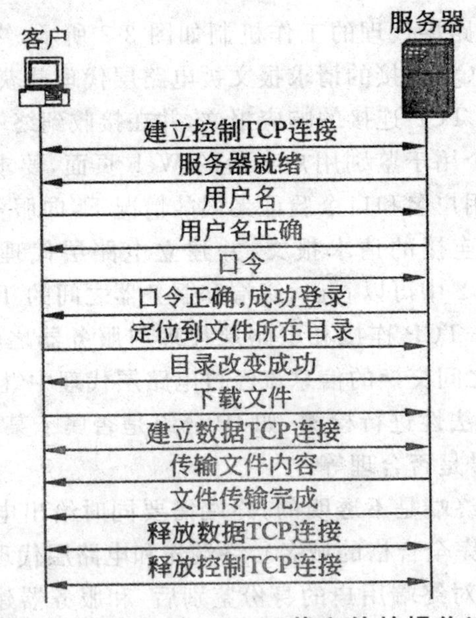

图 3-3 终端通过 FTP 下载文件的操作过程

随着网络防火墙的发展，这种分类越来越模糊，目前的网络防火墙往往是综合了多种类型防火墙功能的综合防火墙。

3.1.1 分组过滤器

分组过滤器，顾名思义就是在 IP 分组流中过滤掉具有特定属性的一组 IP 分组，这些属性可以是 IP 分组 IP 首部中的源和目的 IP 地址、传输层首部中的源和目的端口号等。分组过滤器可以分为无状态和有状态分组过滤器，前者将每一个 IP 分组作为独立的个体进行处理，后者将属于同一会话的一组 IP 分组作为整体进行处理。

1. 无状态分组过滤器

无状态是指实施筛选和控制操作时，每一个 IP 分组都是独立的，不考虑 IP 分组之间的关联性。

(1)过滤规则

无状态分组过滤器通过规则从 IP 分组流中鉴别出一组 IP 分组，然后对其实施规定的操作，通常情况下，实施的操作有：正常转发和丢弃。规则由一组属性值和操作组成，如果某个 IP 分组携带的信息和构成规则的一组属性值匹配，意味着该 IP 分组和该规则匹配，对该 IP 分组实施规则指定的操作。

构成规则的属性值通常由下述字段组成：

①源 IP 地址：用于匹配 IP 分组 IP 首部中的源 IP 地址字段值。

②目的 IP 地址：用于匹配 IP 分组 IP 首部中的目的 IP 地址字段值。

③源和目的端口号：用于匹配作为 IP 分组净荷的传输层报文首部中源和目的端口号字段值。

④协议类型：用于匹配 IP 分组首部中的协议字段值。

一个过滤器可以由多个规则构成，IP 分组只有和当前规则不匹配时，才继续和后续规则进行匹配操作，如果和过滤器中的所有规则都不匹配，对 IP 分组进行默认操作。一旦和某个规则匹配，则对其进行规则指定的操作，不再和其他规则进行匹配操作。因此，IP 分组和规则的匹配操作顺序直接影响该 IP 分组所匹配的规则，也因此确定了对该 IP 分组实施的操作。

无状态分组过滤器可以作用于接口的输入或输出方向，输入或输出方向针对无状态分组过滤器而言，从外部进入无状态分组过滤器称为输入，离开无状态分组过滤器称为输出。如果过滤器作用于输入方向，每一个输入 IP 分组都和过滤器中的规则进行匹配操作，如果和某个规则匹配，则对其进行规则指定的操作,如果实施的操作是丢弃,不再对该 IP 分组进行后续的转发处理。如果过滤器作用于输出方向,则只有当该 IP 分组确定从该接口输出时,才将该 IP 分组和过滤器中的规则进行匹配操作。

(2)过滤器规则集的过程

下面通过一个实例来讨论根据安全策略确定构成规则的一组属性值的过程。如图 3-4 所示的网络中,假定由路由器实现无状态分组过滤器的功能,安全策略要求禁止网络 193.1.1.0/24 中的终端用 Telnet 访问网络 193.1.2.0/24 中 IP 地址为 193.1.2.5 的服务器,配置无状态分组过滤器的过程如下。

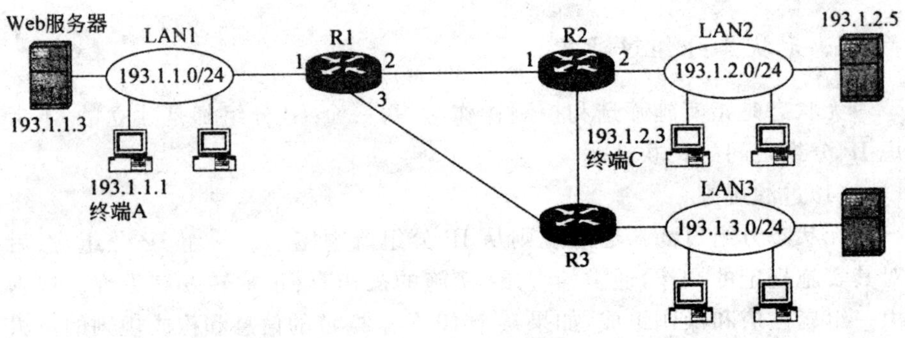

图 3-4 网络结构

如果不希望局域网(local area network,LAN)1 中的终端用 Telnet 方式访问 LAN2 中的服务器,可以在路由器 R1 接口 1 的输入方向上设置过滤器,过滤掉所有与 LAN1 中的终端用 Telnet 访问 LAN2 中的服务器的操作相关的 IP 分组。

首先需要确定这些 IP 分组的特征。特征一,这些进入路由器 R1 接口的 IP 分组的源 IP 地址必须属于为 LAN1 分配的网络地址,即源 IP 地址属于 CIDR 地址块 193.1.1.0/24,该 CIDR 地址块的 IP 地址范围是 193.1.1.0～193.1.1.255。特征二,这些 IP 分组的目的 IP 地址必须是 LAN2 中服务器的 IP 地址 193.1.2.5。但只具有这两项特征的 IP 分组,只能证明是 LAN1 中的终端发送给 LAN2 中的服务器的 IP 分组,不能证明这些 IP 分组是与 LAN1 中的终端用 Telnet 访问 LAN2 中的服务器的操作相关的 IP 分组。

如何进一步从 LAN1 中的终端发送给 LAN2 中的服务器的 IP 分组中提取出与用 Telnet 访问 LAN2 中的服务器的操作相关的 IP 分组呢?这就需要了解 LAN1 中的终端用 Telnet 访问 LAN2 中的服务器的机制。LAN1 中的终端在用 Telnet 访问 LAN2 中的服务器之前，必须先和 LAN2 中的服务器建立 TCP 连接，建立 TCP 连接时选择的源端口号是随机的，但目的端口号是固定的，目的端口号是 23，因此，LAN1 中的终端发送的无论是请求建立 TCP 连接的 TCP 请求报文，还是用于传输用 Telnet 访问 LAN2 中的服务器所要求的命令和数据的 TCP 数据报文，目的端口号都是 23。因此，只要过滤掉了协议类型＝TCP、源 IP 地址属于 193.1.1.0/24、目的 IP 地址＝193.1.2.5、目的端口号＝23 的 IP 分组，就可以阻止 LAN1 中的终端用 Telnet 访问 LAN2 中的服务器。因此，路由器 R1 接口 1 输入方向上的分组过滤器的规则应该是：协议类型＝TCP，源 IP 地址＝193.1.1.0/24，目的 IP 地址＝193.1.2.5/32，目的端口号＝23。对和规则匹配的 IP 分组采取的动作是：丢弃。

规则中条件“协议类型＝TCP”是指 IP 分组首部中的协议字段值是 TCP 对应的值 6，因此，所有净荷是 TCP 报文的 IP 分组都符合条件“协议类型＝TCP”。规则中条件“源 IP 地址＝193.1.1.0/24”是指 IP 分组的源 IP 地址属于 CIDR 地址块 193.1.1.0/24，由于 CIDR 地址块 193.1.1.0/24 表示的 IP 地址范围是 193.1.1.0～193.1.1.255，因此所有源 IP 地址属于 IP 地址范围 193.1.1.0～193.1.1.255 的 IP 分组都符合条件“源 IP 地址＝193.1.1.0/24”。规则中条件“目的 IP 地址＝193.1.2.5/32”是指目的 IP 地址等于 193.1.2.5，用 193.1.2.5/32 表示唯一的 IP 地址 193.1.2.5。因此，只有目的 IP 地址是 193.1.2.5 的 IP 分组符合条件“目的 IP 地址：＝193.1.2.5/32”。规则中所有条件之间是“与”关系，因此，符合规则的 IP 分组是指符合规则中所有条件的 IP 分组。

如果为路由器 R1 接口 1 的输入方向上设置的过滤器只是需要过滤掉所有与 LAN1 中的终端用 Telnet 访问 LAN2 中的服务器的操作相关的 IP 分组，允许其他 IP 分组继续传输，则完整的过滤器如下。

①协议类型＝TCP，源 IP 地址＝193.1.1.0/24，目的 IP 地址＝193.1.2.5/32，目的端口号＝23；丢弃。

②协议类型＝＊，源 IP 地址＝any，目的 IP 地址＝any；正常转发。

条件“协议类型＝＊”表示 IP 分组首部中的协议字段值可以是任意值，意味着所有 IP 分组都符合条件“协议类型＝＊”。条件“源 IP 地址＝any”表示源 IP 地址可以是任意 IP 地址，意味着所有 IP 分组都符合条件“源 IP 地址＝any”。同样，所有 IP 分组都符合条件“目的 IP 地址＝any”。

所有与 LAN1 中的终端用 Telnet 访问 LAN2 中的服务器的操作相关的 IP 分组和规则①匹配，执行丢弃操作。其他和规则①不匹配的 IP 分组，和规则②匹配，正常转发。规则②和所有 IP 分组匹配。

可以通过设置默认操作来替代规则②，替代规则②的默认操作是：正常转发。所有和规则①不匹配的 IP 分组进行默认操作：正常转发。

从上述讨论中可以看出，IP 分组进行匹配操作的规则的顺序对 IP 分组操作结果有影响，如果 IP 分组先和规则②进行匹配操作，则所有 IP 分组，包括与 LAN1 中的终端用 Telnet 访问 LAN2 中的服务器的操作相关的 IP 分组都正常转发。

(3)过滤规则集设置方法

1)黑名单

黑名单方法是列出所有禁止传输的 IP 分组类型，没有明确禁止的 IP 分组类型都是允许传输的。上述用于实现安全策略“禁止网络 193.1.1.0/24 中的终端用 Telnet 访问网络 193.1.2.0/24 中 IP 地址为 193.1.2.5 的服务器”的过滤规则集就是采用黑名单方法设置的过滤规则集。黑名单方法主要用于需要禁止少量类型 IP 分组传输，允许其他类型 IP 分组传输的情况。

2)白名单

白名单方法与黑名单方法相反，列出所有允许传输的 IP 分组类型，没有明确允许传输的 IP 分组类型都是禁止传输的。白名单方法主要用于只允许少量类型 IP 分组传输，禁止其他类型 IP 分组传输的情况。以下是采用白名单方法设置的过滤规则集例子。

网络结构如图 3-5 所示，分别写出作用于路由器 R1 接口输入方向，路由器 R2 接口 2 输入方向，实现只允许终端 A 访问 Web 服务器，终端 B 访问 FTP 服务器，禁止其他一切网络间通信过程的安全策略的过滤规则集。

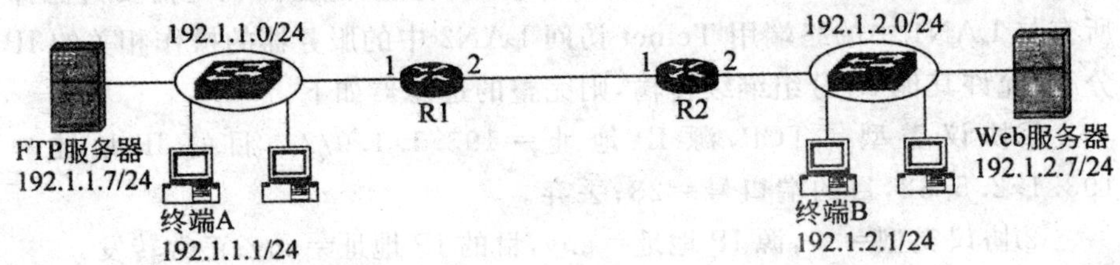

图 3-5 网络结构

路由器 R1 接口 1 输入方向的过滤规则集如下。

①协议类型＝TCP，源 IP 地址＝192.1.1.1/32，源端口号＝＊，目的 IP 地址＝192.1.2.7/32，目的端口号＝80；正常转发。

②协议类型＝TCP，源 IP 地址＝192.1.1.7/32，源端口号＝21，目的 IP 地址＝192.1.2.1/32，目的端口号＝＊；正常转发。

③协议类型＝TCP，源 IP 地址＝192.1.1.7/32，源端口号＝20，目的 IP 地址＝192.1.2.1/32，目的端口号＝*；正常转发。

④协议类型＝*，源 IP 地址＝any，目的 IP 地址＝any；丢弃。

路由器 R2 接口 2 输入方向的过滤规则集如下。

①协议类型＝TCP，源 IP 地址＝192.1.2.1/32，源端口号＝*，目的 IP 地址＝192.1.1.7/32，目的端口号＝21；正常转发。

②协议类型＝TCP，源 IP 地址＝192.1.2.1/32，源端口号＝*，目的 IP 地址＝192.1.1.7/32，目的端口号＝20；正常转发。

③协议类型＝TCP，源 IP 地址＝192.1.2.7/32，源端口号＝80，目的 IP 地址＝192.1.1.1/32，目的端口号＝*；正常转发。

④协议类型＝*，源 IP 地址＝any，目的 IP 地址＝any；丢弃。

条件"源端口号＝*"是指源端口号可以是任意值。

路由器 R1 接口 1 输入方向过滤规则①表明只允许终端 A 以超文本传输协议（hyper text transfer protocol，HTTP）访问 Web 服务器的 TCP 报文继续正常转发。过滤规则②表明只允许属于 FTP 服务器和终端 B 之间控制连接的 TCP 报文继续正常转发。过滤规则③表明只允许属于 FTP 服务器和终端 B 之间数据连接的 TCP 报文继续正常转发。过滤规则④表明丢弃所有不符合上述过滤规则的 IP 分组。路由器 R2 接口 2 输入方向过滤规则集的作用与此相似。

无状态分组过滤器是一种比较容易理解的控制信息传输过程的技术，但这种技术对解决一些复杂的传输控制问题就显得有些困难了。

2. 有状态分组过滤器

有状态分组过滤器首先需要鉴别出属于同一会话的 IP 分组，然后根据会话的属性与状态对属于该会话的 IP 分组的网络间传输过程进行控制。这里的会话是指两端之间的数据交换过程，因此，一个 TCP 连接属于一个会话，两个进程间的 UDP 报文传输过程属于一个会话，一次 Internet 控制报文协议（ICMP）ECHO 请求和 ECHO 响应过程也是一个会话。

(1)有状态分组过滤器的原因

对于如图 3-5 所示的网络结构，如果安全策略要求：路由器 R1 接口 1 只允许输入输出与终端 A 访问 Web 服务器的操作有关的 IP 分组，禁止输入输出其他一切类型的 IP 分组，可以在路由器 R1 接口 1 的输入输出方向设置以下过滤规则集。

路由器 R1 接口 1 输入方向的过滤规则集如下。

①协议类型＝TCP，源 IP 地址＝192.1.1.1/32，源端口号＝＊，目的 IP 地址＝192.1.2.7/32，目的端口号＝80；正常转发。

②协议类型＝＊，源 IP 地址＝any，目的 IP 地址＝any；丢弃。

路由器 R1 接口 1 输出方向的过滤规则集如下。

①协议类型＝TCP，源 IP 地址＝192.1.2.7/32，源端口号＝80，目的 IP 地址＝192.1.1.1/32，目的端口号＝＊；正常转发。

②协议类型＝＊，源 IP 地址＝any，目的 IP 地址＝any；丢弃。

路由器 R1 接口 1 输入方向的过滤规则集允许与终端 A 发起访问 Web 服务器的操作有关的 IP 分组继续沿着终端 A 至 Web 服务器的传输路径传输。

路由器 R1 接口 1 输出方向的过滤规则集的本意是，允许封装 Web 服务器用于响应终端 A 访问请求的响应报文的 IP 分组继续沿着 Web 服务器至终端 A 的传输路径传输。但匹配路由器 R1 接口 1 输出方向过滤规则①的 IP 分组未必就是封装 Web 服务器用于响应终端 A 访问请求的响应报文的 IP 分组。原因是，响应报文不是固定的，而是根据请求报文动态变化的，如图 3-6 所示为与终端 A 发起访问 Web 服务器的操作相关的请求和响应过程。

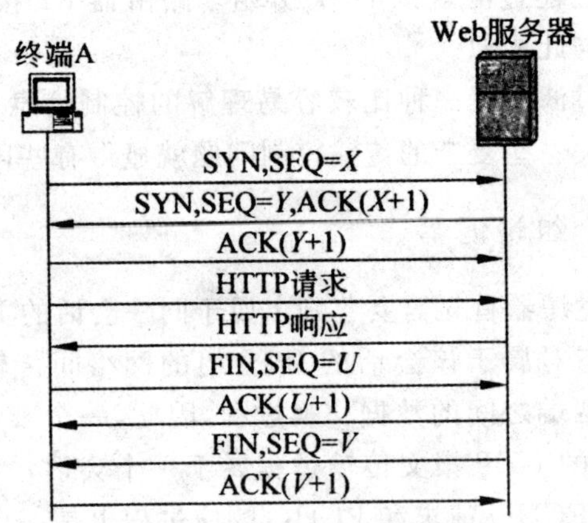

图 3-6　HTTP 服务相关的信息交换过程

与终端 A 访问 Web 服务器的操作有关的 IP 分组的交互过程如图 3-6 所示。终端 A 发起访问 Web 服务器的第一步是请求建立与 Web 服务器之间的 TCP 连接，因此，第一个请求报文是终端 A 发送的请求建立与 Web 服务器之间的 TCP 连接的请求报文，该请求报文的相关属性值如表 3-1 中第 1 项所示，相关属性与路由器 R1 接口输入方向的过滤规则①匹配。该请求报文对应的响应报文的相关属性如表 3-1 中第 2 项所示。

表 3-1　请求报文和响应报文

序号	报文类型	源 IP 地址	目的 IP 地址	源端口号	目的端口号	标志位和其他信息
1	请求报文	192.1.1.1	192.1.2.7	1307	80	SYN=1、ACK=0,序号=X
2	响应报文	192.1.2.7	192.1.1.1	80	1307	SYN=1、ACK=1,确认序号=$X+1$
3	请求报文	192.1.1.1	192.1.2.7	1307	80	ACK=1,HTTP 请求
4	响应报文	192.1.2.7	192.1.1.1	80	1307	ACK=1,HTTPD 响应

值得强调的是,在路由器 R1 接口 1 输入方向输入终端 A 至 Web 服务器的请求报文后,才允许路由器 R1 接口输出方向输出 Web 服务器至终端 A 的响应报文。另外,Web 服务器至终端 A 的响应报文的属性由终端 A 至 Web 服务器的请求报文确定。因此,根据安全策略,路由器 R1 接口 1 输出方向允许输出的第一个 IP 分组必须符合以下条件:一是 IP 分组的属性值如表 3-1 中第 2 项所示;二是与输入方向输入的封装请求报文的 IP 分组之间存在以下时间关系:先在输入方向输入封装请求报文的 IP 分组,然后在输出方向输出封装响应报文的 IP 分组。

显然,路由器 R1 接口输出方向的过滤规则①并不能满足上述要求,原因如下:一是输出方向的过滤规则①与输入方向的过滤规则①之间没有作用顺序限制;二是输出方向的过滤规则①中的属性值是静态不变的。因此,通过在路由器 R1 接口的输入输出方向同时设置无状态分组过滤器,并不能严格实施安全策略:路由器 R1 接口只允许输入输出与终端 A 访问 Web 服务器的操作有关的 IP 分组,禁止输入输出其他一切类型的 IP 分组。

(2)有状态分组过滤器工作原理

为了实现路由器 R1 接口 1 只允许输入输出与终端 A 发起访问 Web 服务器的操作有关的 IP 分组,禁止输入输出其他一切类型的 IP 分组的安全策略,必须做到以下几点:

①只允许由终端 A 发起建立与 Web 服务器之间的 TCP 连接。

②只允许属于由终端 A 发起建立的与 Web 服务器之间的 TCP 连接的 TCP 报文沿着 Web 服务器至终端 A 方向传输。

③必须在路由器 R1 接口 1 输入终端 A 发送给 Web 服务器的请求报文

后，才允许路由器 R1 接口 1 输出 Web 服务器返回给终端 A 的响应报文。

为实现上述控制过程，路由器 R1 接口 1 输入输出方向的过滤器必须具备以下功能：

①终端 A 至 Web 服务器传输方向上的过滤规则允许传输与终端 A 发起访问 Web 服务器的操作有关的 TCP 报文。

②初始状态下，Web 服务器至终端 A 传输方向上的过滤规则拒绝一切 IP 分组传输。

③只有当终端 A 至 Web 服务器传输方向上传输了与终端 A 发起访问 Web 服务器的操作有关的 TCP 报文后，Web 服务器至终端 A 传输方向才允许传输作为对应的响应报文的 TCP 报文。

因此，路由器 R1 接口 1 输入方向配置以下过滤规则集。允许传输与终端 A 发起访问 Web 服务器的操作有关的 TCP 报文：

①协议类型＝TCP，源 IP 地址＝192.1.1.1/32，源端口号＝＊，目的 IP 地址＝192.1.2.7/32，目的端口号＝80；正常转发。

②协议类型＝＊，源 IP 地址＝any，目的 IP 地址＝any；丢弃。

路由器 R1 接口 1 输出方向初始状态下是禁止输出所有 IP 分组。只有当路由器 R1 接口 1 输入方向传输了符合上述过滤规则的、与终端 A 访问 Web 服务器有关的请求报文后，路由器 R1 才能根据请求报文的属性值生成对应的响应报文的属性值，并根据对应的响应报文的属性值在路由器 R1 接口 1 输出方向动态生成允许对应的响应报文输出的过滤规则。

如表 3-1 所示，只有在路由器 R1 接口 1 输入方向传输了源 IP 地址为 192.1.1.1，目的 IP 地址为 192.1.2.7，协议类型是 TCP，净荷是源端口号为 1307，目的端口号为 80 的 TCP 报文的 IP 分组后，路由器 R1 接口 1 输出方向才允许传输源 IP 地址为 192.1.2.7，目的 IP 地址为 192.1.1.1，协议类型是 TCP，净荷是源端口号为 80，目的端口号为 1307 的 TCP 报文的 IP 分组。

(3)有状态分组过滤器的功能分类

有状态分组过滤器根据功能分为会话层和应用层两种类型的有状态分组过滤器。这里的会话层是指分组过滤器检查信息的深度限于与会话相关的信息，如 TCP 连接的两端插口等。与 OSI 体系结构中的会话层没有关系。应用层是指分组过滤器检查信息的深度涉及应用层协议数据单元(protocol data unit，PDU)中的有关字段。

1)会话层有状态分组过滤器

一个方向配置允许发起创建某个会话的 IP 分组传输的过滤规则集。创建会话后，所有属于该会话的报文可以从两个方向传输。

如图 3-5 所示的网络结构，路由器 R1 接口 1 输入方向配置允许与终端

A发起创建与Web服务器之间的TCP连接的操作有关的IP分组传输的过滤规则。一旦终端A发出请求建立与Web服务器之间的TCP连接的请求报文。路由器R1在会话表中创建一个会话，如表3-2所示。该会话用TCP连接的两端插口唯一标识。创建该会话后，所有属于该会话的TCP报文允许经过路由器R1接口1输入输出，即路由器R1接口1允许输入源IP地址为192.1.1.1，目的IP地址为192.1.2.7，协议类型是TCP，净荷是源端口号为1307，目的端口号为80的TCP报文的IP分组。路由器R1接口1输出方向允许输出源IP地址为192.1.2.7，目的IP地址为192.1.1.1，协议类型是TCP，净荷是源端口号为80，目的端口号为1307的TCP报文的IP分组。

表3-2 会话表

方向	源IP地址	目的IP地址	源端口号	目的端口号
输入方向	192.1.1.1	192.1.2.7	1307	80
输出方向	192.1.2.7	192.1.1.1	80	1307

路由器R1通过接口1接收到终端A发出的请求建立与Web服务器之间的TCP连接的请求报文时创建该会话。

以下两种情况下，将撤销该会话。

①释放会话对应的TCP连接；

②规定时间内，一直没有通过该TCP连接传输TCP报文。

只有在会话存在期间，才允许通过路由器R1接口1输入输出属于该会话的报文。创建会话的报文，除了请求建立TCP连接的请求报文，还有UDP报文和ICMP ECHO请求报文。如果一个方向配置允许传输UDP报文的过滤规则，当路由器接收到第一个UDP报文时，创建一个会话，该会话以UDP报文两端插口唯一标识。当规定时间内，一直没有通过该会话传输UDP报文时，撤销该会话。同样只有在会话存在期间，才允许输入输出属于该会话的UDP报文。

如果一个方向配置允许传输ICMP ECHO请求报文的过滤规则，当路由器接收到ICMP ECHO请求报文时，创建一个会话，该会话以两端IP地址和ICMP ECHO请求报文中的标识符和序号唯一标识。当路由器接收与该会话两端IP地址及标识符和序号相同的ICMP ECHO响应报文，路由器允许传输该ICMP ECHO响应报文，并撤销该会话。

2)应用层有状态分组过滤器

应用层有状态分组过滤器与会话层有状态分组过滤器主要有以下不同：

①应用层有状态分组过滤器需要分析应用层协议数据单元，因此，过滤规则中需要指定应用层协议。

②一个方向需要配置允许传输请求报文的过滤规则。

③另一个方向自动生成允许传输该请求报文对应的响应报文的过滤规则。

④应用层检查请求报文与响应报文之间的关联性。

对于如图 3-5 所示的网络结构，如果路由器 R1 具有应用层有状态分组过滤器功能，一是路由器 R1 接口 1 输入方向的过滤规则需要指定应用层协议 HTTP。二是路由器 R1 接口 1 输入方向需要配置允许终端 A 发出的访问 Web 服务器的 HTTP 请求消息传输的过滤规则。三是路由器 R1 接收到该 HTTP 请求消息后，不仅需要记录封装该 HTTP 请求消息的 TCP 报文的两端插口，还需要分析该 HTTP 请求消息，生成该 HTTP 请求消息对应的 HTTP 响应消息中必须具备的字段值。四是当路由器接收到某个 HTTP 响应消息时，该 HTTP 响应消息同时满足以下条件时，才允许传输：①封装该 HTTP 响应消息的 TCP 报文的两端插口与封装对应的 HTTP 请求消息的 TCP 报文的两端插口匹配；②响应消息中的一些字段值与对应的 HTTP 请求消息匹配。

由于应用层有状态分组过滤器需要分析对应应用层协议的协议数据单元，因此，也将应用层有状态分组过滤器称为应用层网关。

(4)基于分区防火墙

基于分区防火墙属于有状态分组过滤器，它把网络分成多个区，每一个区由一个或多个网络组成，通过访问控制策略控制不同区之间的信息传输过程。这里的访问控制策略是一组为了实现安全策略而对防火墙配置的用于控制不同区之间的信息传输过程的规则。

1)访问控制策略

一般企业网结构如图 3-7 所示，通常由三个区组成，分别是信任区、非军事区和非信任区。其中，信任区是企业内部网，只允许企业内部人员对其进行访问；非军事区(demilitarized zone，DMZ)主要由企业对外公开的服务器群组成，如 Web 服务器、电子邮件服务器等。非信任区主要指外部网络，如 Internet。一般的安全策略是：企业内部人员允许访问非军事区中的服务器，还可以对 Web 服务器进行管理，如修改主页等。从使用方便性出发，应该允许企业内部人员随便访问外部网络，但为了保证内部网络的安全，同时也避免类似采用对等(peer to peer，P2P)应用结构的网络应用大肆占用网络带宽的情况发生，对企业内部人员访问外部网络过程进行限制，如只允许企业内部人员访问 Internet 中的 Web 和 FTP 服务器。外部网络只允许访问非军事区中的服务器，不允许访问企业内部网。防火墙实现上述安全策略的过程如下。

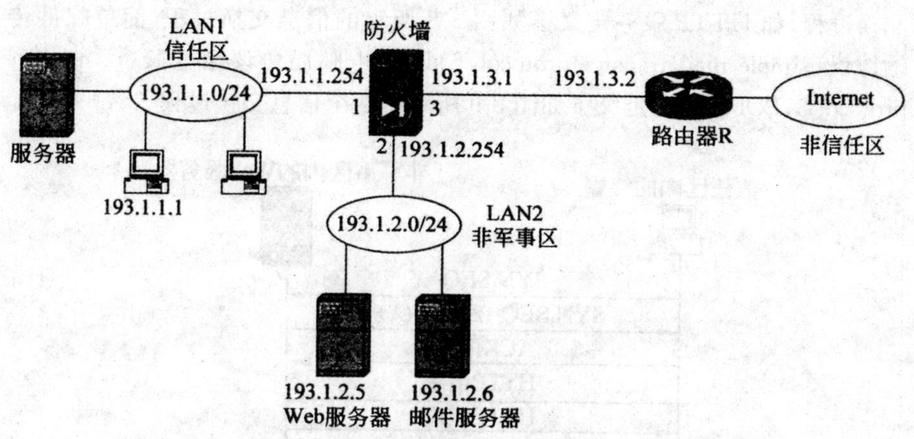

图 3-7　防火墙控制区之间信息传输过程

第一步将网络分成三个区：信任区、非军事区（DMZ）和非信任区，然后将防火墙的三个端口和这三个区绑定在一起，端口 1 绑定信任区，端口 2 绑定非军事区（DMZ），端口 3 绑定非信任区。

由于基于分区防火墙通过访问控制策略控制不同区之间的信息传输过程，因此第二步需要根据上述安全策略指定以下用于控制不同区之间信息传输过程的访问控制策略。

①从信任区到非军事区：源 IP 地址＝193. 1. 1. 0/24，目的 IP 地址＝193. 1. 2. 5/32，HTTP 服务。

②从信任区到非军事区：源 IP 地址＝193. 1. 1. 0/24，目的 IP 地址＝193. 1. 2. 6/32，SMTP＋POP3 服务。

③从信任区到非信任区：源 IP 地址＝193. 1. 1. 0/24，目的 IP 地址＝any，HTTP＋FTP GET 服务。

④从非军事区到非信任区：源 IP 地址＝193. 1. 2. 6/32，目的 IP 地址＝any，SMTP 服务。

⑤从非信任区到非军事区：源 IP 地址＝any，目的 IP 地址＝193. 1. 2. 5/32，HTTP GET 服务。

⑥从非信任区到非军事区：源 IP 地址＝any，目的 IP 地址＝193. 1. 2. 6/32，SMTP 服务。

每一条访问控制策略给出三部分信息：一是信息流动方向，如策略 1 给出的从信任区到非军事区；二是允许启动信息交换过程的源终端地址范围和被动响应信息交换过程的目的终端地址范围，如策略 1 中允许启动信息交换过程的源终端是网络 193. 1. 1. 0/24 内的任何终端，而允许被动响应信息交换过程的目的终端只能是 Web 服务器；三是以服务方式定义了整个信息交换过程，如 HTTP 服务定义了如图 3-8 所示的信息交换过程，简单邮件传输协议（simple mail transfer protocol，SMTP）＋邮局协议第 3 版（post office protocol 3，POP3）服务定义了如图 3-9 所示的两个信息交换过程。

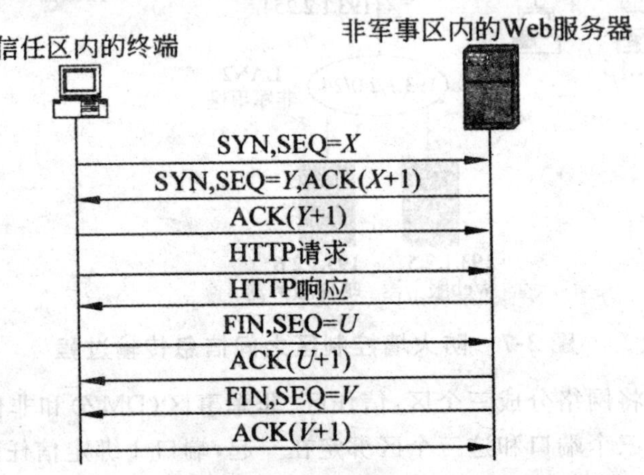

图 3-8 HTTP 服务涉及的信息交换过程

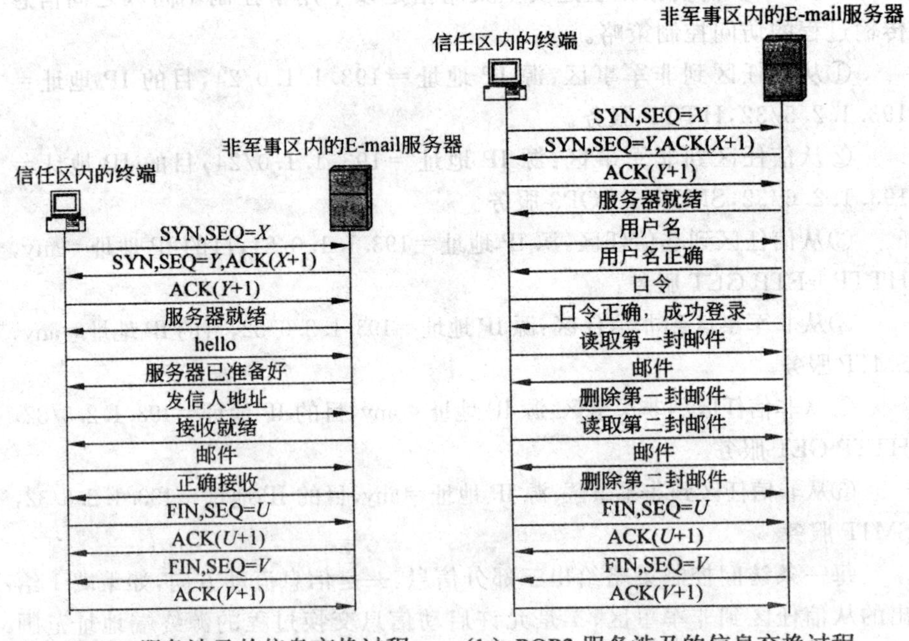

（a）SMTP 服务涉及的信息交换过程　　（b）POP3 服务涉及的信息交换过程

图 3-9 SMTP＋POP3 服务信息交换过程

2)访问控制策略实现机制

下面以策略 1 为例,讨论一下防火墙通过访问控制策略控制不同区之间信息交换的过程。

策略 1 中的信息流动方向“从信任区到非军事区”表明,只允许由属于信任区的终端发起访问非军事区内资源的过程,源 IP 地址范围“源 IP 地址=193.1.1.0/24”表明,信任区内有权发起访问非军事区内资源的过程的终端范围是 IP 地址为 193.1.1.0~193.1.1.255 的终端(any 表明区内所有终端),目的 IP 地址范围“目的 IP 地址=193.1.2.5/32”表明,允许访问的非军事区内的资源是 IP 地址为 193.1.2.5 的 Web 服务器,193.1.2.5/32 表示 IP 地址范围是唯一的 IP 地址 193.1.2.5。在讨论防火墙实现策略 1 的机制前,先给出如图 3-8 所示的由属于信任区的终端发起的访问非军事区内的 Web 服务器的过程中所涉及的信息交换过程。

正确的信息交换过程是由信任区内的终端发起建立与非军事区内的 Web 服务器之间的 TCP 连接的过程。建立 TCP 连接过程中,首先由信任区内的终端发出源 IP 地址=193.1.1.0/24,目的 IP 地址=193.1.2.5,目的端口号=80,标志位 SYN=1、ACK=0 的请求建立 TCP 连接的请求报文,然后由非军事区内的 Web 服务器发出源 IP 地址=193.1.2.5,目的 IP 地址=193.1.1.0/24,源端口号=80,标志位 SYN=1、ACK=1 的同意建立 TCP 连接的响应报文,最后由属于信任区的终端发出确认报文。

了解建立 TCP 连接涉及的信息交换过程后,可以讨论防火墙控制上述信息交换过程的机制。防火墙为每一个 TCP 连接在连接表中建立一项,并且记录下该 TCP 连接的状态,该 TCP 连接提供服务的对象等。当防火墙从端口 1 接收到 IP 分组(根据端口 1 确定来自信任区),它首先根据 IP 首部中的相关字段值(源 IP 地址和目的 IP 地址)、TCP 首部中的相关字段值(源端口和目的端口号)检索 TCP 连接表,确定 TCP 连接表中是否存在和上述字段值匹配的连接项,如果没有,检索访问控制策略表,判断访问控制策略表中是否存在允许建立该 TCP 连接的访问控制策略。本例中,由于策略 1 允许由信任区内的终端发起建立与非军事区中的 Web 服务器之间的 TCP 连接,因此,在 TCP 连接表中检索不到对应连接项的情况下,根据策略 1,防火墙端口 1(连接信任区)接收到的 IP 分组中,只有 IP 首部中源 IP 地址=193.1.1.0/24,目的 IP 地址=193.1.2.5,TCP 首部中目的端口号=80,标志位 SYN=1、ACK=0,且转发端口为端口 2(连接非军事区)的 IP 分组,才是允许继续传输的 IP 分组,同时在 TCP 连接表中建立一项,如表 3-3 所示。

表 3-3 防火墙 TCP 连接表

源终端	目的终端	源端口号	目的端口号	状态	服务对象
193.1.1.1	193.1.2.5	1307	80	等待响应	HTTP

当防火墙从端口 2(确定来自非军事区)接收到 IP 首部中源 IP 地址=193.1.2.5,目的 IP 地址=193.1.1.1,TCP 首部中源端口号=80,目的端口号=1307 的 IP 分组,根据 IP 分组的多个特征字段值(如源和目的 IP 地址、源和目的端口号)去匹配 TCP 连接表,匹配的连接项表明:该 TCP 连接是由 IP 地址=193.1.1.1 终端发起的、与 IP 地址=193.1.2.5 的 Web 服务器之间的 TCP 连接,而且该 TCP 连接的后续报文应该是 IP 地址=193.1.2.5 的 Web 服务器发出的同意建立 TCP 连接的响应报文。防火墙检查该 TCP 报文首部中的 SYN 和 ACK 标志位是否为 1,若为 1,表明是响应报文,允许从端口 2 转发到端口 1(连接信任区),否则予以丢弃。

防火墙检测到响应报文后,TCP 连接状态转为等待确认,在这种状态下,防火墙只允许由 IP 地址=193.1.1.1 的终端发出的 TCP 连接确认报文从端口 1 转发到端口 2,其他类型的 TCP 报文都予以丢弃。

在防火墙通过端口 1 接收到 IP 地址=193.1.1.1 的终端发出的确认报文后,TCP 连接状态转变为建立。在这种状态下,防火墙从端口 1 接收到的 TCP 报文中,只有符合下述条件的 TCP 报文才允许从端口 1 转发到端口 2:①和该 TCP 连接匹配,即封装 TCP 报文的 IP 分组的源 IP 地址为 193.1.1.1,目的 IP 地址为 193.1.2.5,协议类型为 TCP。TCP 报文的源端口号为 1307,目的端口号为 80。②TCP 报文封装的是 HTTP 请求消息。③TCP 报文的序号在合理范围内。同样,防火墙从端口 2 接收到的 TCP 报文中,只有符合下述条件的 TCP 报文才允许从端口 2 转发到端口 1:①和该 TCP 连接匹配,即封装 TCP 报文的 IP 分组的源 IP 地址为 193.1.2.5,目的 IP 地址为 193.1.1.1,协议类型为 TCP。TCP 报文的源端口号为 80,目的端口号为 1307。②TCP 报文封装的是 HTTP 响应消息。③TCP 报文的确认序号和另一方向发送的 TCP 报文的序号有合理关系。

(5)有状态分组过滤器其他防御攻击机制

1)防御 SYN 泛洪攻击

①SYN 泛洪攻击原理。拒绝服务(denial of service,DoS)攻击是利用访问权限允许的访问过程,通过不正常地发送请求或其他报文,导致服务器不能正常提供服务或使得网络结点发生拥塞的一种攻击手段,由于这种攻击手段并不违背访问控制策略,因此,无法通过控制不同区之间的信息传输

过程有效抑制这种攻击行为。在如无法通过制定控制不同区之间的信息传输过程的访问控制策略，有效抑制如图 3-10 所示的非信任区中的终端通过 SYN 泛洪来终止非军事区中的 Web 服务器的服务功能的拒绝服务攻击行为。在如图 3-10 所示的攻击行为下，防火墙中的 TCP 连接表也有可能因溢出而无法正常工作。因此，防火墙必须在有状态分组过滤器的功能上，增加防御拒绝服务攻击的能力。

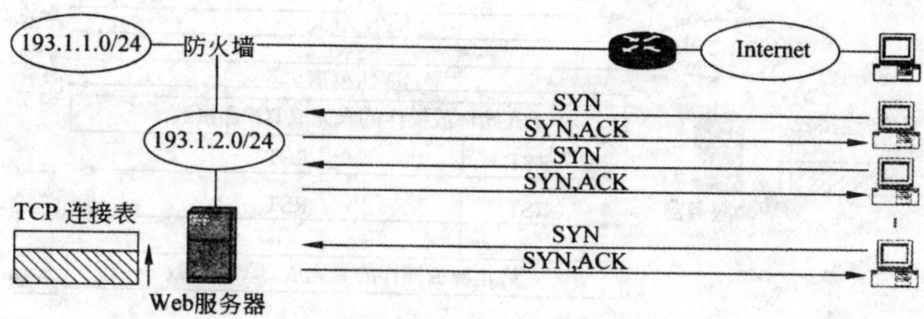

图 3-10　SYN 泛洪攻击

SYN 泛洪攻击过程如图 3-10 所示，TCP 连接建立过程需要三次握手操作。客户端发送 SYN＝1 的请求建 TCP 连接的请求报文，服务器回送 SYN＝1、ACK＝1 的同意建立 TCP 连接的响应报文，服务器在发送响应报文后，等待客户端的确认报文，在这个等待阶段，服务器端已经在 TCP 连接表中建立对应的连接项。如果直到等待时间（60s～2min）溢出，服务器端仍未接收到来自客户端的确认报文，认为无法建立 TCP 连接，终止该 TCP 连接建立过程，并从 TCP 连接表中删除已经建立的连接项。这就意味着只要非信任区中某个终端持续地以本不存在的 IP 地址向服务器发送 SYN＝1 的请求建立 TCP 连接的请求报文，服务器端等待客户端确认报文的未完全建立的 TCP 连接数量将急剧增加，最终导致 TCP 连接表溢出，使得正常访问服务器的客户因为无法和服务器建立 TCP 连接而宣告失败。

②阈值控制。为了防御 SYN 泛洪攻击，在防火墙连接非信任区的端口启动称为阈值控制的防御 SYN 泛洪攻击机制，通过阈值控制防御 SYN 泛洪攻击的操作过程如图 3-11 所示。首先设定开始释放操作的未完成 TCP 连接数和终止释放操作的未完成 TCP 连接数，防火墙同步记录下由经过防火墙转发的请求建立 TCP 连接的请求报文导致的未完成的 TCP 连接，一旦未完成的 TCP 连接数达到设定的开始释放操作的未完成 TCP 连接数，防火墙按照这些未完成的 TCP 连接的建立顺序，释放一部分未完成的 TCP 连接。释放操作是向未完成的 TCP 连接的两端发送 RST＝1 的复

位控制报文。这个释放过程一直进行，直到未完成的 TCP 连接数等于设定的终止释放操作的未完成 TCP 连接数。

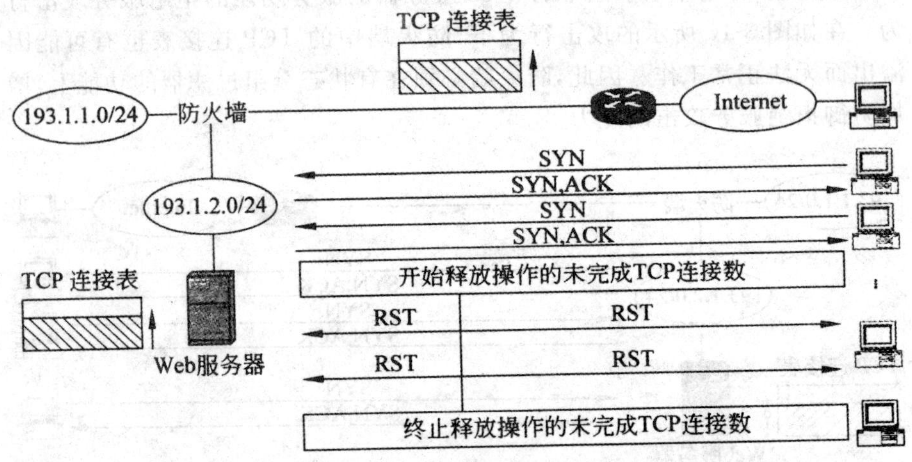

图 3-11　阈值控制防御 SYN 泛洪攻击过程

另一种阈值控制方式是设定每秒允许由非信任区内终端发送给非军事区内 Web 服务器的请求建立 TCP 连接的请求报文(SYN＝1，ACK＝0 的 TCP 报文)的数量，这个数量应该大于峰值情况下 Web 服务器每秒建立的 TCP 连接数。假定每秒允许经过防火墙送往非军事区的请求建立 TCP 连接的请求报文数量为 500，那么，在允许的到达速率内，非信任区发送给 Web 服务器的请求建立 TCP 连接的请求报文经过防火墙直接转发给 Web 服务器。一旦来自非信任区的请求建立 TCP 连接的请求报文的到达速率超过 500 个/s，防火墙将直接丢弃超过设定到达速率的请求建立 TCP 连接的请求报文(如 1 s 内到达的第 501 个及以后到达的请求建 TCP 连接的请求报文)。

③Cookie 技术。Cookie 技术不仅可以防御 SYN 泛洪攻击，也可以使防火墙免于在 TCP 连接表中记录大量未完成的 TCP 连接。采用 Cookie 技术，防火墙只对已经完成三次握手过程且成功建立的 TCP 连接进行访问控制策略检测，并在通过访问控制策略检测的情况下，在 TCP 连接表中创建连接项，并以代理方式与 Web 服务器建立 TCP 连接，操作过程如图 3-12 所示。防火墙设定一个 SYN＝1 的请求建立 TCP 连接的请求报文的到达速率，该到达速率是峰值情况下 Web 服务器每秒建立的 TCP 连接数。一旦到达的 SYN＝1 的请求建立 TCP 连接的请求报文数量超过设定的到达速率，防火墙拦截下该请求报文，并由防火墙发送 SYN＝1、ACK＝1 的响

应报文，但响应报文中给出的初始序号（如图 3-12 所示的 Z_1、Z_2）是对请求报文中的相关字段值进行报文摘要运算的结果，即初始序号＝MD5（源 IP 地址‖目的 IP 地址‖源端口号‖目的端口号‖初始序号）（其中，源 IP 地址、目的 IP 地址、源端口号、目的端口号和初始序号都是请求报文中的相关字段值）。防火墙发送响应报文后，并不在 TCP 连接表中记录任何信息。当防火墙接收到来自客户端的确认报文时，防火墙重新对确认报文中的相关字段值进行报文摘要运算，即计算 MD5（源 IP 地址‖目的 IP 地址‖源端口号‖目的端口号‖序号－1）（其中，源 IP 地址、目的 IP 地址、源端口号、目的端口号和序号都是确认报文中的相关字段值），并把计算结果和减 1 后的确认序号比较，如果相等，意味着该确认报文和通过 Cookie 技术生成的响应报文是对应的，并因此在 TCP 连接表中创建连接项，继而和 Web 服务器建立 TCP 连接。当然，由于防火墙的代理作用，客户端的初始确认序号和服务器端的初始序号并不一致，需要防火墙进行修正。

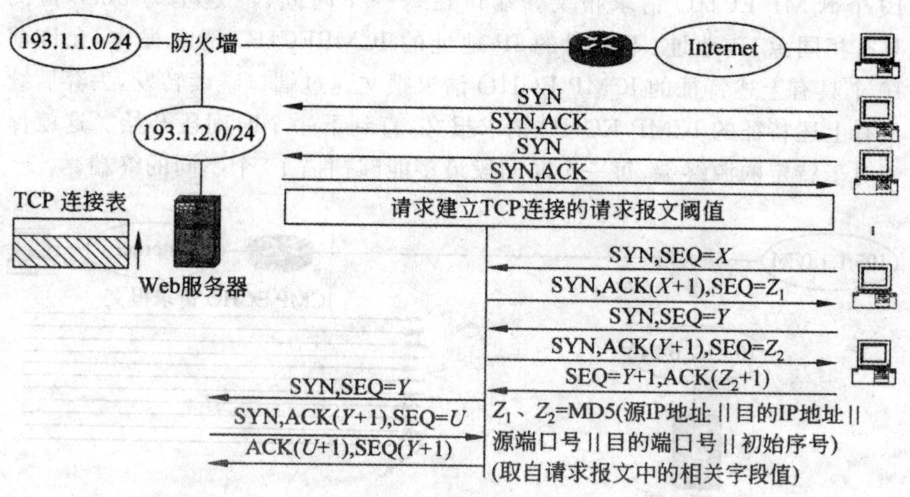

图 3-12 Cookie 技术防御 SYN 泛洪攻击过程

2）防御侦察机制

①黑客侦察过程。黑客发起攻击前，首先需要确定攻击目标，了解目标信息，掌握目标的弱点，然后有针对性地对目标实施攻击。因此，需要通过侦察过程获取以下信息：连接在网络上且黑客可以到达的终端，该终端打开的端口，该终端使用的操作系统类型及版本等。

黑客通过 IP 地址扫描来发现某个连接在网络上且黑客可以到达的终端。黑客持续发送目的 IP 地址递增的 ICMP ECHO 请求报文，如果黑客接收到某个 ICMP ECHO 响应报文，意味着黑客可以到达发送该 ICMP

ECHO 响应报文的终端，可以把该终端作为实施攻击的对象。

黑客通过端口扫描来发现某个终端打开的端口。黑客持续发送目的端口号递增的 SYN＝1 的请求建立 TCP 连接的请求报文，如果接收到 SYN＝1 和 ACK＝1 的同意建立 TCP 连接的响应报文，表明该响应报文的源端口号是打开的。

因为不同类型的操作系统和同一类型操作系统的不同版本，存在不同的漏洞，因此，实施攻击前，需要了解该终端使用的操作系统类型及版本。在 TCP 连接建立、维持和释放过程中，不同操作系统对异常情况的处理方式是不同的，黑客通过分析终端操作系统对某些特定异常情况的处理方式来确定终端所使用的操作系统类型及版本。

②防御 IP 地址和端口扫描机制。防火墙防御 IP 地址扫描机制如图 3-13 所示，假定要防止来自非信任区的 IP 地址扫描侦察，在防火墙连接非信任区的端口启动防御 IP 地址扫描机制，并设置时间间隔和阈值，如 5ms 和 10 个 ICMP ECHO 请求报文。端口在每一个时间段（这里为 5ms）检测具有相同源 IP 地址、不同目的 IP 地址的 ICMPECHO 请求报文，允许前 10 个具有上述特征的 ICMP ECHO 请求报文通过端口继续转发，丢弃后续具有上述特征的 ICMP ECHO 请求报文，直到下一个时间段开始。这就保证对于特定的源终端，每一个时间段最多能够扫描 10 个不同的终端。

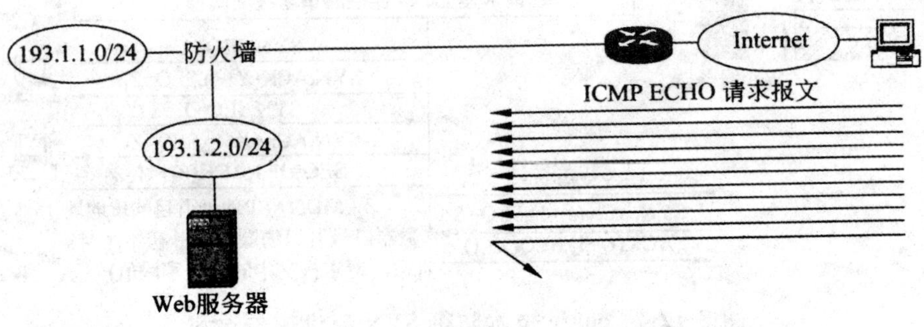

图 3-13　防御 IP 地址扫描机制

防火墙防御端口扫描机制和防御 IP 地址扫描机制相似，在连接非信任区的端口启动防御端口扫描机制后，也需要设置时间间隔和阈值，这两个参数决定了规定时间内允许通过端口转发的具有相同源和目的 IP 地址，不同目的端口号的 SYN＝1 的请求建立 TCP 连接的请求报文的数量。

由于控制不同区之间信息传输过程的访问控制策略可以设定每一个区内允许区间信息交换的 IP 地址范围和信息类型，因此，通过访问控制策略也能较好地解决一个区内的终端对另一个区实施 IP 地址扫描和端口扫描等侦察手段的问题。

③防御探测机制。TCP连接建立、维持和释放过程中的异常情况是指TCP首部中的控制位同时出现FIN＝1、ACK＝0、SYN＝1等不允许同时出现的控制位置位情况，不同操作系统对这些异常情况有着不同的处理方式，有的操作系统忽略这些异常情况，有的操作系统一旦发现这样的异常情况，终止TCP连接并回送控制位RST＝1的TCP报文。因此，黑客终端为了探测某个终端使用的操作系统类型及版本，向该终端发送控制位异常置位的TCP报文，然后通过该终端对该异常TCP报文的响应来推断该终端使用的操作系统类型和版本。

如果防火墙某个端口启动了防御操作系统探测机制，防火墙对通过该端口接收到的所有TCP报文进行检测，确定是否存在控制位异常置位的情况。只有控制位置位符合TCP规范的TCP报文才允许继续转发，丢弃所有控制位异常置位的TCP报文。由于这些控制位异常置位的TCP报文无法到达目的终端，黑客终端无法通过比较目的终端对比这些控制位异常置位的TCP报文的响应方式来推断出目的终端所使用的操作系统类型及版本。

3.1.2 电路层代理

电路层代理是一个中继设备，在源和目的主机之间无法直接建立TCP连接或UDP会话的情况下，用于实现源主机和目的主机之间的通信过程。

电路层代理实现数据中继的过程如下：

①建立源主机与电路层代理之间的TCP连接或UDP会话；

②建立电路层代理与目的主机之间的TCP连接或UDP会话；

③建立这两个TCP连接或UDP会话之间的映射。

完成上述操作过程后，电路层代理将通过源主机与电路层代理之间的TCP连接或UDP会话接收到的源主机发送的数据复制到电路层代理与目的主机之间的TCP连接或UDP会话，或者反之，将通过电路层代理与目的主机之间的TCP连接或UDP会话接收到的目的主机发送的数据复制到源主机与电路层代理之间的TCP连接或UDP会话，以此实现源主机和目的主机之间的通信过程。

1. Socks和电路层代理实现原理

Socks是一种规范电路层代理实现过程的协议，目前最新版本是Socksv5。基于Socksv5实现的电路层代理同时支持TCP和UDP，即电路层代理可以建立两个 TCP 连接或 UDP 会话之间的映射。

(1)电路层代理配置信息

网络结构如图 3-14 所示,假定源主机是终端 B,目的主机是 Web 服务器,源主机与目的主机之间无法直接建立 TCP 连接。但如图 3-14 所示的网络结构允许源主机与电路层代理之间和电路层代理与目的主机之间建立 TCP 连接。

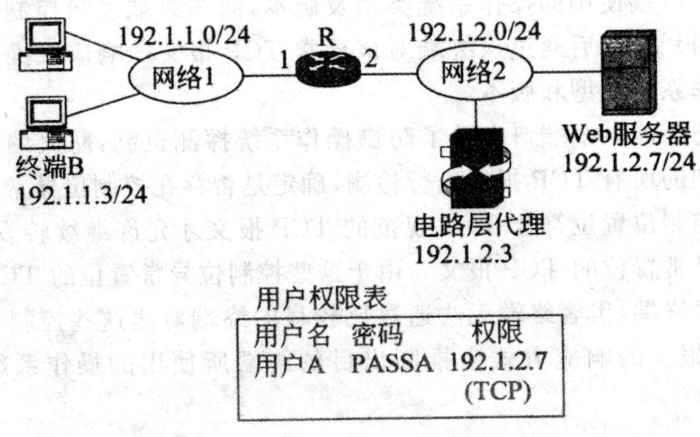

图 3-14 电路层代理配置信息

电路层代理可以基于用户分配权限,如图 3-14 所示,电路层代理只允许为用户名为用户 A、密码为 PASSA 的注册用户建立与 IP 地址为 192.1.2.7 的目的主机之间的 TCP 连接,并能将该用户发送的数据复制到该 TCP 连接。或将从该 TCP 连接接收到的数据转发给该用户。因此,需要在电路层代理中给出每一个注册用户的身份标识信息及为每一个注册用户分配的权限。

(2)基于 Socksv5 的电路层代理工作过程

基于 Socksv5 的电路层代理工作过程如图 3-15 所示。源主机首先建立与电路层代理之间的 TCP 连接,建立 TCP 连接时,电路层代理一端的端口号是 Socksv5 的著名端口号 1080。完成 TCP 连接建立过程后,电路层代理根据配置的用户身份鉴别机制要求源主机提供用户名和密码,源主机要求用户输入用户名用户 A 和密码 PASSA,并将用户输入的用户名和密码发送给电路层代理,电路层代理根据用户名用户 A 和密码 PASSA 确定是注册用户后,向源主机发送身份鉴别成功消息。

源主机向电路层代理发送请求建立电路层代理与目的主机之间的 TCP 连接的请求消息,请求消息中给出目的主机的 IP 地址 192.1.2.7 和该 TCP 连接的目的端口号 80。电路层代理通过检索用户权限表,确定用户名为用户 A、密码为 PASSA 的注册用户具有建立与 IP 地址为 192.1.2.7 的目的主机之间的 TCP 连接的权限。电路层代理建立与 IP 地址为 192.1.2.7 的目的主机之间的 TCP 连接，并建立源主机与电路层代理之间的 TCP 连接和电路层代理与目的主机之间的 TCP 连接之间的映射，如表 3-4 所示。其中，终端 B 与电路层代理之间的 TCP 连接中，终端 B 的端口号 1273 是临时端口号，由终端 B 随机选择，电路层代理的端口号 1080 是 Socksv5 的著名端口号。电路层代理与 Web 服务器之间的 TCP 连接中，电路层代理的端口号 2373 是临时端口号，由电路层代理随机选择，Web 服务器的端口号 80 由终端 B 指定。

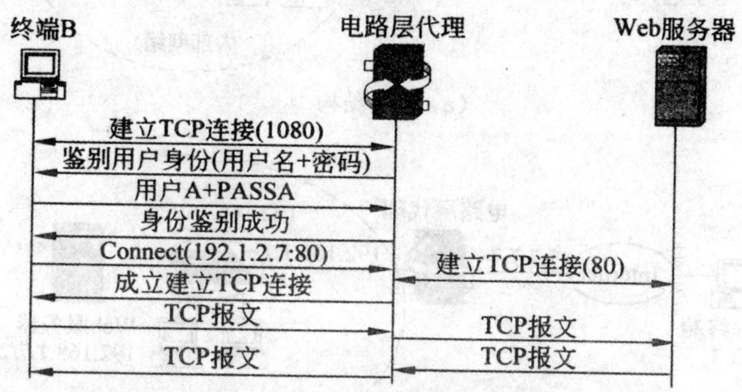

图 3-15 基于 Socksv5 的电路层代理工作过程

表 3-4 TCP 连接映射表

终端 B 与电路层代理之间的 TCP 连接		电路层代理与 Web 服务器之间的 TCP 连接	
终端 B 插口	电路层代理插口	电路层代理插口	Web 服务器插口
192.1.1.3:1273	192.1.2.3:1080	192.1.2.3:2373	192.1.2.7:80

建立如表 3-4 所示的两个 TCP 连接之间的映射后，电路层代理将通过终端 B 与电路层代理之间的 TCP 连接接收到的终端 B 发送的字节流复制到电路层代理与 Web 服务器之间的 TCP 连接。或者反之，将通过电路层代理与 Web 服务器之间的 TCP 连接接收到的 Web 服务器发送的字节流复制到终端 B 与电路层代理之间的 TCP 连接。

2. 电路层代理应用环境

(1)访问内部网络资源

内部网络分配私有 IP 地址，对连接在 Internet 上的终端是不可见的。

因此，连接在 Internet 上的终端是无法直接访问内部网络的。可以通过三种技术实现如图 3-16(a)所示的远程终端访问内部网络的过程，这三种技术分别是静态端口映射、虚拟专用网(virtual private network，VPN)和电路层代理。

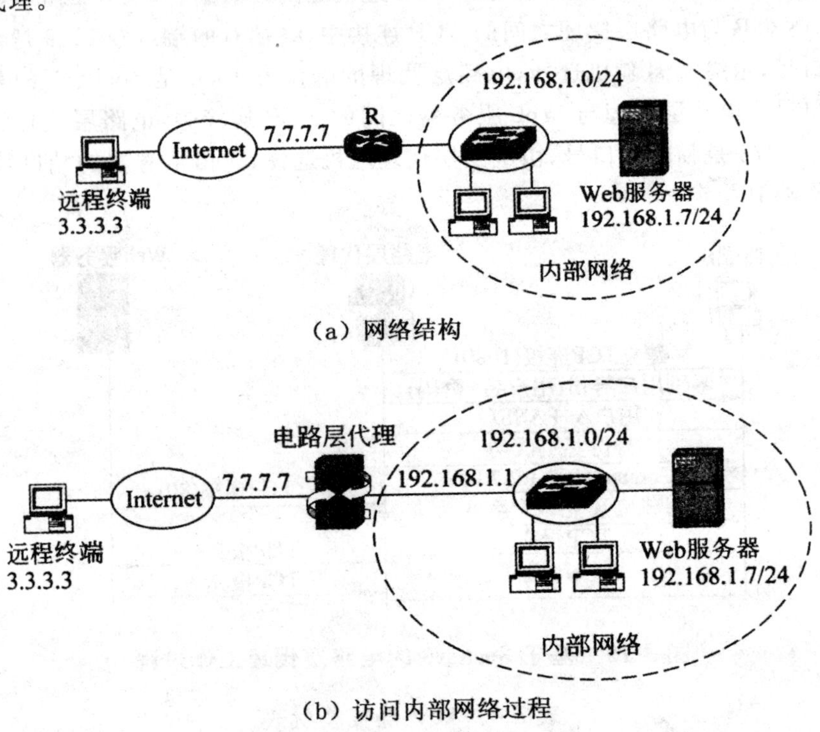

(a) 网络结构

(b) 访问内部网络过程

图 3-16　远程终端访问内部网络过程

1)静态端口映射

如图 3-16(a)所示，远程终端只能访问边界路由器 R 连接 Internet 的接口，为了使远程终端能够通过边界路由器 R 连接 Internet 的接口的 IP 地址实现对内部网络中 Web 服务器的访问过程，必须建立边界路由器 R 连接 Internet 的接口的全球 IP 地址与内部网络中 Web 服务器的私有 IP 地址之间的映射。为了能够将边界路由器 R 连接 Internet 的接口的全球 IP 地址映射到内部网络中多个不同的私有 IP 地址，远程终端用全球端口号唯一标识内部网络中需要映射的私有 IP 地址。如表 3-5 所示是用全球端口号 80 唯一标识内部网络私有 IP 地址 192.168.1.7 的地址转换项。远程终端可以用目的 IP 地址 7.7.7.7 和目的端口号 80 访问内部网络中的 Web 服务器。当边界路由器 R 接收到该访问请求，用该访问请求的目的 IP 地址 7.7.7.7 和目的端口号 80 匹配地址转换项中的全球 IP 地址和全球端口号，然后用匹配的地址转换项中的本地IP地址192.168.1.7和本地端口号80替代该访问请求的目的IP地址7.7.7.7和目的端口号80，然后将完成替代操作后的访问请求转发给内部网络。

表3-5 地址转换表

全球IP地址	全球端口号	本地IP地址	本地端口号
7.7.7.7	80	192.168.1.7	80

如果内部网络中存在两个以上分配不同私有IP地址的Web服务器，为了用全球端口号唯一标识这些Web服务器，需要为这些Web服务器分配不同的全球端口号，这就意味着在这些Web服务器中，只能有一个Web服务器分配全球端口号80。远程终端访问那些没有分配全球端口号80的Web服务器时，除了需要给出全球IP地址7.7.7.7，还需给出分配给该Web服务器的全球端口号，如8080等。

采用静态端口映射，一是需要事先在边界路由器R的地址转换表中手工配置地址转换项，二是远程终端用户需要知道全球端口号与内部网络私有IP地址之间的映射，三是一旦建立静态端口映射，所有知道全球端口号与内部网络私有IP地址之间映射的远程用户均可通过边界路由器R连接Internet的接口的全球IP地址和与某个私有IP地址对应的全球端口号访问内部网络中分配该私有IP地址的终端或服务器。

2）VPN

如果采用VPN技术，如图3-16(a)所示的边界路由器R作为L2TP网络服务器(L2TP Network Server，LNS)，远程终端通过接入控制过程接入内部网络，分配私有IP地址，通过分配的私有IP地址完成对内部网络的访问过程。远程终端接入内部网络时，LNS需要完成对远程终端用户的身份鉴别过程，但无法分配远程终端用户访问内部网络资源的权限。每一个接入内部网络的远程终端可以像内部网络中的终端一样，访问内部网络中的资源。

3）电路层代理

如果采用电路层代理，用电路层代理替换如图3-16(a)所示的边界路由器R，电路层代理一端连接Internet，另一端连接内部网络，连接Internet的一端分配全球IP地址7.7.7.7，连接内部网络的一端分配私有IP地址192.168.1.1。当远程终端需要访问内部网络中的Web服务器时，首先建立与电路层代理之间的TCP连接，该TCP连接称为Internet TCP连接，用远程终端插口和电路层代理连接Internet一端的插口唯一标识，如表3-6

所示的 Internet TCP 连接。远程终端建立与电路层代理之间的 TCP 连接后,由电路层代理完成对远程终端用户的身份鉴别过程。电路层代理根据远程终端给出的内部网络中的 Web 服务器的私有 IP 地址,建立与内部网络中的 Web 服务器之间的 TCP 连接,该 TCP 连接称为内部网络 TCP 连接,用电路层代理连接内部网络一端的插口和内部网络中的 Web 服务器的插口唯一标识,如表 3-6 所示的内部网络 TCP 连接。

表 3-6　TCP 连接映射表

Internet TCP 连接		内部网络 TCP 连接	
远程终端插口	电路层代理插口	电路层代理插口	Web 服务器插口
3.3.3.3:1327	7.7.7.7:1080	192.168.1.1:7321	192.168.1.7:80

电路层代理建立如表 3-6 所示的 Internet TCP 连接与内部网络 TCP 连接之间的映射后,将通过 Internet TCP 连接接收到远程终端发送的字节流复制到内部网络 TCP 连接。或者反之,将通过内部网络 TCP 连接接收到 Web 服务器发送的字节流复制到 Internet TCP 连接。

电路层代理的特点有以下三点。一是电路层代理建立 Internet TCP 连接与内部网络 TCP 连接之间映射时,需要完成对远程终端用户的身份鉴别过程。二是可以为每一个远程终端用户设定内部网络资源的访问权限。三是在 Internet TCP 连接和内部网络 TCP 连接之间复制字节流时,可以检测字节流中的传输层信息。

(2)规避访问限制

互联网结构如图 3-17(a)所示,假定 Web 服务器的访问权限对源终端的 IP 地址做了限制,如只允许 IP 地址属于 192.1.2.0/24 的终端访问 Web 服务器。在这种情况下,终端 A 无法直接访问 Web 服务器。可以通过两种规避访问限制的技术实现如图 3-17(a)所示的终端 A 访问 Web 服务器的过程,这两种技术分别是 VPN 和电路层代理。

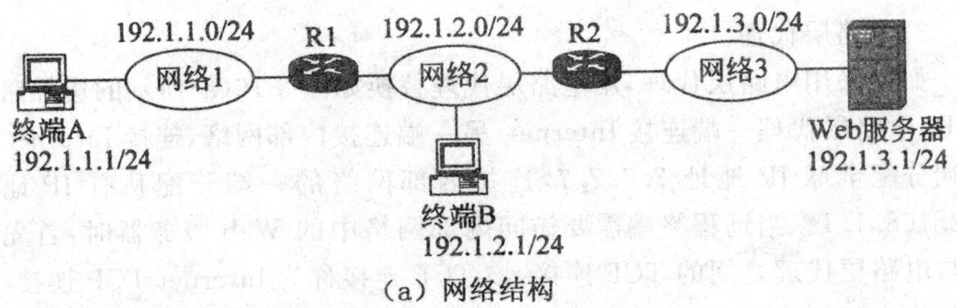

(a) 网络结构

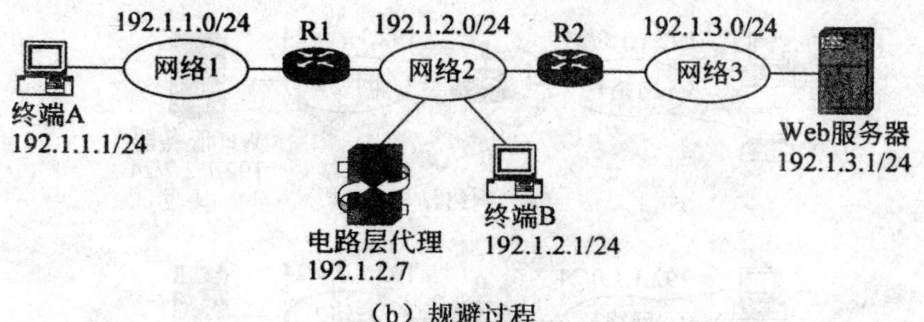

（b）规避过程

图 3-17 规避访问限制过程

1）VPN

如果采用 VPN 技术，如图 3-17（a）所示的路由器 R1 作为 L2TP 网络服务器（LNS），终端 A 通过接入控制过程接入网络 2，分配网络 2 的 IP 地址，即属于 192.1.2.0/24 的 IP 地址，通过分配的属于 192.1.2.0/24 的 IP 地址完成对 Web 服务器的访问过程。

2）电路层代理

如果采用电路层代理，如图 3-17（b）所示，在网络 2 上连接一个电路层代理，为该电路层代理分配属于 192.1.2.0/24 的 IP 地址，然后，由终端 A 发起建立与电路层代理之间的 TCP 连接。由电路层代理发起建立与 Web 服务器之间的 TCP。建立如表 3-7 所示的两个 TCP 连接之间的映射后，电路层代理将通过终端 A 与电路层代理之间的 TCP 连接接收到的终端 A 发送的字节流复制到电路层代理与 Web 服务器之间的 TCP 连接。或者反之，将通过电路层代理与 Web 服务器之间的 TCP 连接接收到的 Web 服务器发送的字节流复制到终端 A 与电路层代理之间的 TCP 连接。

表 3-7 TCP 连接映射表

终端 A 与电路层代理之间的 TCP 连接		电路层代理与 Web 服务器之间的 TCP 连接	
终端 A 插口	电路层代理插口	电路层代理插口	Web 服务器插口
192.1.1.1:2373	192.1.2.7:1080	192.1.2.7:3712	192.1.3.1:80

（3）穿透防火墙

网络结构如图 3-18（a）所示，路由器 R 接口的输出方向设置以下无状态分组过滤器。

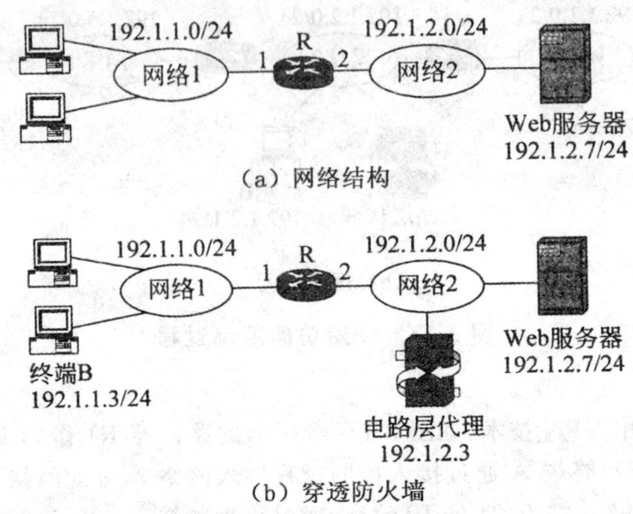

图 3-18 穿透防火墙过程

①协议类型＝＊,源 IP 地址＝192.1.1.0/24,目的 IP 地址＝192.1.2.7/32;丢弃。

②协议类型＝＊,源 IP 地址＝any,目的 IP 地址＝any;正常转发。

上述无状态分组过滤器导致网络 1 中的终端无法与 Web 服务器通信。如果要求允许特定用户能够通过连接在网络 1 中的终端访问 Web 服务器,可以在网络 2 中连接一个电路层代理,由于上述无状态分组过滤器允许网络 1 中的终端与该电路层代理通信,因此,可以由连接在网络 1 上的终端,如图 3-18(b)所示的终端 B,发起建立与电路层代理之间的 TCP 连接。由电路层代理发起建立与 Web 服务器之间的 TCP。

3. 电路层代理安全功能

(1)数据中继

在源主机与目的主机之间不能直接建立 TCP 连接或 UDP 会话的情况下,电路层代理通过数据中继实现源主机与目的主机之间的通信过程。由于源主机无法直接访问目的主机,使得源主机无法直接对目的主机发起攻击。由于电路层代理在两个 TCP 连接或 UDP 会话之间相互复制数据时,可以在传输层对数据进行检测,有效地保证了源主机和目的主机之间传输的数据的正确性。

(2)用户身份鉴别

电路层代理可以基于用户分配访问权限,因此,在完成数据中继过程前，需要完成以下操作：

①为了保证由注册用户发起数据中继过程，需要完成对源端用户的身份鉴别过程；

②需要确定该注册用户具备访问目的主机的权限。在源主机和目的主机之间无法直接建立 TCP 连接或 UDP 会话的情况下，电路层代理基于用户分配访问权限的安全功能可以有效保护目的主机中的资源。

(3)传输层检测

电路层代理实现数据中继的过程如下：

①建立源主机与电路层代理之间的 TCP 连接或 UDP 会话；

②建立电路层代理与目的主机之间的 TCP 连接或 UDP 会话；

③建立这两个 TCP 连接或 UDP 会话之间的映射；

④将通过源主机与电路层代理之间的 TCP 连接或 UDP 会话接收到的源主机发送的数据复制到电路层代理与目的主机之间的 TCP 连接或 UDP 会话，或者反之，将通过电路层代理与目的主机之间的 TCP 连接或 UDP 会话接收到的目的主机发送的数据复制到源主机与电路层代理之间的 TCP 连接或 UDP 会话。

电路层代理在两个 TCP 连接或 UDP 会话之间相互复制数据时，必须在传输层对数据进行检测，如检测 TCP 报文的序号和确认序号是否合理，传输层报文首部中各个字段值是否正确，传输层报文中的数据是否正确等，使得电路层代理不会错误中继黑客用于对目的主机实施攻击的数据。

3.1.3　应用层网关

大量的黑客攻击行为是针对特定的网络服务的，即网络应用相关的，如 SQL 注入攻击、简称为 XSS 攻击的跨站脚本攻击等都是针对 Web 服务的，因此，需要对每一种网络服务，提供用于防御针对该网络服务的攻击行为的设备，这种设备是网络应用相关的，称为应用层网关。

1. 应用层网关概述

(1)检测层次

分组过滤器一般只检测 IP 首部和传输层首部中的源和目的端口号，不会检测传输层报文中净荷的内容。电路层代理通常只检测传输层首部，同样不会检测传输层报文中净荷的内容。应用层网关要求检测应用层消息首部和应用层消息中的消息体，如 HTTP 首部和 HTTP 消息体等。

(2)透明模式和代理模式

分组过滤器对于源和目的主机是透明的,电路层代理对于源主机不是透明的,应用层网关可以工作在透明模式和代理模式下。

透明模式下,源和目的主机之间传输的数据必须经过防火墙,如分组过滤器。代理模式下,源和目的主机之间传输的数据通常需要经过防火墙中继,如电路层代理建立两个 TCP 连接或 UDP 会话之间的映射。如果应用层网关工作在透明模式,传输给被保护服务器的数据必须经过应用层网关。如果应用层网关工作在代理模式,客户端和被保护服务器之间传输的数据需要经过应用层网关中继。

(3)安全功能

分组过滤器的安全功能主要是控制网络间数据传输过程,由安全策略指定网络间允许传输数据的终端范围和数据类型,分组过滤器能够过滤掉安全策略禁止网络间传输的 IP 分组。

电路层代理能够基于用户分配访问权限,电路层代理的安全功能是控制每一个用户按照分配的权限访问资源。

应用层网关的安全功能是对对应的应用服务器提供保护,有效防御对该应用服务器实施的攻击。

2. Web 应用防火墙工作原理

应用层网关是网络应用相关的,因此,不存在通用的应用层网关。针对不同网络应用的应用层网关的工作原理也不尽相同,这一节主要讨论 Web 应用防火墙(web application firewall,WAF)的工作原理,通过 WAF 工作原理了解应用层网关的实现方法。

(1)WAF 的功能

WAF 是对 Web 服务器提供保护的应用层网关,用于防御黑客对 Web 服务器实施的攻击。由于与访问 Web 服务器相关的应用层协议是 HTTP 和 HTTPS,因此,WAF 主要检测 HTTP 消息和 HTTPS 消息。

(2)典型攻击过程

为了深入了解 WAF 防御黑客攻击的原理,需要了解典型的黑客对 Web 服务器实施的攻击过程。

1)SQL 注入攻击

结构化查询语言(structured query language,SQL)是一种数据库查询语言,用于对关系数据库进行查询、更新和管理。客户端访问 Web 服务器过程如图 3-19 所示。客户端将资源访问请求封装成 HTTP 请求消息后,发送给 Web 服务器。Web 服务器前端从资源访问请求中分离出需要访问的对象和操作类型，以此构成 SQL 语句，将 SQL 语句发送给后台数据库。后台数据库完成 SQL 语句指定的操作后，将操作结果发送给 Web 服务器前端。Web 服务器前端将操作结果封装成 HTTP 响应消息后，发送给客户端。

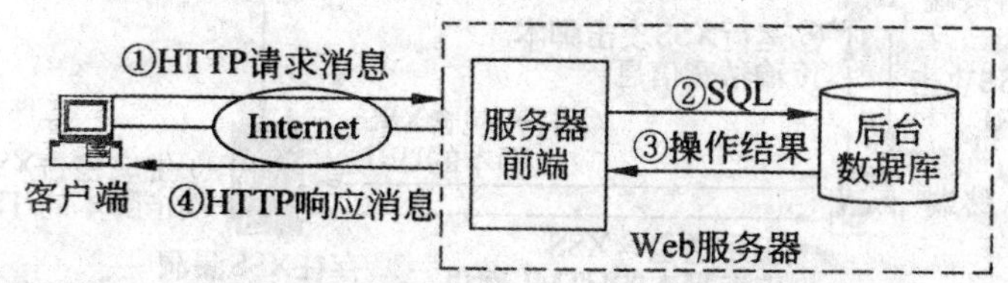

图 3-19　客户端访问 Web 服务器过程

SQL 注入攻击通过精心设计资源访问请求，使得服务器前端生成错误的 SQL 语句，后台数据库执行错误的 SQL 语句后，导致以下后果。

①错误地更新数据库内容；

②错误地删除数据内容；

③非授权用户非法访问数据库。

SQL 注入攻击是目前最常见的攻击 Web 服务器手段，也是导致 Web 服务器泄漏私密信息的主要原因。实时备份数据库的目的之一，就是为了能够及时恢复被 SQL 注入攻击篡改、删除的数据库内容。

2）XSS 攻击

跨站脚本（cross site scripting）的缩写应该是 CSS，但 CSS 已经是层叠样式表（cascading style sheets）的缩写，为避免混淆，将跨站脚本的缩写改为 XSS。

实施 XSS 攻击的前提是 Web 服务器存在漏铜，使得某个客户端可以将 XSS 攻击脚本写入超文本标记语言（hyper text markup language，HTML）网页，当其他客户端访问该 HTML。网页时，浏览器将执行该 HTML 网页包含的 XSS 攻击脚本。

黑客实施 XSS 攻击过程如图 3-20 所示。假定黑客发现某个 Web 服务器存在 XSS 漏洞，且受害人具有登录该 Web 服务器的权限。黑客构建一个包含 XSS 攻击脚本的统一资源定位器（uniform resource locator，URL），并将该 URL 发送给受害人。如果受害人打开该 URL，受害人登录该 Web 服务器，Web 服务器前端解释 URL 时，执行包含在 URL 中的 XSS 攻击脚本，在 HTML 网页中嵌入一段 XSS 攻击脚本。Web 服务器将嵌入 XSS 攻击脚本的 HTML 网页发送给受害人，受害人浏览器解释该 HTML 网页时，执行嵌入在 HTML 网页中的 XSS 攻击脚本，将受害人包含登录信息的

Cookie 发送给黑客终端。黑客随后可以用受害人的登录信息登录该 Web 服务器。

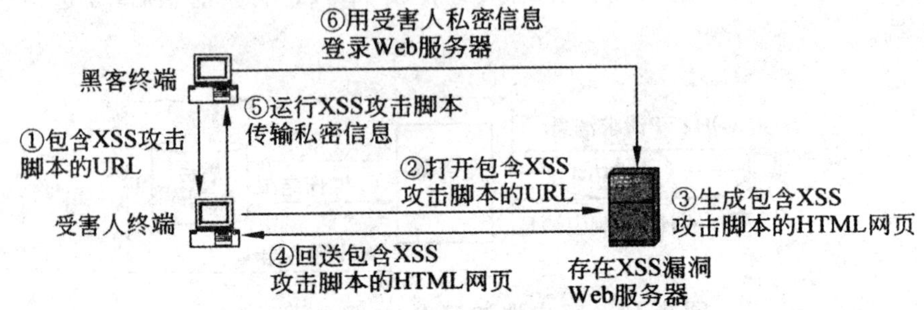

图 3-20　黑客实施 XSS 攻击过程

黑客实施如图 3-20 所示的 XSS 攻击过程的前提有两个，一是 Web 服务器存在 XSS 漏洞，二是需要让受害人打开包含 XSS 攻击脚本的 URL。黑客有着多种引诱受害人打开包含 XSS 攻击脚本的 URL 的方法。

(3)WAF 工作原理

WAF 通过以下机制检测出对 Web 服务器实施的攻击。

1)协议验证

HTTP 对 HTTP 请求和响应消息中各个字段的含义和值的范围有着严格定义，包含攻击信息的 HTTP 请求和响应消息往往不能严格遵守 HTTP 对各个字段值所做的限制，因此，WAF 通过检测经过的 HTTP 请求和响应消息中各个字段的值可以发现不规范的 HTTP 请求和响应消息，这些不规范的 HTTP 请求和响应消息中往往包含攻击信息。

2)攻击特征

有些典型的针对 Web 服务器的攻击行为是有特征的，如 SQL 攻击。与这些攻击有关的 HTTP 请求消息的一些字段值中包含特征信息。特征信息可以是一串固定的字符串，也可以是一组特定的值。WAF 可以通过分析已经发现的攻击行为，构建攻击特征库，攻击特征库中针对每一个已经发现的攻击行为，给出与这些攻击行为有关的 HTTP 请求消息中相关字段可能包含的特征信息。WAF 对每一个 HTTP 请求消息，根据攻击特征库中的每一个攻击行为，逐个检测相关字段，如果该 HTTP 请求消息的相关字段值中包含某个攻击行为的特征信息，表明该 HTTP 请求消息是实施该攻击行为的 HTTP 请求消息。

3)应用规范

Web 服务器的访问方式是有规律的，这种规律可以通过长期的统计分析得出，如某个注册用户一般在什么时间段、用什么 IP 地址的终端登录 Web 服务器，每一个用户访问 Web 服务器过程，Web 服务器在不同时间段的登录用户数，Web 服务器主页中每一个链接的打开密度等。当 Web 服务器遭受攻击时，Web 服务器的访问方式会发生较大变化，因此，可以根据长期统计分析得出的规律来制定应用规范，当 Web 服务器访问方式与应用规范之间出现较大偏差时，表明 Web 服务器正在遭受攻击。

WAF 通常综合多种检测机制的检测结果来发现针对 Web 服务器的攻击行为，以此提高检测结果的正确率。

3. Web 应用防火墙应用环境

(1)透明模式

透明模式如图 3-21 所示，WAF 位于终端与 Web 服务器之间的传输路径上，终端与 Web 服务器之间交换的 HTTP 请求和响应消息全部经过 WAF，由 WAF 对经过的 HTTP 请求和响应消息进行检测。透明模式要求 WAF 有着较高的处理能力，否则，WAF 可能成为终端访问 Web 服务器的性能瓶颈。

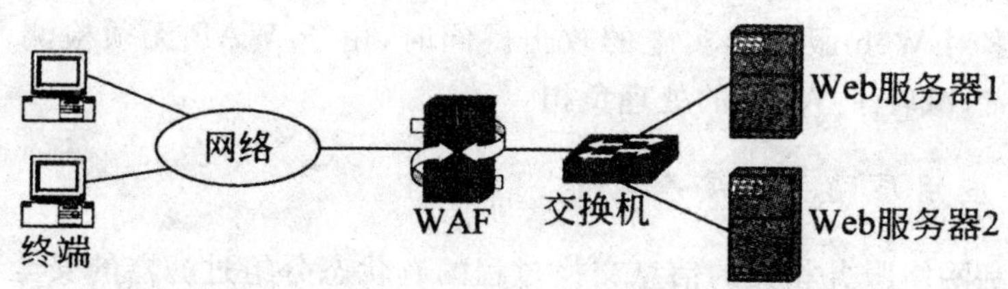

图 3-21 透明模式

(2)反向代理模式

反向代理模式如图 3-22 所示，WAF 并没有位于终端与 Web 服务器之间的传输路径上，因此，终端与 Web 服务器之间交换的 HTTP 请求和响应消息可以不经过 WAF。为了强迫终端发送给 Web 服务器的 HTTP 请求消息经过 WAF，在路由器 R 中添加两项如表 3-8 所示的静态路由项，这两项静态路由项使得路由器 R 将以 Web 服务器的 IP 地址为目的 IP 地址的 IP 分组转发给 WAF，并因此使得所有终端发送的、以 Web 服务器的 IP 地址为目的 IP 地址的 IP 分组经过 WAF。由 WAF 对经过的 HTTP 请求消息进行检测。Web 服务器回送的 HTTP 响应消息可以不经过 WAF。

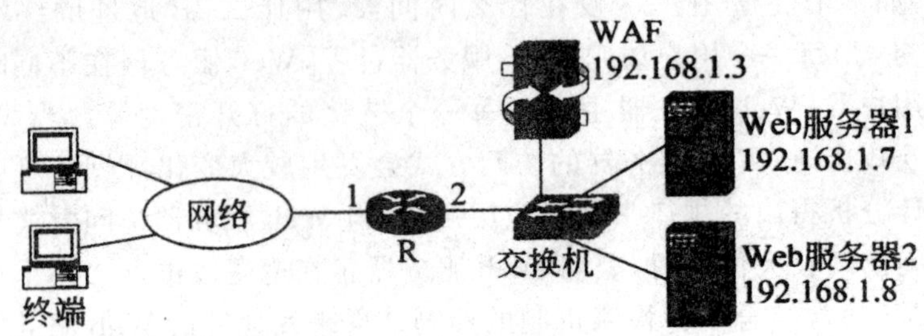

图 3-22 反向代理模式

表 3-8 路由器 R 添加的静态路由项

目的网络	输出接口	下一跳
192.168.1.7/32	2	192.168.1.3
192.168.1.8/32	2	192.168.1.3

由于 WAF 的作用是保护 Web 服务器，避免 Web 服务器遭受攻击，通过对所有终端发送给 Web 服务器的 HTTP 请求消息进行检测，可以有效阻止黑客对 Web 服务器实施的攻击。同时，由于 WAF 无须检测 HTTP 响应消息，减轻了 WAF 的处理负担。

4. 应用层网关的安全功能

控制网络服务相关的信息交换过程的有状态分组过滤器的安全功能还是用于控制两个应用进程之间的通信过程，只是这种有状态分组过滤器只允许按照应用层协议要求进行的信息交换过程正常进行。

WAF 这样的应用层网关主要用于防御针对特定服务器实施的攻击，如 WAF 主要用于防御对 Web 服务器实施的攻击。因此，WAF 的主要安全功能是检测经过的 HTTP 请求和响应消息，发现与攻击行为相关的 HTTP 请求和响应消息，并予以处理。

控制 HTTP 服务相关的信息交换过程的有状态分组过滤器一般没有 WAF 的功能，这样的有状态分组过滤器无法检测出与 SQL 注入攻击和 XSS 攻击相关的 HTTP 请求和响应消息。即有状态分组过滤器可以控制那些终端允许访问该 Web 服务器、只允许与这些终端正常访问该 Web 服务器相关的信息交换过程正常进行，但无法检测出黑客利用有状态分组过滤器允许的信息交换过程实施的 SQL 注入攻击、XSS 攻击等针对 Web 服务器的攻击行为。

3.2　防火墙系统结构

防火墙的系统结构是指防火墙在网络中的物理位置和它与网络中其他设备的关系。只有合理选用和配置防火墙的拓扑，才能使之具有最佳的安全性能。通常，防火墙的构成方式可分为双宿主主机结构、带有屏蔽路由器的单网段防火墙结构、单 DMZ 防火墙结构、双 DMZ 防火墙结构等几种。

3.2.1　简单的双宿主主机结构

如果比较最早出现的简单防火墙系统的组成，可以发现是由配置了两个网络端口的 UNIX 主机系统来充当防火墙的，称为双宿主主机，如图 3-23 所示。其中一个端口与内部网络连接，而另一个端口与外部网络连接，并且禁止在两个端口之间的路由功能。主机在系统中同时充当阈和门的角色，所提供的服务有两种方式：一是允许内部网络的用户直接登录访问其提供的服务，这从网络安全角度来看是不能接受的，用户的登录对主机存在着很大的潜在威胁；另一种服务方式是在主机中运行代理服务器，为内部用户提供某种特殊网络服务（如 Web 服务）的桥接，用户的服务访问都要通过这个代理服务器转接。

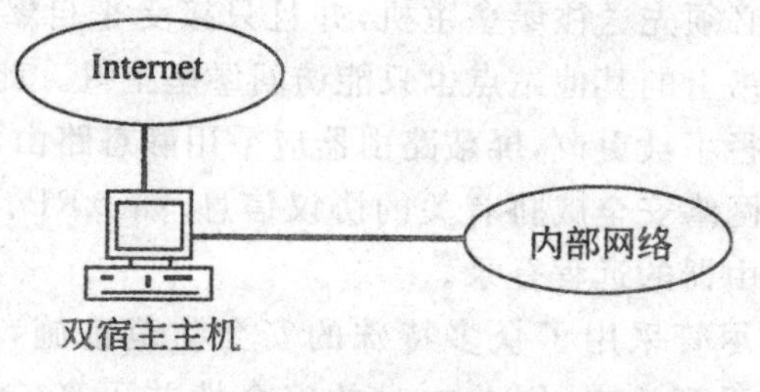

图 3-23　简单的双宿主主机结构

双宿主主机防火墙结构简单、易于实现，且成本较低，但是也相当脆弱。它使用一台计算机连接外部网络和内部网络，把整个内部网络的安全保障全部托付给该计算机，同时又把它暴露在外部网前。双宿主主机在这种结构中往往是攻击者攻击的首选目标，防火墙技术本身也不能保证主机不受攻击。另外，双宿主主机承担了所有的防火墙的工作，往往成为内外网通信的瓶颈。

3.2.2 带有屏蔽路由器的单网段防火墙结构

带有屏蔽路由器的单网段防火墙的拓扑结构如图 3-24 所示。它使用了一个屏蔽路由器和一个堡垒主机构成防火墙。屏蔽路由器用于过滤数据报文，提供保护堡垒主机的安全屏障。堡垒主机是 Internet 上的主机和内部网络的主机之间的桥梁（如电子邮件的传递），但是仅允许某些确定类型的应用。

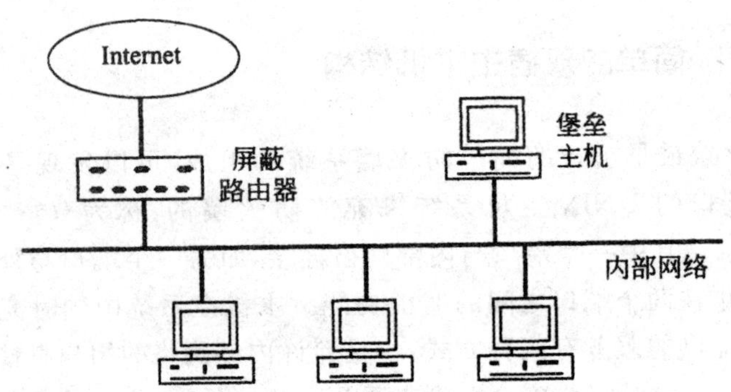

图 3-24 带有屏蔽路由器的单网段防火墙结构

该结构的有效性在于如何正确设置屏蔽路由器和堡垒主机。除了完成各自的功能之外，双方应对数据的流向进行严格控制。屏蔽路由器应保证所有的输入信息必须先送往堡垒主机，并且只接受来自堡垒主机的输出信息。这样内部网络上的其他站点也只能访问堡垒主机。此外为保证这一固定的数据流动路径不被更改，屏蔽路由器应采用静态路由设置，并且路由器上应拒绝处理与网络安全威胁有关的协议信息，如 ARP、ICMP 报文等，同时限制对屏蔽路由器的远程登录。

屏蔽路由器尽管采用了众多特殊的安全防范措施，但因为它直接面向 Internet，容易受到攻击，因此本身的安全性并不高。如果屏蔽路由器被渗透，这时内部网和 Internet 存在直接交换数据报的路径，攻击面有可能会扩展到内部网上所有主机和服务器。而且一旦被攻破，也很难发现，而且不能识别不同的用户。这就需要屏蔽路由器直接访问的主机要支持复杂的用户认证，并且网络管理员要不断地检查网络以确定网络是否受到攻击。

3.2.3 单 DMZ 防火墙结构

上述防火墙结构都存在一些限制,为了克服其缺陷,目前使用的防火墙结构一般包含有被称为 DMZ 的"非军事区",DMZ 有时也被称为"周边网"。如图 3-25 所示,为这种防火墙结构的典型拓扑,其中屏蔽路由器和堡垒主机连接在一个网段上,以确保所有跨越防火墙的数据信息必须先后经过这两个网络安全单元。在屏蔽路由器和堡垒主机之间的网段上不放置任何其他网络设备,该网段就被称为"DMZ 区"。在这种拓扑结构中堡垒主机是双宿主主机,要求具有两个网络接口,而 DMZ 区成为外部网络与内部网络之间附加的一个安全层。堡垒主机的服务可以作为应用网关(application gateway,注意并非应用层协议转换器),也可以作为代理服务器。

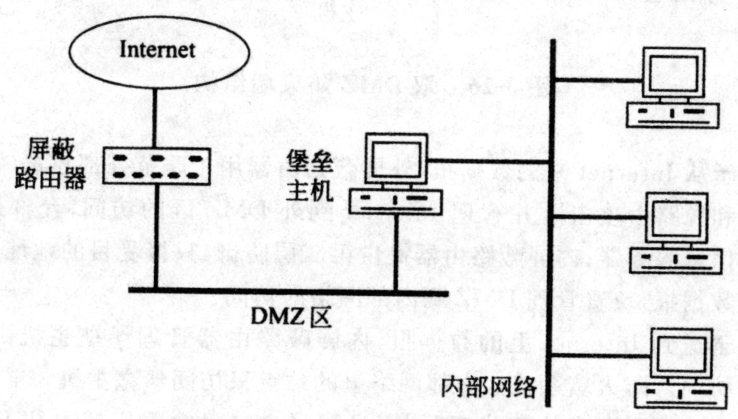

图 3-25 单 DMZ 防火墙结构

由于堡垒主机是唯一能从 Internet 上直接访问的内部系统,所以内部网上有可能受到攻击的主机就只有堡垒主机本身。一般不允许用户注册堡垒主机,如果允许用户注册,就为攻击者增加了一条攻击的途径,降低系统的安全性。

3.2.4 双 DMZ 防火墙结构

根据被保护内部网络的某种特殊需求,防火墙的拓扑结构常常要增加其他的部件。如果内部网络中要求有部分信息可以提供给外部共享,允许外部用户直接访问,如 Web 服务的主页信息或 FTP 文件传输服务的部分内容等,对此可以通过在防火墙中建立两个 DMZ 区来解决。如图 3-26 所示,在外 DMZ 区的网段上安置一些公共信息服务器(Web 服务器或 FTP 服务器),而这些服务器系统本身也作为外堡垒主机。

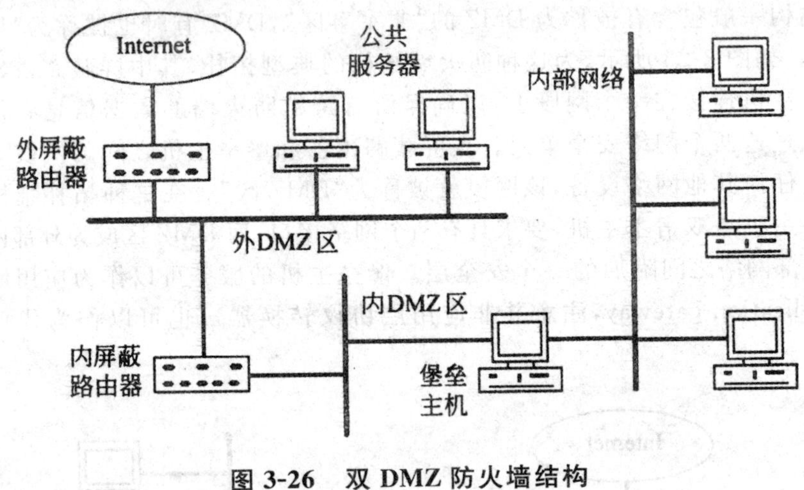

图 3-26 双 DMZ 防火墙结构

对于从 Internet 来的数据报,外屏蔽路由器用于防范外部攻击(如源地址欺骗和源路由攻击),并管理 Internet 到外 DMZ 区的访问,允许外部系统访问信息服务器;内屏蔽路由器提供第二层防御,只接受目的地址是堡垒主机的数据报,负责管理 DMZ 到内部网络的访问。

对于送到 Internet 上的数据报,内屏蔽路由器管理堡垒主机到 DMZ 网络的访问。防火墙系统让内部网络上的站点只访问堡垒主机。屏蔽路由器上的过滤规则要求使用代理服务(只接受来自堡垒主机的去往 Internet 的数据报)。

在这种配置中,外 DMZ 区上的外部屏蔽路由器的路由静态路由设置,然后再设置一个内部屏蔽路由器和堡垒主机,将内部网络与外 DMZ 隔离开来,加强内部网络的安全性。一般来说,将 DMZ 配置成 Internet 和内部网络系统仅能够访问 DMZ 中数目有限的系统,而通过 DMZ 网络直接进行信息传输是严格禁止的。

在防火墙体系结构中,还可以考虑其他可能的变形,如可以使用多台堡垒主机或多个屏蔽路由器,采用不同的拓扑结构等,以获得不同的防范效果。综合这些结构,可以得出这样的结论:屏蔽路由器加堡垒主机的模式实质是数据报过滤技术和代理服务技术相结合的产物。在设计方法上一方面屏蔽了主机,另一方面屏蔽了子网。

3.3　防火墙部署与管理

3.3.1　防火墙的部署

传统的防火墙利用网络拓扑的限制来实施安全策略，但在今天的环境中，大多数组织机构都由若干相互关联的小型网络组成，它们不一定在一个位置，而且其中每一个都有一个或者至多两个到公众网络的连接。如此一来，我们必须仔细考虑防火墙安装的位置。

尽管这样，各个组织仍然在尽可能地遵循边界防火墙的模型，使用一个防火墙就可以监测所有通过这个组织网络的通信并且实施其安全策略。这样做的主要原因在于容易管理——管理员只需要重新配置少量的数据就可以实现安全策略的改变。当一个网络仅仅由少数系统组成时，确保防火墙的物理完整性也是比较容易的。

这种集中式部署的另一个好处在于通信的聚合可深入到网络基础设施中（与网络边缘相比）。如果整个组织的通信都经过同一个 IDS，那么大规模现象（如蠕虫病毒的爆发、DoS 攻击或企业端口扫描和系统指纹识别）是比较容易侦测到的。同样的，对抗这些事件也只能在网络核心部分完成：在目标主机上过滤 DoS 攻击是没有价值的，因为这时候破坏（阻塞网络链路）已经产生了。

在现实生活中，这样的边界防火墙经常被使用，如图 3-27 所示。组织机构 A 有两个地域上及网络拓扑上分离的分支网络，每个分支网络都有自己连接互联网的上行链路。出于冗余和性能的原因，组织 A 的总部还有一个备用的上行链路，并且使用了一个防火墙集群。组织机构 B 只有一个网络并使用一个单独的防火墙。

①由于冗余（失效替换）的原因，一个小型的防火墙集群共同分担同一个网络上行链路的管理负担。一些商业防火墙允许分组成员之间进行状态共享以确保在任何一个成员发生故障时仍能透明运行。

②使用集群方法还可以通过对成员之间的通信量进行负载均衡来减轻对防火墙的性能影响。通常是在每个会话的基础上，即所有的分组属于同一个 TCP 连接，所有的分组都来源于或发向同一个主机等。当有更强大的功能运行在防火墙上的时候，例如应用层监测和过滤、VPN 功能、垃圾邮件/病毒扫描等，负载均衡就显得十分必要了。调整防火墙性能仍然是一个

“黑色艺术”，它往往是由管理员在系统运行时实施的。

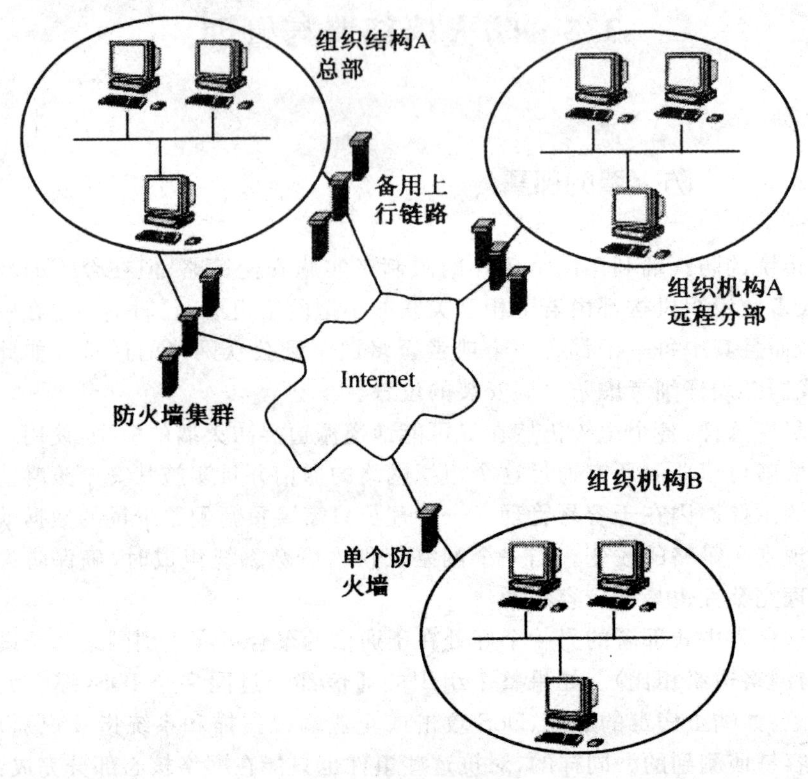

图 3-27 边界防火墙的配置

③如今，由于失效替换等原因，各组织通常会有多种连接公共网络（互联网）的手段。此外，企业的各个部门可能都有它们自己的本地网络连接，因而需要有自己的防火墙（或防火墙集群）。

现代组织机构都使用辅助的内部防火墙来进一步增强边界防火墙，以保护特定网络和资源。内部网络的划分往往是根据部门边界来实施的，并且反映了“需要知道（need-to-know）”（或“需要访问”）的安全做法。例如，法律和财政部门很可能拥有自己的防火墙，因为他们管理着很多敏感信息，这些信息既不能让公司员工知道，更不能让外边的人知道。此类辅助防火墙还被作为抵御外部攻击者渗透到组织内部网络的第二道屏障。

内部防火墙也可用来确定外联网的边界。所谓外联网就是在由两个或更多的相互合作的组织提供的硬件资源（如网络连接、路由器、服务器）上建造的虚拟网络。通常这样做的目的就是方便特定项目的信息交流和合作。部署在提供给外联网的物理资源周围的防火墙，是用来阻止对外联网来说是合法的外部用户访问碰巧拓扑位置接近，但行政上又有别于外联网的其他资源。

最后，防火墙经常被用作不断增长的本地无线网(如 802.11 Wi-Fi)和企业网之间的访问媒介。很多组织机构把它们的移动设施都视为公共网络的一部分，这就需要用户在被内部网络认可之前先登录防火墙，甚至当无线安全特征可以确保时也需要这样做。

从技术角度来讲，内部防火墙与边界防火墙是没有区别的。通常情况下边界防火墙更高效也更昂贵，因为它们要处理更多的通信，尽管并不是所有情况下都如此。尤其当防火墙受到蠕虫侵染需要隔离子网或主机的时候，内部防火墙能够在蠕虫蔓延到组织机构的其他部分之前快速控制该系统。

3.3.2　虚拟专用网络

防火墙是虚拟专用网(VPN)安全链路上的天然的端点。不允许 VPN 通过防火墙是因为，如果在 VPN 中传输的消息是经过加密的，那么防火墙将不能对它实施安全策略。

此外，一些 VPN 的应用(例如使用 IPSec 协议)会与 NAT 发生冲突，因此 VPN 不能延伸到使用私有 IP 地址的内部主机。

在任何一种情况下，VPN 都必须包含一个分组过滤防火墙来检测哪些分组是可以通过 VPN 的。为了防止欺骗或注入攻击，VPN 防火墙还必须检测来访的分组：如果一个分组是来自于 VPN 外部，但看起来属于 VPN 中某个主机，防火墙将会拒绝这个分组，因为这是一个欺骗行为。一般说来，我们对分组有三种对策：

①它们应该经过 VPN 发送。

②它们不应该经过 VPN 发送。

③它们根本不应该被发送。

这些决策对于 VPN 的安全性至关重要，因为它们决定了在 VPN 与传送 VPN 数据的网络(通常是不可信的)之间如何实施隔离。例如，我们假定 Alice 是一个大公司的销售部经理，她要访问一些客户。由于她要连接到公司网络，因此她要在自己的手提电脑上安装 VPN 客户端软件。VPN 配置必须确定如果 Alice 想连接到公共互联网的一个站点时她需要做什么。公司的安全策略可能要求 Alice 必须总是通过公司网络向外连接，这样一来她手提电脑里的 VPN 软件将把所有流出的分组发送给 VPN。一旦这些分组到达了 Alice 的公司网络，就会被发送到互联网，并且应答会通过

VPN发送给Alice。因此,分组将会通过互联网两次,一次通过VPN而另一次不通过它。当然,如果VPN不知什么原因突然不可用了,那么Alice将不能连接到互联网上的任何主机。

另外一种配置允许分组绕过VPN而被直接发送给VPN以外的目标主机。这种配置允许Alice与VPN外的主机进行通信,且不需要再经过公司总部。然而,这种方式有可能使恶意程序进入到Alice的手提电脑里。

因此,VPN客户端的主要安全问题是当它们离开公司总部期间会发生什么事。如果他们与其他网络相连,那么就有可能被病毒感染,进而被作为进攻内部网络的跳板。即使Alice的主机总是通过VPN,恶意内容也可以通过非网络手段(如USB存储设备、CDROM、数据DVD等)穿越VPN。基于这些原因,外部用户的VPN连接不是完全可信的,外部用户只能访问提供了有限服务的DMZ区网络。

3.3.3 防火墙的管理

很明显防火墙是一个防止破坏的机制,其主要任务就是通过实施组织机构的安全策略阻止被保护网络外部的非授权实体对内网的访问。然而,这些策略或机制经常也会出现对攻击束手无策的时候。这时就需要管理员根据检测特定攻击或普通异常的IDS系统的警告进行人工干预。

由于管理员不总是在现场,再加上一些攻击的速度使人们无法反应,因此现代防火墙都增加了自动处理措施,其中包括入侵防御和隔离。

1. 入侵防御系统

因为管理员经常在IDS报警后对攻击做出反应,这使得访问控制和入侵检测功能紧密联系在一起。从原则上来讲,这使得防火墙能够对来自其他合法用户的异常行为做出快速反应(如来自恶意内部成员的攻击或来自已被攻陷的远程通信系统的攻击)。入侵预防系统(intrusion prevention systems,IPS)也可以在某种程度上更自由地对外部或未知用户做出反应。这是通过允许它们与受保护网络进行有限制的连接来实现的。当检测到攻击时,这些特权将被自动终止。

实际上,IPS与IDS在控制方面表现同样良好。入侵检测系统的一个常见问题就是它会产生大量的误报(false positives),即将正常行为误认为可疑行为。而经常性的重新配置会引起严重的性能下降甚至使某些功能失效,例如使用伪造的规则来耗尽防火墙的规则表。

此外,意识到IPS存在的攻击者能够迷惑系统,常常发起对一个合法用户或者整个组织不利的DoS攻击。例如,冒充一个合法的远程用户发送欺骗性的分组,IPS就可能会阻止该用户继续访问内部网络。不利用IPS,对攻击者来说发起这样的攻击几乎是不可能的。

从组织的观点来看,大多数IDS还会产生大量漏报(false negatives),即将攻击误认作合法行为(且不产生警告)。依靠某些特殊的技术,这种漏报率可以降低到1%以下。然而在目前的环境下,攻击者可以从不同的地方发起攻击而不受到惩罚。由于一个成功攻击造成的损失(财务信息或者产品开发数据的丢失)可能是无法估量的,因此仅依靠IDS作为唯一的防线是不明智的。所以,IPS经常被用来检测合法用户的异常行为,并用访问控制规则来管理外部用户。

2. 子网主机的隔离

近年随着网络蠕虫和病毒的迅猛增加,各个组织都求助于防火墙以限制这些攻击。第一步是要升级边界防火墙的策略以限制新发现的攻击,这就意味着重配置的速度需要发生本质的改变,而且只凭借防火墙来应付蠕虫威胁是不够的。蠕虫能经常在无预先报警的情况下就出现,或进入了某组织网络的内部而没有被防火墙发现。这往往是由于采取了加密技术(如用户收到了经过加密的邮件或通过安全套接层(SSL)访问已被感染的Web服务器)及用户的移动性(如用户把一个已受感染的便携电脑带入组织网络的内部)造成的。

因此,通过观测快速传播的蠕虫的特征,内部防火墙被越来越多地用于发现并隔离这些存在异常行为的子网或特定主机。例如,蠕虫Slammer或CodeRed可以在短时间内向不同的主机发送大量的分组。同理,大部分e-mail蠕虫都可以利用自己的SMTP引擎与远程服务器直接通信(而不是通过该组织的服务器发送e-mail)。诸如DoS攻击等其他种类的攻击也会产生大量的通信流量,通常还会使用伪造的源IP地址。

内部防火墙经常会部署在局域网一级,以封锁那些被感染了(或参与了攻击)的主机。最简单的做法就是过滤掉所有来自这个主机/子网的通信,关闭以太网交换机上发起通信的端口,或在无线网中将主机与访问点隔离开(并阻止其再次连接)。在更高级的隔离方法中,被感染的主机被隔离在允许该主机访问含有一些操作系统最新软件补丁的Web服务器的虚拟局域网中。用户可以安装这些补丁并重启系统,且不必担心被蠕虫或病毒再次感染。

这些方法也可以主动的方式应用:当一个新的节点出现在网络中时,防火墙会对其进行已知漏洞的扫描,这种扫描技术和攻击者用来鉴别易受攻击主机的技术相同。如果防火墙检测到该节点的软件存在漏洞并且没有打补丁,则该主机就会被安置在同一个 VLAN 上,用户就会连接到带有系统升级指令的网页上。所有与网络连接的主机都要首先经过扫描。防火墙还会定期对所有的节点进行重新扫描以检测在初始扫描后启动的具有漏洞的服务。在某些情况下,网络认证过的已知用户可以略过该扫描过程,但是当 IPS 发现异常时会对其进行隔离。

3.4　典型设计要求及关键问题解析

3.4.1　设计要求

根据包过滤路由器的工作原理,编写包过滤程序,捕获与分析网络中的 IP 包,并且将符合条件的 IP 包信息显示在控制台上。在本练习中为了简便起见,只设置两条简单的包过滤规则,并且不丢弃符合条件的 IP 包。两条包过滤规则分别是:目的地址为 202.113.16.10、协议类型为 UDP、允许通过;源地址为 202.113.16.10、协议类型为 UDP、拒绝通过。程序设计的具体要求如下。

①要求程序为命令行程序。例如,可执行文件名为 PackFilter.exe,则程序的命令行格式为:

```
PackFilter packet_sum
```

其中,packet_sum 为符合包过滤规则的 IP 包数量。

②要求将部分字段内容显示在控制台上,具体格式为:

```
源 IP 地址:xx.xx.xx.xx
目的 IP 地址:xx.xx.xx.xx
协议类型:UDP
操作类型:允许或拒绝
...
```

③要求有良好的编程规范与注释。编程所使用的操作系统、语言和编译环境不限,但是在提交的说明文档中需要加以注明。

④要求撰写说明文档,包括程序的开发思路、工作流程、关键问题、解决思路以及进一步的改进等内容。

3.4.2 关键问题

1. 初始化 Socket 结构

为了通过网卡截获网络中传输的IP包,需要使用socket()函数创建原始套接字。首先,调用setsockopt()函数自行处理IP包头部,将第三个参数设置为IP_HDRINCL,并将flag设置为true。接着,对原始套接字地址进行填充,其中的IP地址应填写本机IP地址,可以通过gethostname()与gethostbyname()函数来获得,端口号可在规定的范围中随意填写。最后,使用bind()函数将套接字与网卡绑定。

下面给出初始化Socket结构的伪代码:

```
//套接字异步启动
WSAStarnup(MAKEWORD(2,2),&WSAData);
//创建原始 Socket
socket(AP_INET,SOCK_RAW,IPPROTO_IP);
//设置 IP 头操作选项
BOOL flag= true;
setsockopr(sock,IPPROTO_IP,IP_HDRINCL,(char* )&flag,sizeof
(flag));
//获得本地主机名
gethostname(hostName,100);
//获取本地 IP 地址
gethostbyname(hostName);
//填充 Socket 地址
sockaddr_in host_addr;
host_addr.sin family= AF_INET;
host_addr.sin_port= htons(6000);
host_addr.sin_addr= * (in_addr* )pHostIP-> h_addr_list[0];
//socket 绑定本地网卡
bind(sock,(PSOCKADDR)&host_addr,sizeof(host_addr));
```

2. 接收所有 IP 包

在通常情况下,网卡不会接收目的地址不是自己的IP包。如果想截获经过网卡的所有IP包,需要调用WSAIoctl()函数将网卡设置为混杂模式,当接收IP包中的协议类型与原始套接字匹配,IP包内容就被复制到套接字缓冲区中。然后,可以循环调用 recv()函数来接收所有 IP 包。

下面给出接收经过网卡 IP 包的伪代码:

```
//网卡设置为混杂模式
DWORD dwBufferLen[10];
DWORD dwBufferInLen= 1;
DWORD dwBytesReturned= 0;
WSAIoctl(SnifferSocket,IO_RCvALL,&dwBufferInLen,sizeof
(dwBLlfferInLen),&dwBufferLen,sizeof(dwBufferLen),& dwBytes-
Returned,NULL,NULL);
//开始接收所有 IP 包
while(i< packsum)
recv(soek,buffer,65535,0);
```

3. 检查包过滤规则

在成功接收经过网卡的每个 IP 包后,需要根据包过滤规则分析 IP 头部字段。首先,利用结构体来定义包过滤规则结构,并且按照需要填充好每条包过滤规则内容。然后,根据每条规则依次检查 IP 包头部相关字段,如果符合规则就对 IP 包执行相应操作。

下面给出检查包过滤规则的伪代码:

```
//定义包过滤规则表
typedef struct
{
    char SourceAddr[16];
    char DestinAd&r[16];
    unsigned short SouncePort;
    unsigned short DestinPort;
    unsigned ehar Protocol;
    bool Operation;
}filter_table;
//填写包过滤规则
filter_table fiiter [2];
memcpy ( filter [ 0 ] .SourceAddr," 202.113.16.10 ", strlen
("202.113.16.10"));
filter[0].Protocol= UDP_PRO;
filter[0].Operation= REJECT_OPT;
//检查包过滤规则
```

```
if(strcmp(source_ip,filter[0].SourceAddr)= = 0)
        if(ip.protocol= = filfer[0].Protocol)
            …
```

4. 程序流程图

图 3-28 给出了主程序流程图。这里，要求输入的命令行参数必须正确，除了程序本身的名称以外，还需要有一个符合过滤规则的包个数。如果命令行参数的个数不是一个，则程序在输出错误信息后退出。在主程序的流程中，需要判断是否捕获 IP 包以及是否符合包过滤规则。

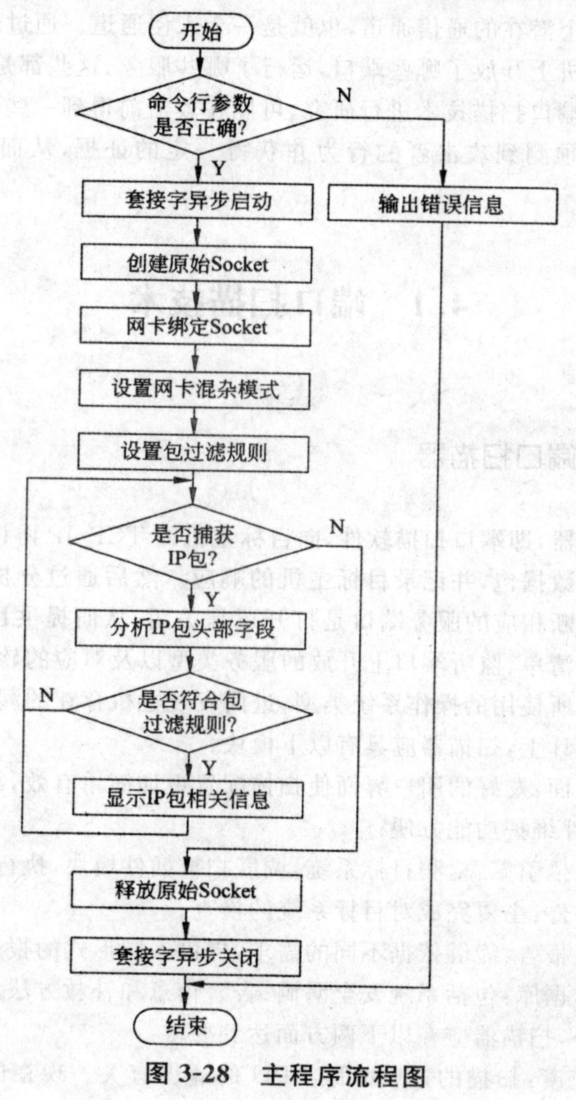

图 3-28　主程序流程图

第4章 网络端口扫描技术及程序设计

端口扫描技术是一种自动探测本地和远程系统端口开放情况的策略及方法，是一种非常重要的预攻击探测手段，几乎是黑客攻击的必经之地。一个端口就是一个潜在的通信通道，也就是一个入侵通道。通过端口扫描，可以知道目标主机上开放了哪些端口，运行了哪些服务，这些都是入侵系统的可能途径。对端口扫描技术进行研究，可以在攻击前得到一些警告和预报，尽可能在早期预测到攻击者的行为并获得一定的证据，从而对攻击进行预警。

4.1 端口扫描技术

4.1.1 端口扫描器

端口扫描器，即端口扫描软件，向目标主机的 TCP/IP 协议栈中的服务端口发送探测数据包，并记录目标主机的响应。然后通过分析端口扫描的响应信息来判断相应的服务端口是打开还是关闭，从而提供目标主机所提供的网络服务清单、监听端口上开放的服务类型以及对应的软件版本，甚至是被探测主机所使用的操作系统类型，进而发现主机存在的漏洞。

从功能设计上，扫描器应具有以下模块：

①用户界面：友好的用户界面使扫描配置更加简单有效，结果显示条理清楚，扫描插件维护功能方便；

②端口扫描引擎：检测目标系统，调度扫描插件模块，执行安全测试；

③扫描插件：主要完成对目标系统的检查；

④脆弱性报告：能够依据不同的需求，提供不同形式的报表；

⑤漏洞数据库：包括系统安全漏洞、告警信息和补救方法。

从性能上，扫描器应在以下两方面达到要求：

①扫描速度：扫描的速度只跟 CPU 的速度有关。现在的极限速度是

每秒扫 1000 个端口。每一个主机都有 65536 网络端口，对每一个端口进行扫描且发送漏洞检测数据，数据在网络中的传输及目标主机的响应有一个比较长的时延。

②效率：无论什么扫描器，不需要对所有端口都设置扫描，要根据个人的需要来设置，一般要减少扫描的 IP 数量，通常设置为 20 个，再有就是设置延迟的时间，若时间太长返回数据就丢掉，这样可以有效提高效率。

4.1.2 端口扫描技术分类

常用端口扫描技术有 4 大类：全连接扫描、半连接扫描、秘密扫描和其他扫描，如图 4-1 所示。

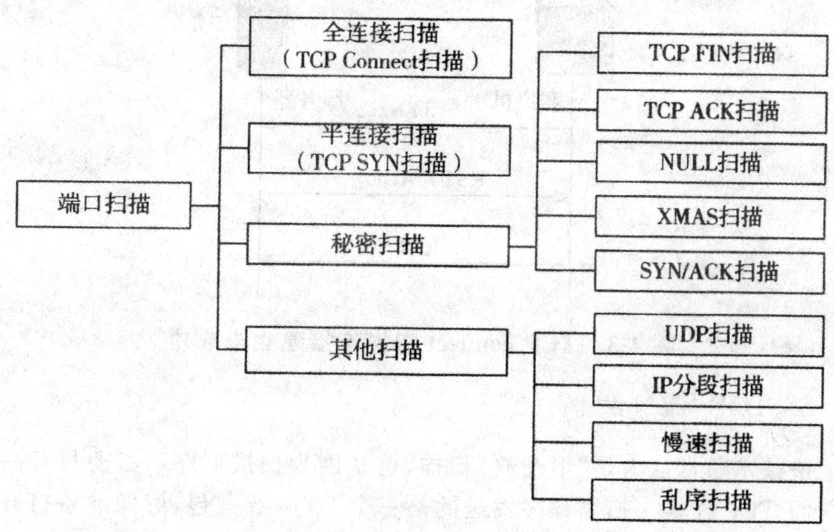

图 4-1 端口扫描的分类

以下分别阐述主要的扫描技术。

1. TCP connect()扫描

TCP connect()扫描是最基本的 TCP 扫描，操作系统提供的 connect()系统调用可以用来与每一个感兴趣的目标端口进行连接。如果端口处于侦听状态，那么 connect()就能成功。否则，这个端口是不能用的，即没有提供服务。该技术的一个最大优点是，系统中的任何用户都有权利使用这个调用。另一个好处就是速度，如果对每个目标端口以线性的方式，使用单独的 connect()调用，那么将会花费相当长的时间，用户可以通过同时打开多个套接字来加速扫描。其原理如图 4-2 和图 4-3 所示。

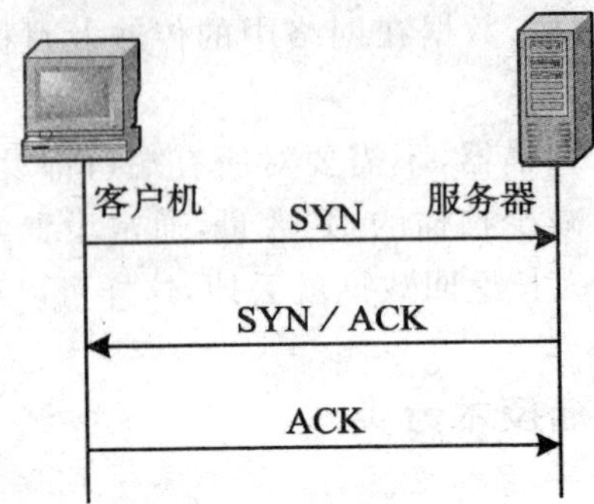

图 4-2　TCP connect 扫描连接建立成功

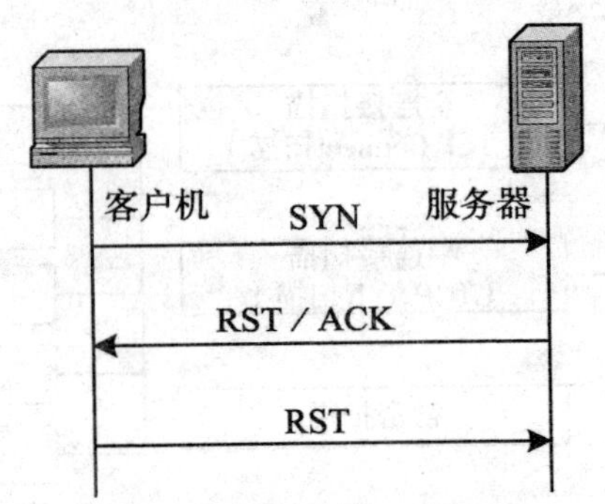

图 4-3　TCP connect 扫描连接建立未成功

2. TCP SYN 扫描

该技术通常认为是“半开放”扫描，这是因为扫描程序不必要打开一个完全的 TCP 连接。扫描程序发送的是一个 SYN 数据包，好像准备打开一个实际的连接并等待反应一样(参考 TCP 的 3 次握手建立一个 TCP 连接的过程)。一个 SYN|ACK 的返回信息表示端口处于侦听状态，而返回 RST 表示端口没有处于侦听态。如果收到一个 SYN|ACK，则扫描程序必须再发送一个 RST 信号，来关闭这个连接过程。这种扫描技术的优点在于一般不会在目标计算机上留下记录，其缺点是必须要有管理员权限才能建立自己的 SYN 数据包。TCP SYN 的扫描原理如图 4-4 和图 4-5 所示。

3. TCP FIN 扫描

很多过滤设备可以过滤 SYN 标志置位的 TCP 报文段，但是往往允许 FIN 标志置位的 TCP 报文段通过。因为 FIN 表示的是中断连接的含义，所以很多日志系统都不记录这样的 TCP 报文段。利用这一特点的扫描方式就是 TCP FIN 扫描。

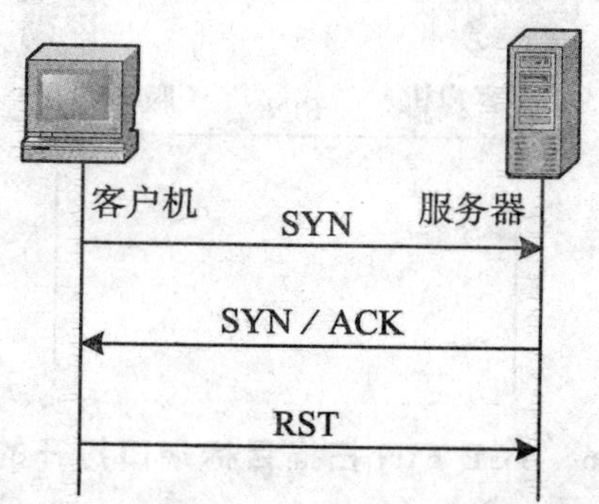

图 4-4　TCP SYN 扫描连接建立成功

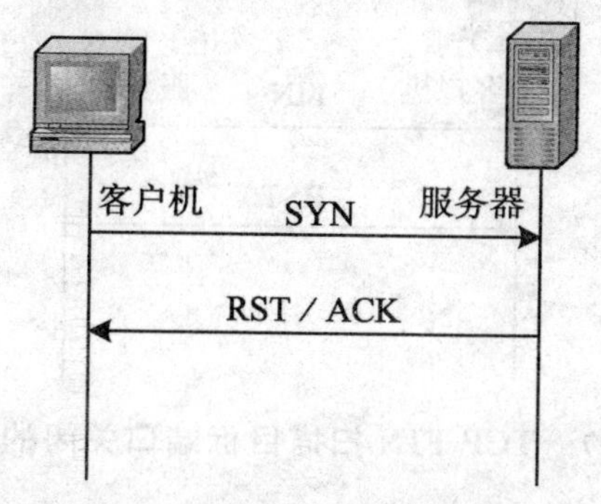

图 4-5　TCP SYN 扫描连接建立未成功

TCP FIN 扫描的原理：扫描程序向目标主机发送 FIN 标志置位的 TCP 报文段来探听端口，若 FIN 报文段到达的是一个打开的端口，该 FIN 报文段则被目标主机简单丢弃，并不返回任何信息。否则 TCP 会把它判断成是错误报文段，于是目标主机将丢掉该 FIN 报文段，并返回一个 RST 标志置位的 TCP 报文段。其原理如图 4-6 和图 4-7 所示。但是，这种方法和系统的实现有一定的关系，有的系统不管端口是否打开都会回复 RST，在此种情况下，该扫描方法就不适用了。

4. TCP ACK 扫描

TCP ACK 扫描指扫描程序向目标主机发送 ACK 标志置位的 TCP 报文段，有以下两种方法可以根据返回的 RST 标志置位的 TCP 报文段获取目标端口的信息：

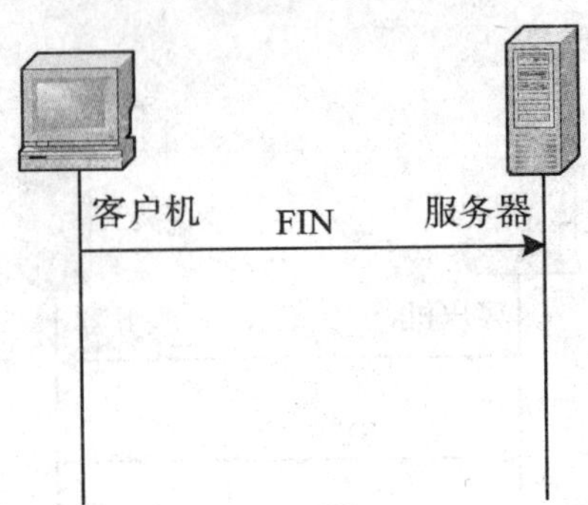

图 4-6　TCP FIN 扫描目标端口打开的情况

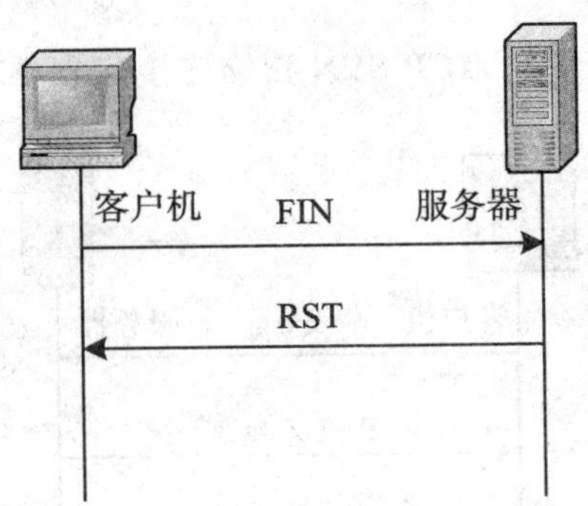

图 4-7　TCP FIN 扫描目标端口关闭的情况

方法一：若返回的封装有 RST 标志置位的 TCP 报文段，其 IP 数据报头部的 TrL 值小于或等于 64，则表示目标端口开放，反之表示目标端口关闭。

方法二：若返回的 RST 标志置位的 TCP 报文段头部的 WINDOW（窗口）字段值非零，则目标端口开放；反之目标端口关闭。

其原理如图 4-8 和图 4-9 所示。

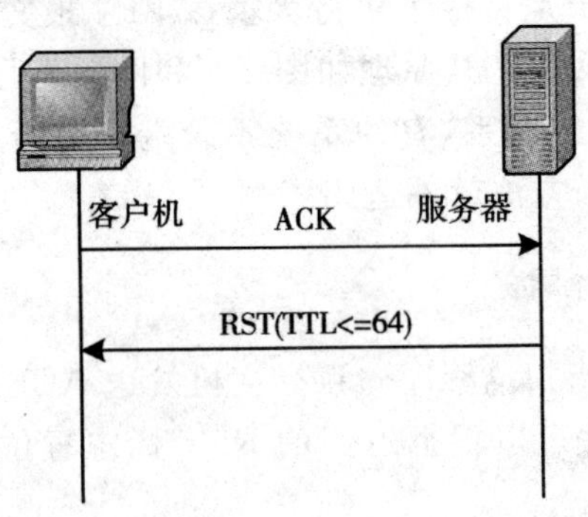

图 4-8　TCP FIN 扫描目标端口开放的情况

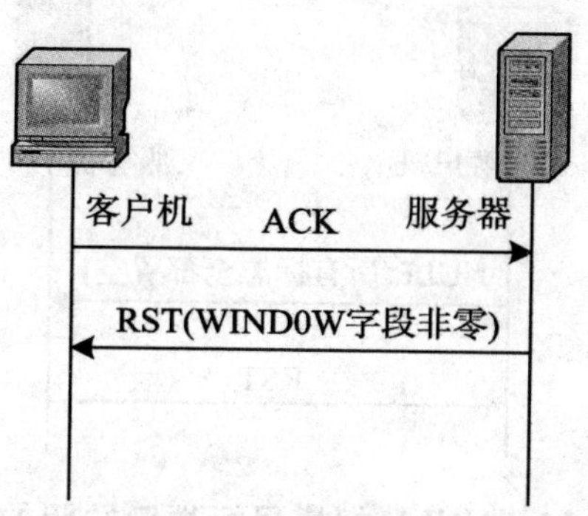

图 4-9　TCP FIN 扫描目标端口关闭的情况

5. NULL 扫描

扫描程序将 TCP 报文段中的 6 个 bit 的标志位，包括 URG 比特、ACK 比特、PSH 比特、RST 比特、SYN 比特、FIN 比特全部置空后发送给目标主机。

若目标端口开放，目标主机将不返回任何信息；若目标主机返回 RST 信息，则表示目标端口关闭。其原理如图 4-10 和图 4-11 所示。

6. XMAS 扫描

XMAS 扫描程序将 TCP 数据包中的 ACK、FIN、RST、SYN、URG、PSH 标志位置为 1 后发送给目标主机。在目标端口开放的情况下，目标主机将不返回任何信息；否则，目标主机将返回 RST 信息。其原理如图 4-12 和图 4-13 所示。

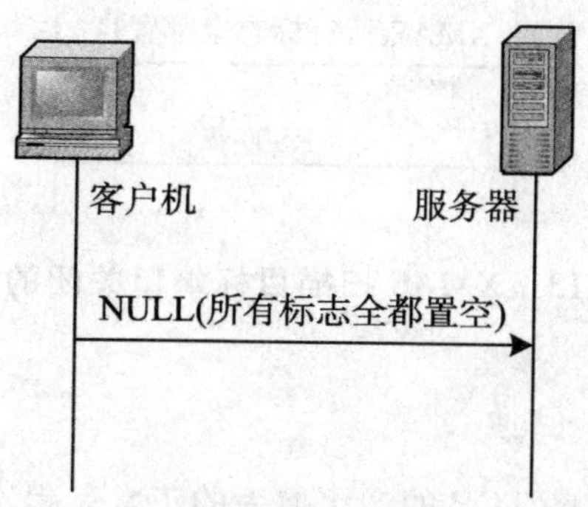

图 4-10　NULL 扫描目标端口开放的情况

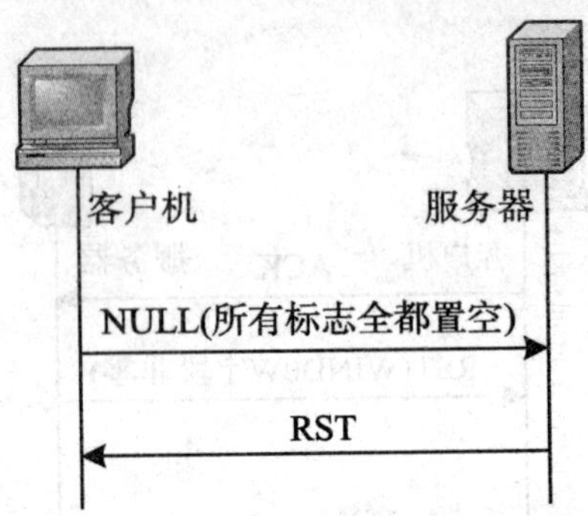

图 4-11 NULL 扫描目标端口关闭的情况

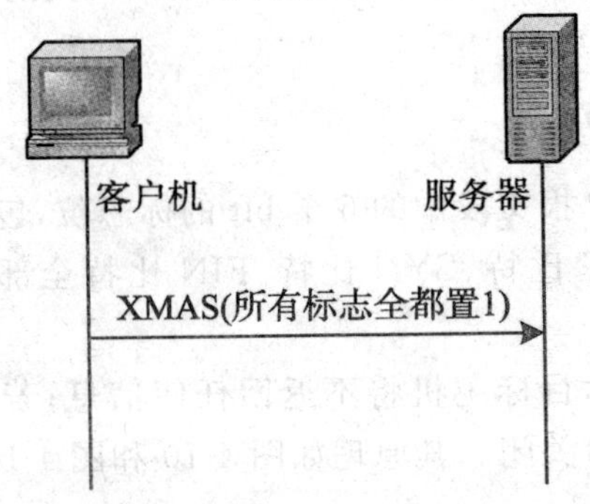

图 4-12 XMAS 扫描目标端口开放的情况

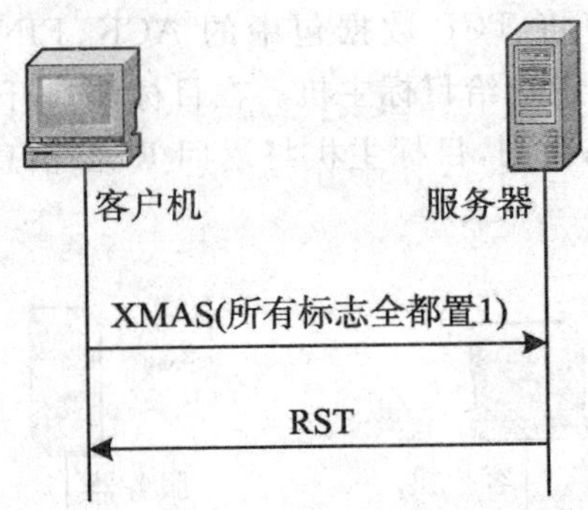

图 4-13 XMAS 扫描目标端口关闭的情况

7. SYN/ACK 扫描

扫描程序故意忽略 TCP 的 3 次握手的正常过程，在第一次握手时不是向目标主机发送 SYN 置位的 TCP 连接请求报文段，而是先发送 SYN 标志和 ACK 标志均置位的 TCP 报文段。这时，目标主机将报错，并判断为一次错误的连接。

若目标端口开放,目标主机将返回 RST 置位的 TCP 报文段;否则,目标主机将不返回任何信息,并丢弃 SYN 标志和 ACK 标志均置位的 TCP 报文段。其原理如图 4-14 和图 4-15 所示。

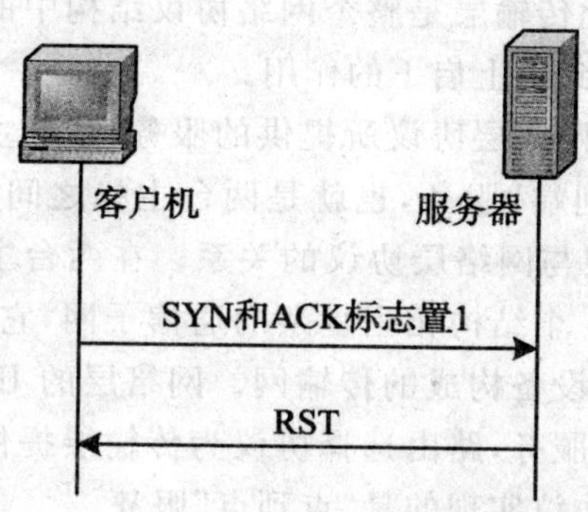

图 4-14 SYN/ACK 扫描目标端口开放的情况

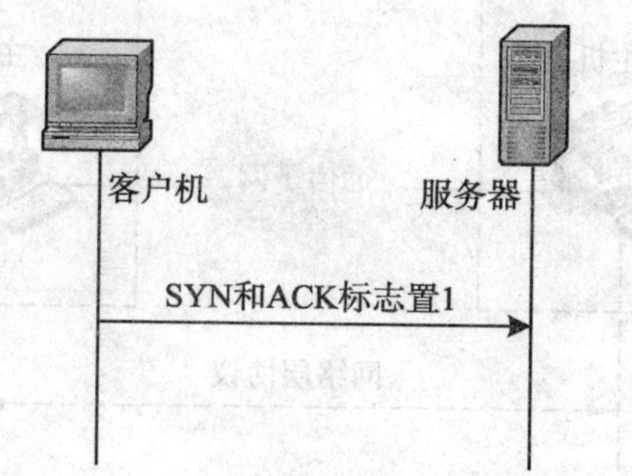

图 4-15 SYN/ACK 扫描目标端口关闭的情况

4.2 发现服务器开启的 TCP 端口

网络服务是以客户机/服务器模式工作,服务器在某些特定端口上提供网络服务,等待客户机发出的服务请求。传输层提供的传输服务包括 TCP 与 UDP 两种类型。

4.2.1 传输层的基本概念

从网络分层结构的角度来看,网络层及以下各层实现网络主机之间的数据通信，但是数据通信并不是组建计算机网络的最终目的。计算机网络的本质是实现分布在不同地理位置的主机之间的资源共享，以便实现在应用层提供的各种网络服务。传输层是 OSI 参考模型中的重要层次，主要作用是实现网络环境中的分布式进程通信，为实现应用层的各种网络服务功能提供传输服务，因此传输层是整个网络协议结构中的重要部分。传输层在网络体系结构中起到承上启下的作用。

传输层协议利用网络层协议所提供的服务，在源主机与目的主机的应用进程之间实现“端到端”服务，也就是两台主机之间的分布式进程通信。图 4-16 给出了传输层与网络层协议的关系。在两台主机的应用进程之间进行通信，需要穿过一个结构相当复杂的通信子网，它实际上是由路由器、通信线路与其他网络设备构成的传输网。网络层的 IP 协议为传输层提供尽力而为的分组交换服务，路由选择协议为传输层提供选择路径的路由选择服务，因此网络层协议实现的是“点到点”服务。

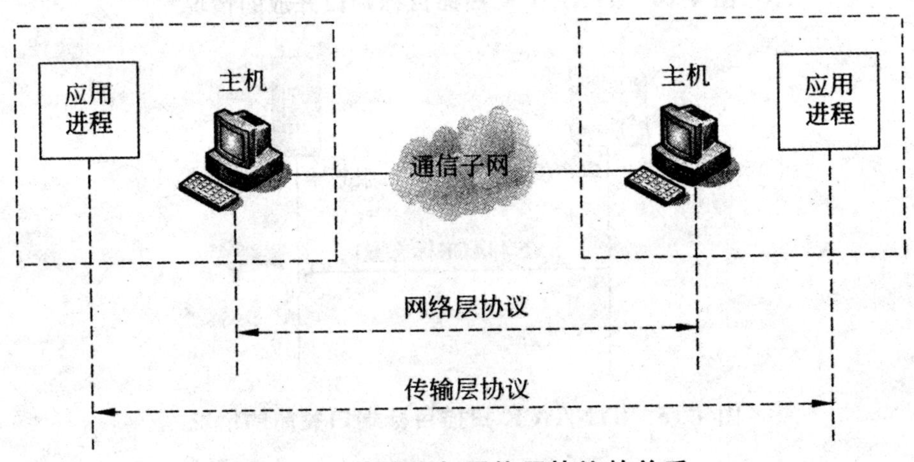

图 4-16　传输层与网络层协议的关系

分布式进程通信需要解决的首要问题是进程标识。同一台计算机中的不同进程可以使用进程号唯一地进行标识，只要在进程号的分配中不出现重复，那么进程标识就不会出现二义性。但是，在网络环境中不能仅使用进程号作为标识，这是由于不同主机有可能分配相同的进程号。因此，网络环境中的进程标识还需要使用主机地址。网络环境中完整的进程标识包括本地主机地址－本地进程标识、远程主机地址－远程进程标识。这个进程标识就是传输层所要解决的问题。

OSI 参考模型的各层都有自己的编址方式：数据链路层使用的地址是 MAC 地址，网络层使用的地址是 IP 地址，传输层使用的地址是进程地址，等等。图 4-17 给出了 OSI 模型各层的编址方式。进程地址也称为端口号(Port Number),端口号是应用程序对传输层协议的访问点,它是传输层协议软件的组成部分之一。传输层协议规定了一些用于服务器进程的保留端口号;用户可以申请使用未分配的非保留端口。这些保留与非保留端口号在主机中都是唯一的。因此,端口号可以作为网络环境中的主机进程标识。

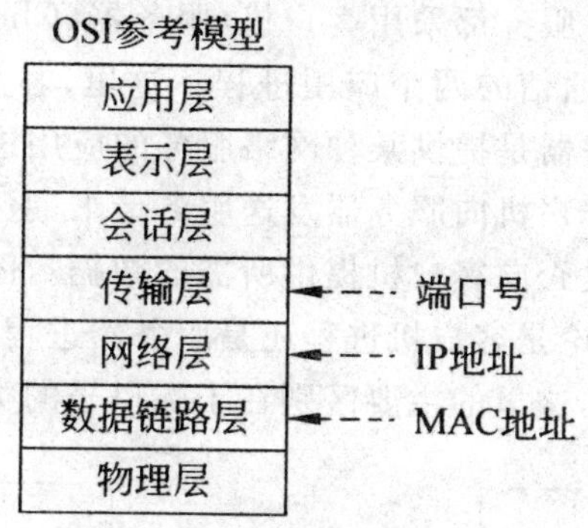

图 4-17　OSI 模型各层的编址方式

4.2.2　端口号的分配

如果网络环境中的两台主机要实现进程通信,则它们必须使用相同类型的传输层协议。网络进程的唯一标识需要由三元组来表示:协议类型、IP 地址与端口号。图 4-18 给出了三元组的概念。这个协议类型是指传输层协议。传输层协议主要分为两种类型:TCP 协议与 UDP 协议。其中,TCP 协议是一种全双工的、可靠的、面向连接的传输层协议,它可以在通信双方之间提供无差错的数据传输。UDP 协议是一种全双工的、不可靠的、无连接的传输层协议。另外,针对近年出现的实时性要求高的网络应用,传输层增加了实时传输协议(RTP)与实时传输控制协议(RTCP)。

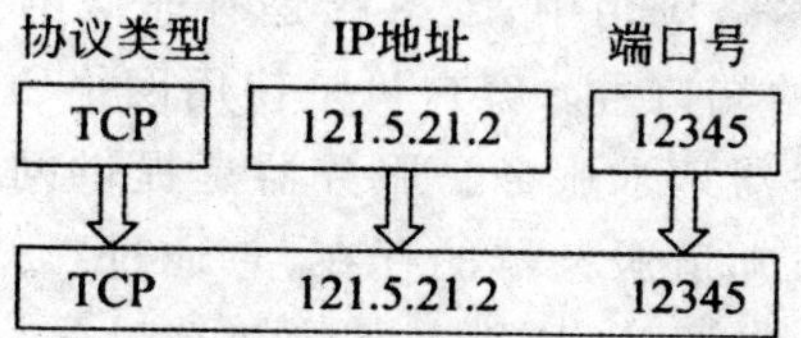

图 4-18　三元组的概念

从用户应用的角度来看,端口号是应用层的网络服务对应的数字代码。端口号是一个在 0～65535 之间的整数,TCP 与 UDP 端口号同时分配给同一种服务。端口号的分配工作由 Internet 赋号管理局(IANA)完成。端口号可以分为三种:熟知端口号、注册端口号与临时端口号。其中,熟知端口号的范围是 0～1023,它被统一分配给某种指定的网络服务;注册端口号的范围是 1024～49151,它被分配给需要注册使用的网络服务;临时端口号的范围是 49152～65535,它可以被任何进程临时申请使用。

实际上,每种网络服务都采用客户机/服务器(Client/Server)模式。客户机与服务器是进行通信的两个应用进程。这里,客户机是使用某种网络服务的应用进程,服务器是提供某种网络服务的应用进程。客户机/服务器模式的工作过程是:客户机向服务器发送服务请求,服务器接收客户机的请求并做出响应,决定是否向客户机提供所需的数据。图 4-19 给出了不同类型端口号的作用。无论是客户机进程还是服务器进程,它们都要通过 IP 地址与端口号加以标识,这里的主要区别在于端口号的类型。

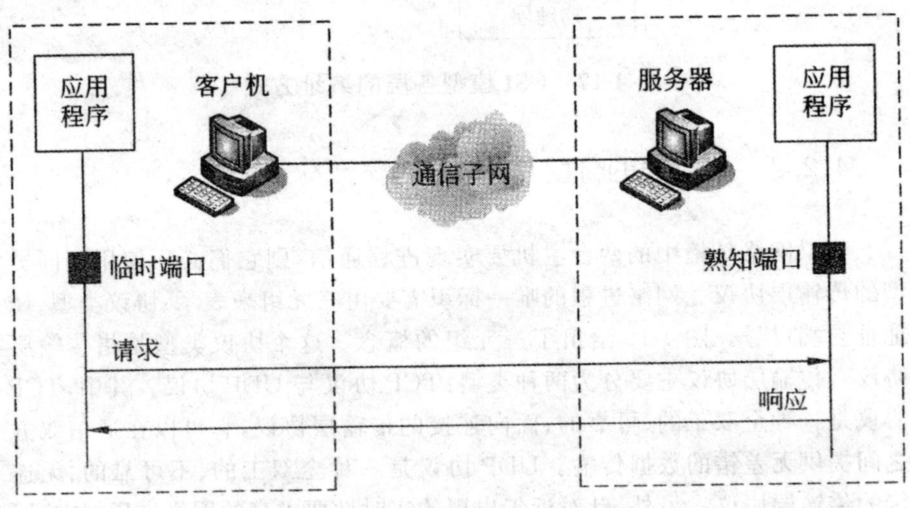

图 4-19　不同类型端口号的作用

在基于 TCP 的网络应用中,支持的是有连接的传输层服务,使用的端口号是 TCP 协议的端口号。客户机是使用网络服务的应用进程,它通过临时端口号向服务器请求服务。服务器是提供网络服务的应用进程,为了使众多的客户机知道服务器的存在,它通过熟知端口号来向客户机提供服务。表 4-1 给出了 TCP 的主要熟知端口号。RFC1700 文档给出了熟知端口号的分配情况。RFC3232 文档是对熟知端口号的增加与补充。

表 4-1　TCP 的主要熟知端口号

端口号	服务进程	说明
20	FTP	文件传输协议(数据连接)
21	FTP	文件传输协议(控制连接)
23	Telnet	虚拟终端网络
25	SMTP	简单邮件传输协议
53	DNS	域名系统
80	HTTP	超文本传输协议
110	POP3	邮局协议第 3 版
443	HTTPS	安全超文本传输协议

4.2.3　例题分析

1. 设计要求

编写程序来扫描服务器已开启的 TCP 端口,并将获得的相应端口号显示出来。在本练习中为了简便起见,只扫描从 0～127 范围内的端口。程序设计的具体要求如下。

①要求程序为命令行程序。例如,可执行文件名为 ScanPort.exe,则程序的命令行格式为:

```
ScanPort server_addr
```

其中,server_addr 为服务器的 IP 地址。

②要求将部分字段内容显示在控制台上,具体格式为:

已开启的 TCP 端口:xx xx xx

③要求有良好的编程规范与注释。编程所使用的操作系统、语言和编译环境不限,但是在提交的说明文档中需要加以注明。

④要求撰写说明文档,包括程序的开发思路、工作流程、关键问题、解决思路以及进一步的改进等内容。

2. 关键问题

(1)创建套接字

在进行网络环境下的 Socket 编程时，首先需要进行的是为通信创建一个套接字，这时涉及的两个重要函数是：WSAStartup()与 socket()。其中，WSAStartup()函数根据请求的 Socket 版本搜索相应的 Socket 库，并将找到的 Socket 库绑定到应用程序，以后就可以异步方式调用其他 Socket 函数；socket()函数用来创建一个能进行网络通信的套接字。需要注意的是，当应用程序完成本次网络通信后，需要调用 closesocket()函数关闭自己创建的套接字，调用 WSACleanup()函数解除 Socket 库绑定并释放占用的资源。

下面给出创建套接字的伪代码：

```
//套接字异步启动
if(WSAStartup(MAKEWORD(2,2),&WSAData)! = 0)
//创建流式 Socket
SOCKET sock= socket(AF_INET,SOCK_STREAM,0);
//填充 Socket 地址
sockaddr_in serveraddr;
serveraddr.sin_family= AF_INET;
serveraddr.sin_port= 端口号
serveraddr.sin_addr.S_un.S_addr= IP 地址;
```

(2)端口扫描

常用的 TCP 端口扫描技术主要包括三种：Connect 扫描、SYN 扫描与 FIN 扫描。其中，Connect 扫描是利用套接字的 connect()函数进行扫描，扫描每个端口都需完成建立完整的 TCP 连接的三次握手过程，这种方式又称为全连接扫描。图 4-20 给出了 Connect 扫描的工作原理。SYN 扫描是利用包含 SYN 标志的 TCP 包进行扫描，扫描每个端口仅需完成建立 TCP 连接的第一次握手，若服务器没开启端口则会返回 RST 包关闭连接，这种方式又称为半连接扫描。FIN 扫描是利用包含 FIN 标志的 TCP 包进行扫描，若服务器开启端口则会丢弃该 TCP 包，若服务器没开启端口则返回 RST 包，这种方式不需要建立 TCP 连接。

本次采用的是 Connect 扫描方式，利用 connect()函数与某个端口建立连接。如果该端口开启并处于侦听状态，则这次 connect 连接就会成功建立；否则，该端口未开启而不能建立连接。Connect 扫描方式的优点是正常建立 TCP 连接，在编程上可调用 connect()函数来轻松完成。如果在一个进程中依次扫描每个端口，每次调用 connect()函数建立连接造成扫描速度较慢，可以采用多个线程并发执行提高扫描速度。与 Connect 扫描相比，SYN 扫描与 FIN 扫描的执行速度较快，但是在编程实现上更复杂并存在不确定性。

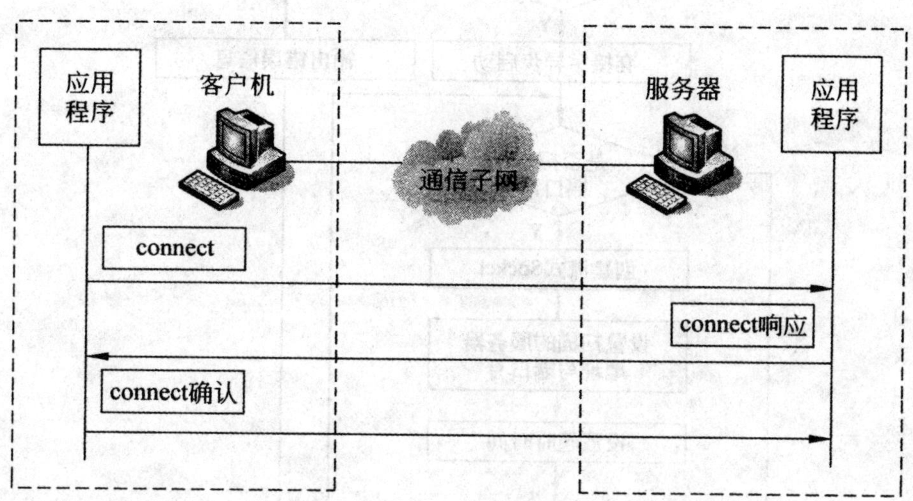

图 4-20　Connect 扫描的工作原理

下面给出 Connect 扫描的伪代码：

```
//设置超时时间
struct timeval timeout;
timeout.tv_sec= 100/1000;
timeou.tv_usec= 0;
//与端口建立连接
connect(sock,&serveraddr,sizeof(serveraddr));
//判断连接是否超时
if(slelect(0,NDLL,&write,NULL,&timeout)> 0)
...
```

(3)程序流程图

图 4-21 给出了主程序流程图。要求输入的命令行参数必须正确，除了程序本身的名称以外，还需要一个输入文件名作为参数。如果命令行参数的个数不是一个，或者输入文件无法正确打开，则程序在输出错误信息后退出。在主程序的流程中，需要判断是否扫描端口，以及端口是否开启。

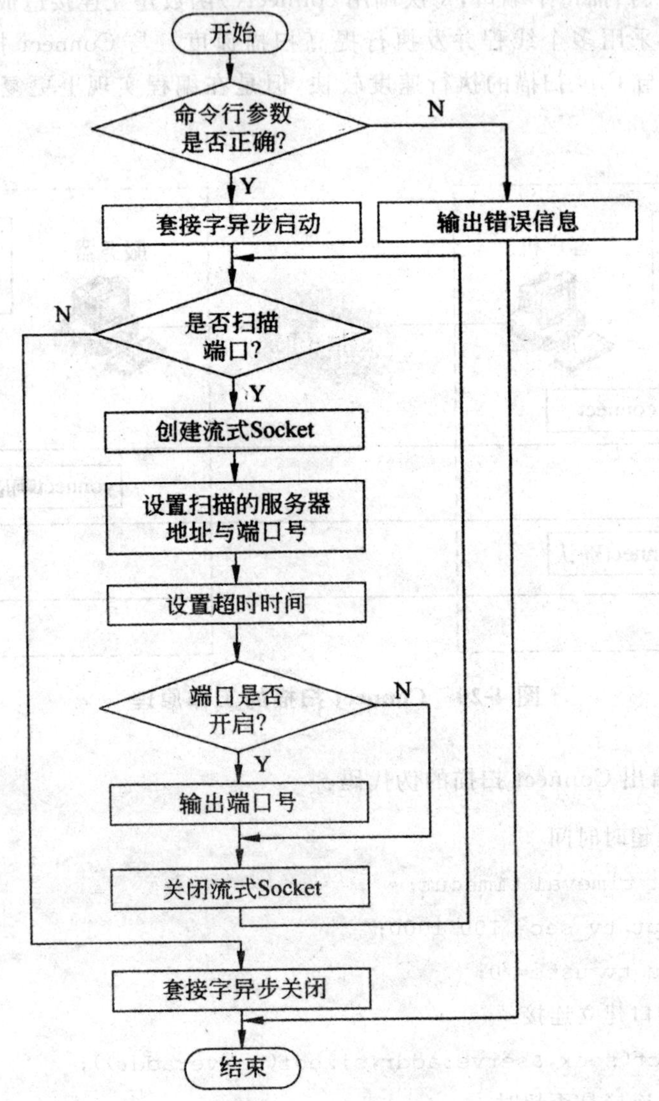

图 4-21 主程序流程图

4.2.4 程序源代码

下面给出端口扫描程序的源代码：

```
//ScanPort.cpp:定义控制台应用程序的入口点
# include"stdafx.h"
# include"winsock.h"
```

```
# include"iostream"
using namespace std;
# pragma comment(lib,"ws2_32")          //加载 ws2_32.lib
void main(int argc,char* argv[])
{
    if(argc! = 2)                       //检查命令行参数
    {
        cout< < endl< < "请按以下格式输入命令行:ScanPort server_addr"< < endl;return;
    }
    WSADATA WSAData;
    if(WSAStartup(MAKEWORD(2,2),&WSAData)! = 0)     //套接字异步启动
    {
        cout< < endl< < "WSAStamtup 初始化失败"< < endl;
        return;
    }
    cout< < endl< < "已开启的 TCP 端口:";
    for(int i= 0;i< 32;i+ + )
    {
        SOCKET sock= socket(AF_INET,SOCK_STREAM,0);  //创建原始 Socket
        if(sock= = INVALLD_SOCKET)
        {
            cout< < endl< < "创建 Socket 失败!"< < endl;
            return;
        }
        else
        {
            sockaddr_in serveraddr;   //填充 Soccket 地址
            serveraddr.sin_family= AF_INET;
            serveraddr.sin_port= htons((unsigned short)i);
            serveraddr.sin_addr.S_un.S_addr= inet_addr(argv[1]);
            int nConnect= connect(sock,(sockaddr* )&serveraddr,sizeof(serveraddr));
            if(nConnect= = SOCKET_ERROR)  //与端口建立连接
```

```
            continue;
        struct fd_set write;     //写 Socket 集合
        FD_ZERO(&write);
        FD_SET(sock,&write);
        struct timeval timeout;     //设置超时时间
        timeout.tv_sec= 100/1000;
        timeout.tv_usec= 0;
        if(select(0,NULL,&write,NULL,&timeout)> 0)
        cout< < i< < "  ";          //判断端口是否打开
        closesocket(sock);     //关闭原始 Socket
      }
    }
    WSACleanup();                 //套接字异步关闭
    cout< < endl< < "TCP 端口扫描完成"< < endl;
}
```

4.3 发现网络中的活动主机

ICMP 协议是 TCP/IP 协议族中的重要部分。IP 协议的最大优点是简洁,但是它缺少差错控制与查询机制。设计 ICMP 协议的目的是补充 IP 的功能。

4.3.1 ICMP 协议的基本概念

IP 协议提供的是一种无连接的、尽力而为的服务。在 IP 数据包通过网络传输的过程中,出现各种传输错误是不可避免的。例如,IP 数据包因超过生存时间而被丢弃,目的主机在预定时间内无法收到所有分片。这些错误都可能造成数据传输失败,而源节点无法知道 IP 数据包是否到达目的节点,也无法知道在传输过程中出现哪种错误。也就是说,IP 协议的缺点是缺少差错控制与查询机制。互联网控制报文协议(internet control message protocol,ICMP)就是为解决这个问题而设计的。

ICMP 协议本身是一个网络层的协议。但是,ICMP 数据包并不是直接传送给下面的数据链路层,而是封装成 IP 数据包后传送给数据链路层。图 4-22 给出了 ICMP 数据包与 IP 数据包的关系。ICMP 头部与 ICMP 数据都是作为 IP 数据来封装的。IP 包头部中的协议字段值为 1,则说明这个 IP 数据包是一个 ICMP 数据包。

图 4-22 ICMP 数据包与 IP 数据包的关系

在当前基于 IPv4 的网络层协议体系中,实现差错通知功能的是 ICMP 协议的第 4 版,简称 ICMPv4。随着下一代 IP 协议 IPv6 的不断完善及其应用,在基于 IPv6 的网络层协议体系中,ICMP 协议版本也会相应过渡到 ICMPv6。该协议的主要变化表现在两个方面:一方面是去掉过时的报文类型,定义一些新的报文类型;另一方面是合并原来的 IGMP、ARP 等协议的功能。

4.3.2 ICMP 数据包的类型

ICMP 数据包类型可以分为两类:差错通知报文与查询报文。表 4-2 给出了 ICMP 数据包的具体类型。其中,ICMP 差错通知报文主要分为 5 种:目的不可达报文、源主机抑制报文、超时报文、参数问题报文与重定向报文。IP 协议提供无连接的分组传输服务,在协议中并没有设计流量控制功能,源主机、路由器与目的主机之间没有协调机制。由于路由器的缓冲区长度有限,如果路由器接收分组速度比转发速度慢,这时就会因缓冲区溢出而丢弃某些分组。“源抑制”是指路由器或主机因拥塞而丢弃分组时,向源主机发送源抑制报文。超时报文用于解决 IP 分组在网络中无限转发问题。重定向报文用于解决主机与路由器的路由表差异问题。

表 4-2 ICMP 数据句的主要类型

类型	代码	功能描述
0	0	回送应答(Ping 应答)
3(目的不可达报文)	0	网络不可达
	1	主机不可达
	2	协议不可达
	3	端口不可达

续表

类型	代码	功能描述
3(目的不可达报文)	4	需要分片,但标记为不可分片
	5	源站选路失败
	6	目的网络不可知
	7	目的主机不可知
4(源主机抑制报文)	0	源主机抑制(数据流控制)
5(重定向报文)	0	网络重定向
	1	主机重定向
	2	服务类型和网络重定向
	3	服务类型和主机重定向
8	0	回送请求(Ping 请求)
9	0	路由器通告
10	0	路由器查询
11(超时报文)	0	传输期间生存期减为 0
	1	数据包组装期间生存期减为 0
12(参数问题报文)	0	各种 IP 头部错误
	1	缺少必要的选项
13	0	时间戳请求
14	0	时间戳应答
17	0	地址掩码请求
18	0	地址掩码应答

ICMP 目的不可达是常用的 ICMP 差错通知报文。当路由器因无法向目的主机交付而丢弃 IP 分组时,路由器或目的主机向源主机发送 ICMP 目的不可达报文。最初,目的不可达报文主要有 5 种:网络不可达、主机不可达、协议不可达、端口不可达和源路由失败。后来,目的不可达报文增加了网络不可知、主机不可知、网络被禁用、主机被禁用和防火墙过滤等。这里,网络不可达与网络不可知的区别是:网络不可达是指路由器知道目的网络存在,但是无法将 IP 分组交付网络;网络不可知是指路由器不知道目的网络存在。主机不可达与主机不可知的区别和网络不可达与网络不可知类似。

ICMP查询报文的设计目标是解决网络故障的诊断问题。ICMP差错控制报文是单向、单个出现的,而ICMP查询报文是双向、成对出现的。ICMP查询报文主要分为4种:回送请求与应答、时间戳请求与应答、地址掩码请求与应答、路由器查询与通告。其中,回送请求用于检查某台主机获得路由器是否可达。时间戳请求提供了一个简单的时钟同步协议,可用于获得IP分组在两台主机之间往返传输所需要的时间。地址掩码请求用于主机获得所在网络的子网掩码。路由器查询用于主机查询所在网络的本地路由器地址,路由器通告用于路由器向外广播自己的路由信息。

4.3.3 ICMP数据包的结构

ICMP协议的设计初衷是报告IP协议执行中的错误,由路由器或目的主机向源主机报告传输出错的原因,真正的差错处理功能需要由高层协议来完成。RFC777是最早出现的ICMP协议文档,它描述了ICMP协议的基本内容。RFC792文档对ICMP报文类型加以修改与补充。RFC1256文档增加了路由器查询与通告报文。图4-23给出了ICMP数据包的结构。ICMP数据报分为两部分:ICMP头部与ICMP数据。ICMP头部的长度为4B。ICMP数据部分的长度是可变的,具体内容由ICMP包的类型决定。

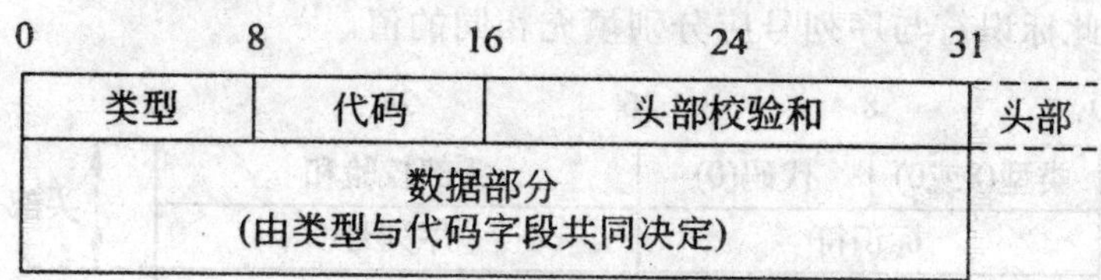

图4-23 ICMP数据包的结构

ICMP头部由以下字段组成。

1. 类型

类型(type)字段的长度为8位,表示ICMP报文的基本类型。目前,类型字段主要有13个数值,分别表示13类的ICMP报文。例如,3表示目的不可达报文,5表示重定向报文,8表示回送请求报文,10表示路由器查询报文。有些类型的ICMP报文已经被废除,例如,15表示的信息请求报文、16表示的信息应答等。实际上,具体的ICMP类型由类型与代码字段共同标识。

2. 代码

代码(code)字段的长度为8位,表示ICMP报文的子类型。对于

ICMP差错通知类报文,每种报文又可以分为多种子类型。目的不可达报文可细分为8种子类型,例如,0表示的网络不可达、1表示的主机不可达等。重定向报文可细分为4种子类型,例如,0表示的网络重定向、1表示的主机重定向等。对于ICMP查询类报文,例如面送请求与应答、路由器查询与通告,它们的代码字段都只有0这个值。

3. 头部校验和

头部校验和(head checksum)字段的长度为16位,用来检查ICMP包头部在传输中是否出错,其计算方法与IP头部校验和的计算方法相同。头部校验和字段的校验范围为ICMP头部与ICMP数据。

4.3.4 ICMP回送请求与应答

图4-24给出了ICMP回送报文的结构。这里,类型字段的值为8,表示ICMP回送请求;类型字段的值为0,表示ICMP回送应答。代码字段的值都是0。ICMP回送报文有两个特殊字段:标识符(identifier)的长度为16位,表示回送请求与应答的对应关系;序列号(sequence number)字段的长度为16位,表示回送请求与应答的编号。由于回送请求与应答都是成对出现的,因此标识符与序列号应分别填充相同的值。

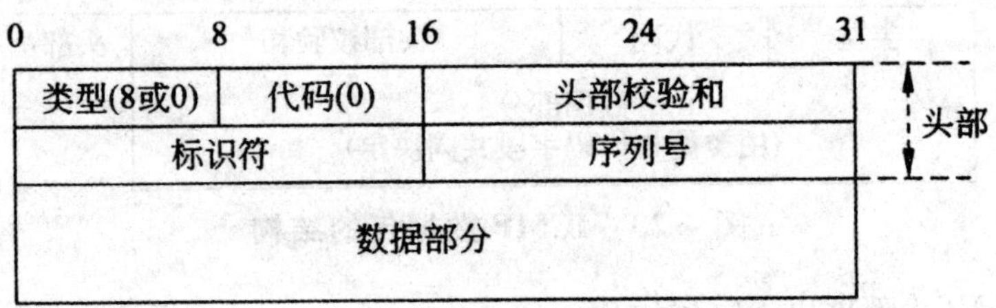

图4-24 ICMP回送报文的结构

源节点向目的节点发送ICMP回送请求后,等待接收目的节点返回ICMP回送应答。如果源节点在规定时间内收到应答信息,目的节点处于活动状态;否则,目的节点处于关闭或不应答状态。实际上,网络用户日常使用的Ping命令就是用于发现网络中的活动主机。

4.3.5 例题分析

1. 设计要求

根据协议规定的ICMP数据包的标准格式,编写程序向目的主机发送

ICMP 回送请求，并对目的主机返回的 ICMP 回送应答进行解析，以判断目的主机是否处于活动状态。程序设计的具体要求如下。

①要求程序为命令行程序。例如，可执行文件名为 ScanHost.exe，则程序的命令行格式为：

```
ScanHost host_addr
```

其中，host_addr 为目的主机的 IP 地址。

②要求将目的主机状态显示在控制台上，具体格式为：

```
开始主机扫描
目的主机+ IP 地址:活动状态(或关闭状态)
```

③要求有良好的编程规范与注释。编程所使用的操作系统、语言和编译环境不限，但是在提交的说明文档中需要加以注明。

④要求撰写说明文档，包括程序的开发思路、工作流程、关键问题、解决思路以及进一步的改进等内容。

2. 关键问题

(1)创建原始套接字

为了实现发送与接收 ICMP 数据包，首先需要调用 socket()函数创建原始套接字，其中的 SOCK_RAW 表示创建原始套接字，IPPROTO_ICMP 表示采用 ICMP 协议。接着，需要调用 setsockopt 函数设置发送与接收超时，SO_SNDTIMEO 表示发送超时，SO_RCVTIMEO 表示接收超时，超时时间均设置为 1000ms。如果源节点在接收超时内没有收到 ICMP 应答，则说明目的节点没有处于活动状态。

下面给出创建原始套接字的伪代码：

```
//套接字异步启动
WSAStartup(MAKEWORD(2,2),&WSAData);
//创建原始 Socket
sock= socket(AF_INET,SOCK_RAW,IPPROTO_ICMP);
//设置发送超时
int send_timeout= 1000;
setsockopt(sock,SOL_SOCKET,SO_SNDTIMEO,&send_timeout,si-
zeof(send_timeout));
//设置接收超时
int recv_timeout= 1000;
setsockopt(sock,SOL_SOCKET,SO_RCVTIMEO,&recv_timeout,si-
```

```
zeof(recv_timeout));
```

(2)定义 ICMP 头部的数据结构

ICMP 头部与 ICMP 数据要作为 IP 数据，与 IP 头部封装成 IP 数据包才能够发送。在对 ICMP 头部各字段进行填充之前，需要构造 ICMP 头部的数据结构，该数据结构与图 4-23 的 ICMP 头部结构一致，还需要构造 IP 头部的数据结构。

下面给出构造 ICMP 头部的伪代码：

```
//定义 ICMP 头部结构
typedef struct ICMP_HEAD
{
    unsigned char Type;
    unsigned char Code;
    unsigned short HeadChecksum;
    unsigned short Identifior;
    unsigned short Sequence;
}icmp_head;
```

(3)填充与发送 ICMP 包

在填充 ICMP 数据包的过程中，需要分别填充 IP 头部、ICMP 头部与 ICMP 数据。由于 ICMP 回送请求的类型为 8、代码为 0，因此需要将它们填入 ICMP 头部的相应字段。ICMP 头部的校验和需要进行计算，首先为校验和字段赋初值 0，然后将校验和计算函数 checksum()的结果填入校验和字段。

下面给出填充与发送 ICMP 包的伪代码：

```
//填充 ICMP 数据包
char icmp_data[MAX_PACKET];
icmp_head* icmp_hdr;
int icmpsize;
memset(icmp data,0,MAX PACKET);
icmpsize= DEF_PACKET+ sizeof(icmp head);
icmp_hdr= (icmp_head* )icm p_data;
icmp_hdr-> Type= ICMP_ECHO;
icmp_hdr-> Identifior= (unsigned shoft)GetCurrentThreadId();
icmp_hdr-> HeadChecksum= 0;
icmp_hdr-> HeadChecksum= ehecksum((unsigned short* )icmp_
data,icmpslze);
```

```
//初始化的地址
sockaddr_in dest;
memset(&dest,0,sizeof(desk));
dest.sin_family= AF_INET;
dest.sin_addr.s_addr= inet_addr(argv[1]);
//发送 ICMP 数据包
sendto(sock,icmp_data,icmpsize,0,(struct sockaddr* )&dest,
sizeof(dest));
```

(4)接收与解析 ICMP 包

如果目的主机处于活动状态,它会向源主机发送一个 ICMP 回送应答。源主机接收到 ICMP 包后需要对它进行解析,根据 IP 头部中的地址字段可以获得 IP 地址,根据 ICMP 头部的类型字段可以判断是否为回送应答(类型为 0)。

下面给出接收与解析 ICMP 包的伪代码:

```
//初始化源地址
sockaddr_in from;
int fromlen= sizeof(from);
memset(&from,0,sizeof(from));
char*  recvbuf= new char[MAX_PACKET+ sizeof(ip_head)];
//接收 ICMP 数据包
int nRecv= recvfrom(sock,recvbuf,MAX_PACKET+ sizeof(ip_
llead),0,(struct sockaddr* ),&from,&fromlen);
//解析 ICMP 数据包
ip_head* iphdr;
icmp_head* icmphdr;
unsigned short ip_size;
iphdr= (ip_head* )recvbuf;
ip_size= (iphdr-> HeadLen&0x0f)* 4;
icmphdr= (icmp_head* )(recvbuf+ ip_size);
//判断 ICMP 协议类型
if(nRecv< ip_size+ ICMP_MIN)
   …
if(icmphdr-> Type! = ICMP_ECHO_REPLY)
   …
if(icmphdr-> Identifior! = (unsigned short)GetCurrentThreadId())
   …
```

(5)程序流程图

图 4-25 给出了主程序流程图。要求输入的命令行参数必须正确，除了程序本身的名称以外，还需要有一个主机 IP 地址。如果命令行参数的个数不是一个，则程序在输出错误信息后退出。在主程序的流程中，需要判断是否到达接收超时，以及是否包含回送应答。

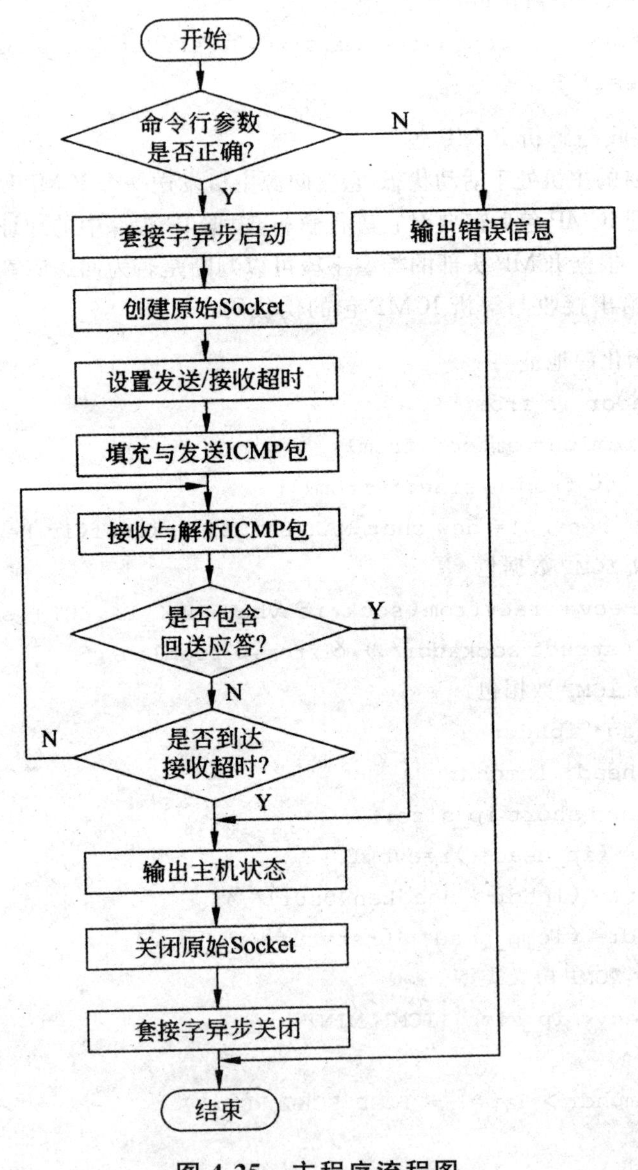

图 4-25 主程序流程图

4.4 TCP全连接扫描程序设计

TCP的全连接指的是按照3次握手方式进行连接，其可靠性好，容易理解是学习扫描程序的入门。

4.4.1 流程设计

由于被扫描的主机开放了一些端口，为其他进程提供服务，因此只需要设计客户端程序。下面是采用Connect方法的扫描流程，如图4-26所示。

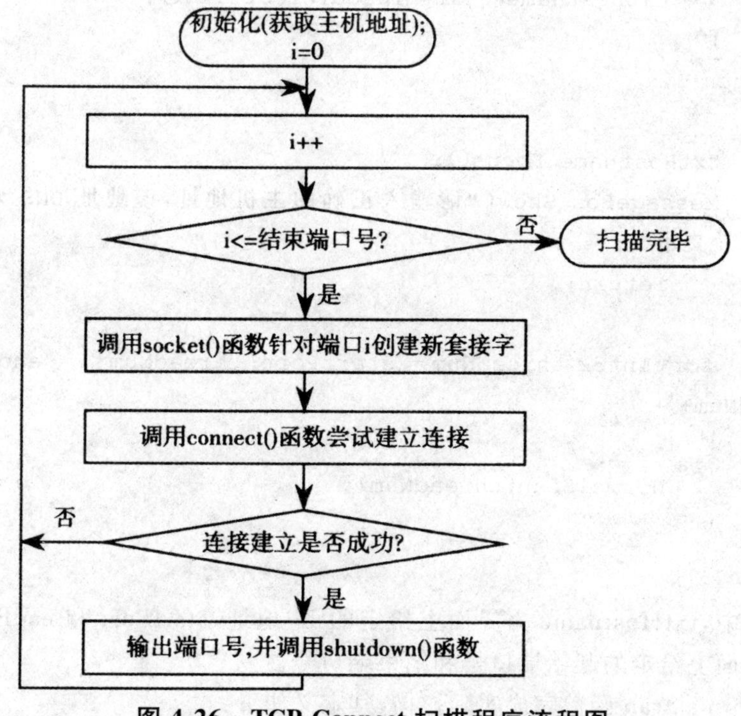

图4-26 TCP Connect扫描程序流程图

4.4.2 程序实现

1. 常规扫描程序

常规扫描指的是直接采用TCP全连接扫描方法，没有多线程技术。主要程序段如下：

```
private void Start()
{
    connState= 0;
    portSum= 0;
    scanHost= txtHostname.Text;
    try
    }
        IPAddress ipaddr= (IPAddress)Dns.Resolve(scanHost).
AddressList.
        GetValue(0);
        txtHostname.Text= ipaddr.ToString();
    }
catch
{
    txtHostname.Focus();
    MessageBox.Show("请输入正确的主机地址,该地址 DNS 无法解
析","系统提示");
        return;
    }
    for(Int32 threadNum= startPort;threadNum< = endPort;
threadNum+ + )
    {
        NormalScan(threadNum);
    }
}
```

其中,txtHostname 为界面上给定的 IP 地址,startPort 和 endPort 分别是界面上给定的起始端口号和结束端口号。

NormalScan 函数完成实际扫描,其定义如下：

```
private void NormalScan(Object state)
{
    Int32 port= (Int32)state;
    string tMsg= "";
    TcpClient tcp= new TcpClient();
    try
```

```
        {
            tcp.Connect(scanHost,port);
            //该处如果建立连接错误的话,将不执行下面的代码,但将引发错误,会自动跳转到 catch 语句
            portSum++;
            tMsg= port.ToString()+ "端口开放。";
            portList.Items.Add(tMsg);
            tcp.Close();
        }
        catch
        {
            tcp.Close();
            }
        }
```

在该段程序中,需要注意的是,当执行语句 tcp.Connect(scanHost, port)后,如果该端口是关闭的,则会引发一个异常,所以一定需要异常处理语句 try{}...catch{}。

2. 多线程扫描程序

采用多线程技术,能够显著地提高扫描效率。

首先,设置最大线程数,并建立线程池,程序如下:

```
//设置最大线程数
ThreadPool.SetMaxThreads(setThreadNum,setThreadNum);
for ( Int32 threadNum = startPort; threadNum < = endPort; threadNum++ )
{
ThreadPool.QueueuserWorkItem(new WaitCaliback(StartScan), threadNum);
}
```

函数 Startscan():

```
public void StartScan(Object state)
{
    Int32 port= (Int32) state;
    string tMsg= "";
    string getData= "";
```

```
connState++;//判断线程数目
try
{
    TcpClient tcp= new TcpClient();
    tcp.Connect(scanHost,port);
    //将扫描结果记录在数组中
    portSum++;
    tMsg= port.ToString()+ "端口开放。";
    portListArray[portSum-1]= tMsg;
    //获取服务协议类型
    Stream sm= tcp.GetStream();
    sm.Write(Encoding.Default.GetBytes(tMsg.ToCharArray()),
0,tMsg.Length);
    StreamReader sr= new StreamReader(tcp.GetStream(),
Encoding.Default);
    try
    {
        getData= sr.ReadLine();
        //这行失败,无法读取协议信息,将自动跳转到 catch 语句
        if(getData.Length! = 0)
        {
            tMsg= port.ToString()+ "端口数据:"+ getDa-
ta.ToString();
            portListArray[portSum-1]= tMsg;
        }
    }
    catch
    {
    }
    finalLly
    {
        sr.Close();
        sm.Close();
        tcp.Close();
        Thread.Sleep(0);//指定表示应挂起该线程以使其他等待
线程能够执行
```

```
            }
            catch
            {
            }
            finally
            {
                Thread.Sleep(0);
                asyncOpsAreDone.Close();
            }
        }
    }
```

在以上函数中,设计了 4 行语句以获得开放端口的协议信息:

```
Stream sm= tcp.GetStream();
sm.Write(Encoding.Default.GetBytes(tMsg.ToCharArray()),0,
tMsg.Length);
StreamReader sr= new StreamReader(tcp.GetStream(),
Encoding.Default);
getData= sr.ReadLine();
```

协议细节保存在 getData 中,便于了解开放端口的细节,但会增加扫描的时间。

需要注意的是,许多端口号在执行 sr.ReadLine()语句时会产生异常,此时也需要主动关闭 TCP 连接和数据流连接。当线程运行出现异常时,需要使用线程的 Sleep(0)方法,挂起该线程以便其他正等待的线程能够顺利执行。

4.5　高级端口扫描程序设计

高级端口扫描主要指半连接扫描和秘密扫描。

在程序实现方面,高级端口扫描程序需要用户自己构造许多数据包,且需要对发送和接收的信息进行分析,所以程序比较复杂。为了比较,可以参照商品工具软件 NMAP 进行分析和设计,比如使用-ss 选项可以对目标系统进行 TCP SYN 扫描。

目前一些版本的操作系统,如 Windows XP 的 SP2 补丁版,禁止采用原始套接字发送 TCP 包，对这类扫描开始实施屏蔽，所以无法执行。不过，多数版本的操作系统仍然可以实施。比如对于 Windows XP 的低版本或者 Windows 2000 和 Windows Server 2003，仍然能够顺利使用此扫描功能。

4.5.1 界面设计

基于 SYN 和 FIN 的扫描程序设计界面可以对 IP 地址段中的全部或部分端口进行扫描，结果以表格方式显示。整个扫描过程所消耗的时间能够自动计算。

4.5.2 程序实现

(1)几个重要的数据结构设计

先给出命名空间：

```
using System;
using System.Collections.Generic;
using System.ComponentModel;
using System.Data;
using System.Drawing;
using System.Text;
using System.Windows.Forms;
using System.Threading;
using System.Management;
using System.Net;
using System.Runtime.InteropServices;
using System.Text.RegularExpressions;
using System.Collections;
using System.Net.Sockets;
```

一些重要的数据结构，包括 ICMP、IP_HEADER、TCP_HEADER、UDP_HEADER、FAKE_HEADER、IPPort，以及 DataInfo，分别如下所示。

```
//ICMP 包结构
public struct IcmpPacket
{
    public byte Type;          //ICMP 报文类型
```

```
    public byte SubCode;     //ICMP 报文代码
    public ushort CheckSum;   //检验和
    public ushort Identifier;     //标识符
    public ushort SequenceNumber;//序列码
    //public ushort Data;
  }
  //IP包结构
  public struct IP_HEADER
  {
     public byte VerLen;
     public byte ServiceType;
     public ushort TotalLen;
     public ushort ID;
     public ushort offset;
     public byte TimeToLive;
     public bYte Protocol;
     public ushort HdrChksum;
     public uint SrcAddr;
     public uint DstAddr;
     //public byte options;
  }
  //图形界面里显示表的数据结构
  public struct DataInfo
  {
     public string ip;
     public string port;
     public string stat;
     public Datalnfo(string ip1,string port1,string stat1)
     {
        ip= ip1;
        port= port1;
        stat= stat1;
     }
  {
  //包含 IP和端口的数据结构
  public struct IPPort
```

```
{
    public string ip;
    public int port;
    public IPPort(string ip1,int port1)
    {
        ip= ip1;
        port= port1;
    }
}
//为了计算 TCP,UDP checksum 定义的伪首部
public struct FAKE_HEADER      //定义 TCP,UDP 伪首部
{
    public uint src;      //源地址
    public uint dst;      //目的地址
    public byte mbz;
    public byte ptcl;      //协议类型
    public ushort len;      //长度
};
//TCP 包结构
public struct TCP_HEADER
{
    public ushort srcPort;
    public ushort dstPort;
    public uint seq;
    public uint ack;
    public byte headLen;
    public byte flag;
    public ushort windows;
    public ushort checkSum;
    public ushort urgency;
    public uint option;
    public uint option2;
}
//UDP 包结构
public struct UDP_HEADER
{
```

```
        public ushort srcPort;
        public ushort dstPort;
        public ushort headLen;
        public ushort checkSum;
    }
```

(2)变量定义

```
[DllImport("Iphlpapi.dll")]
    private static unsafe extern int SendARP(Int32 dest,
Int32 host,ref Int32 mac,ref Int32 length);
[DllImport("Ws2_32.dll")]
private static extern Int32 inet_addr(string ip);
static string hint;     //给用户的错误提示
static int maxThread;     //扫描线程数
static string prefixIP;     //扫描的 IP 前缀
static int suffixStart,suffixEnd;
static int threadID= 0;//当前处理数据包的线程 ID,如果运行着的
处理数据包的其他线程则退出
string[]portArray;     //扫描的端口
static short localPort= 8888;
static int scanType= 0;     //0= = SYN 1= = FIN
static Hashtable hash= new Hashtable();//存放发送的 TCP、UDP
扫描信息,以做后一步处理
static Hashtable icmphash= new Hashtable();
//存放没反应的 IP 和端口,以判断发送 icmp 探索是不是存活主机
static int threadCount,thteadTotal;
//threadTotal 当前扫描任务要开启的最大发送线程数 threadCount
当前开启到第几个线程
//若是最后一个发送线程结束,则开启 timeout 线程,对没回应的 Ip、
port 进行处理
const int SOCKET_ERROR= -1;
const int  ICMP_ECHO= 8;
const byteICMpProtocl= 0x01;
const byte TCpProtocl= 0x06;
const byte UDPProtocol= 0x11;
const byte SYN= 2;
```

```
const byte ACKSYN= 0x12;
constbyte ACKRST= 0x14;
constbyte FIN= 1;
const inttimeOutNum= 3000;//3 秒 TCPTimeout,uDPTimeOut 线程里等待 timeout 的时间
```

(3)数据检验程序设计

```
private void start_Click(object sender,EvantArgs e)
{
    //检测用户的输入是否合法
    if(! inputCheck())
    {
        MessageBox. Show(hint);
        return;
    }
    //初始化一些数据
    dataGrid. Rows. Clear();
    hash. Clear();
    icmphash. Clear();
    threadCount= 0;
    //设置最大线程数
    ThreadPool. SetMaxThreads(maxThread,maxThread);
    //如果用户系统是 XP+ SP2,则不能用 rawsocket 发送 TCP
    if(checkXPSP2())
    {
        MessageBox. show("你的操作系统版本是 XP+ SP2。因为微软在此版本中禁止了用 rawsoc ket 发送 TCP 包,所以只能够在 XP 低版本或者 2000、2003 下用此功能。");
        return;
    }
    DateTime StartTime= DateTime. Now;
    DateTime EndTime;
    System. TimeSpan TimeLength;
    threadID+ + ;
    scanType= 0;
    Thread t1= new Thread(new Threadstart(receiveACK));//创
```

建线程

```
        t1. IsBackground= true;
        t1. Start();
        //计算一共要开启的发送线程数
        if(allPort. Checked)
        {
            threadTotal= (suffixEnd-suffixStart+ 1)* 65535;
        }
        else if(onlyPort. Checked)
        {
            threadTotal = (suffixEnd-suffixStart+ 1)* portArray.
Length;
        }
        for(int i= suffixStart;i< = suffixEnd;i+ + )
        {
            string host= prefixIP+ i. ToString();
            if(allPort. Checked)
            {
                for(intj:1jj< = 65535;j+ + )
                {
                    IPPort ipPort= newIPPort(host,j);
                    ThreadPool. QueueUserworkItem(new waitCallback
(SYNConnect),ipPort);
                    threadCount+ + ;
                }
            }
            if(onlyport. Checked)
            {
                for(int j= 0;j< portArray. Length;j+ + )
                {
                    IPPort ipport= new IPPort(host,int. Parse(por-
tArray[j]));
                    Threadpool. QueueUserworkItem(new Waitcall-
back(SYNConnect),ipPort);
                    threadCount+ + ;
                }
```

```
            }
              if(threadCount== 65535 || threadCount= = portArray.
Length)
            {
                EndTime= DateTime.Now;
                TimeLength= EndTime-StartTime;
                tb_TimeSpan.Text= TimeLength.TotalMilliseconds.TOS-
tring();
                MessageBox.Show("完成扫描所有时间为"+TimeLength.
TotalMilliseconds.ToString()+ "毫秒!");
            }
        }
    }
    //判断用户的系统版本是否为 XP+ SP2
    public bool checkXPSP2()
    {
        System.OperatingSystem m_os= System.Environment.OSVersion;
        if(m_os.Platform= = System.PlatformID.Win32NT&&m_os.
Version.Major = = 5&&m _ os.Version.Minor = = 1&&m _os. Service-
Pack.Equals("Service Pack 2"))
    {
        return true;
    {
    return false;
    }
```

(4)数据包发送程序设计

```
    //发送 TCP SYN/FIN 包扫描开放端口
    public static void SYNConnect(objectipPort)
    {
        IPPort ipPort1= (IPPort)ipPort;
        String host= ipPort1.ip;
        ushort port= (ushort)ipPort1.port;
        Socket socket= null;
        int nBytes= 0;
        IPEndPoint ipepServer= new IPEndPoint(IPAddress.Parse
```

```
(host),port);
        EndPoint epServer:(ipepServer);
        //使用 rawsocket
        socket = new Socket(AddressFamily.InterNetwork, Socket-
Type.Raw,ProtocolType.IP);
        socket.SetSocketOption(SocketoptionLevel.IP, Socketom-
tionName.HeaderIncluded,1);
        EndPoint EndPointFrom= (ipepServer);
        stringIP=Dns.GetHostEntry(Dms.GetHostName()).AddressList
[0].ToString();//得到本地的 IP 地址
        socket.Bind(new IPEndPoint(IPAddress.Parse(Ip)0));//获
得本机 IP,绑定套接字
        byte[]buf= new byte[sizeof(IP_HEADER)+ sizeof(TCP_HEADER)];
        fixed(byte*  fixedbuf= buf)
        {
            //填充 Ip 包头
            IP_HEADER* ip= (IP_HEADER* )fixedbuf;
            ip-> VerLen= 0x45;
            ip-> ServiceType= 00;
            ip-> TotalLen= (ushort)(sizeof(Ip_HEADER)+ sizeof
(TCP_HEADER));
            ip-> ID= 0;
            ip-> offset= 0x40;
            ip-> TimeTOLive= 255;
            ip-> Protocol= 0x6;
            ip-> HdrChksum= 0;
            ip-> SrcAddr= (uint)((IPEndpoint)socket.LocalEndPoint).
Address.Address;
            ip-> DstAddr= (uint)ipepServer.Address.Address;
            ip-> HdrChksum= checksum((ushort* )ip,sizeof(IP_HEAD-
ER)/2);
            //填充 TCP 包头
            TCP_HEADER* packet= (TCp_HEADER* )(fixedbuf+ sizeof
(Ip_HEADER));
            packet-> srcPort= (LIShort)IpAddress.HostToNetwor-
kOrder(localport);
```

```
        packet-> dstport= (ushort)IpAddress.HostToNetwor-
kOrder((short)port);
        packet-> seq= 0;
        packet-> ack= 0;
        packet-> headLen= 0x70;
        if(scanType= = 0)
            packet-> flag= SYN;
        if(scanType= = 1)
            packet-> flag= FIN;
        packet-> windows= 0x0040;
        packet-> checkSum= 0;
        packet-> urgency= 0;
        packet-> option= 0xb4050402;
        packet-> option2= 0x02040101;
        byte[] buf1= new byte[sizeof(FAKE_HEADER)+ sizeof
(TCP_HEADER)];
        //计算 TCP 的 checksum
        fixed (byte* fixedbuf1= buf1)
        {
            FAKE_HEADER。fakeHead= (FAKE_HEADER)fixedbuf1;
            fakeHead-> src= ip-> SrcAddr;
            fakeHead-> dst= ip-> DstAddr;
            fakeHead-> mbz= 0;
            fakeHead-> ptcl= 0x6;
            short len= (short)sizeof(TCP_HEADER);
            fakeHead-> len= (ushort)IPAddtess.HostTONetwor-
korder(len);
    TCP_HEADER* tcp= (TCp_HEADER*)(fixedbuf1+ sizeof(FAKE*
HEADER));
            tcp-> srcPort= packet-> srcPort;
            tcp-> dstport= packet-> dstPort;
            tcp-> seq= packet-> seq;
            tcp> ack= packet-> ack;
            tcp-> headLen= packet-> headLen;
            tcp-> flag= packet-> flag;
            tcp-> windows= packet-> windows;
```

```
            tcp-> checkSum= packet-> checkSum;
            tcp-> urgency= packet-> urgency;
            tcp-> option= packet-> option;
            tcp-> option2= packet-> option2;
            packet-> checkSum= checksum((ushort* )(fixedbuf1),
sizeof(FAKE_HEADER:+ sizeof(TCP_HEADER));
        }
        //把 char* 转换成 byte[]
        byte[]pp= ConvertPoint(fixedbuf,sizeof(IP_HEADER)+
sizeof(TCP_HEADER));
        //保存发送信息
        string ipport2= ipepServer.Address.ToString()+ ":"+
port.ToString();
        int dwStart= System.Environment.TickCount;
        hash.Add(ipPort2,dwStart);
        try
        {
            //发送 TCP SYN 包
            if((nBytes= SOCket.SendTo(pp,sizeof(IP_HEADER)
+ sizeof(TCP_HEADER),0,epServer))= = SOCKET_LERROR)
            {
                return;
            }
        }
        catch(Exception e)
        {
            Console.WriteLine(e.TOString());
            return;
        }
        //如果这是最后一个发送线程,则开启 TcpTimeOut 线程,对未
响应的 IP、port 进行处理
        if(threadCount= :threadTotal)
        {
            Threadt1= new Thread(new Threadstart(TcPTime-
Out));//创建线程
            t1.IsBackground= true;
```

```
            t1.Start();
        }
    }
    socket.Close();
}
```

(5)处理接收的数据包程序

```
//对发送的 TCP SYN/FIN 包的返回数据处理的线程函数
public void receiveACK()
{
    Socket socket= null;
    int localThreadID= threadID;
    socket= new Socket(AddressFamily.InterNetwork,Socket-
Type.Raw,ProtocolType.IP);
    stringIP= Dns.GetHostEntry(Dns.GetHostName()).Address-
List[0].ToString();//得到本地的 IP 地址
    socket.Bind(newIPEndPoint(IpAddress.Parse(IP),0));//绑
定套接字
    socket.SetSocketoption(SocketOptionLeVel.IP,Socketop-
tionName.
    HeaderIncluded,1);
    byte[]  IN= new byte[4](1,0,0,0);
    byte[]  OUT= new byte[4](0,0,0,0);
    //低级别操作模式接受所有的数据包,这一步是关键,必须把 socket
设成 raw 和 IP Level 才可用 SIO_RcvALL
    int ret_code= socket.IOControl(IOControlCode.ReceiveAll,
IN,OUT);
    ret_code= out[0]+ out[1]+ out[2]+ out[3];//把 4 个 8 位字节
合成一个 32 位整数
    byte[]  buf:new byte[65535];
    while(true)
    {
        socket.Receive(buf);
//如果当前处理线程不是此线程,则退出。即用户第二次单击"开始扫描"
按钮,第一次的线程函数就退出了
        if(localThreadID! = threadID)
```

```
{
    break;
}
fixed(byte* fixed_buf= buf)
{
    IP_HEADER* head= (IP_HEADER* )fixe_buf;//把数据
流整和为 IPHeader 结构
    IpAddress iDaddr= newIPAddress(head-> SrcAddr);
    if(head-> Protocol= = TCPprotocl)
    {
        TCP_HEADER* tcp= (TCp_HEADER* )(fixe_buf+ sizeof
(IP_HEADER));
        //if(head-> SrcAddr! = (uint)((IPEndPoint)
socket.LocalEndpoint).
        Address.Address&&IPAddress.NetworkToHos-
torder((short)tcp-> dstPort)= = localPort)
        string ipport= ipaddr.TOString()+ ":"+
((ushort)IPAddress.
        NetworkToHostorder((short)tcp-> srcPort)).
TOString();
        //返回 AcK 则说明该端口开着
        if(tcp-> flag= = ACKSYN)
        {
            if(hash.Contains(ipport))
            {
                DataInfo dataInfo=new DataInf0(ipaddr.
TOString(),((ushort) IPAddress.NetworkToHostOrder ((short) tcp->
srcPort)).Tostring(),"开放");
                this.Invoke(new SetDataGridDelegate
(SetDataGrid),dataInfo);
    hash.Remove(ipPort);
            }
        }
        else
            if(tcp-> flag= = ACKRST)
            //返回 RST,若 SYN 扫描则说明该端口关闭,FIN
```

扫描则说明端口开着

```
                    {
                        if(hash.Contains(ipPort))
                        {
                            if(scanType= = 0)
                            {
                                DataInfo dataInfo:new DataIn-
fo(ipaddr.ToString(),((ushort)IPAddress.NetworkToHostOrder
((short)tcp-> srcPort)).ToString(),"关闭");
                                this.Invoke(new SetDataGrid-
Delegate(SetDataGrid),dataInfo);
                            }
                            else if(scanType= = 1)
                            {
                                DataInfo datalnfo= new DataIn-
fo(ipaddr. ToString (),((ushort) IPAddress. NetworkToHostOrder
((short)tcp-> srcPort)).ToString(),"开放(如果是 UNIX 主机)");
                                this.Invoke(new SetDataGrid-
Delegate(SetDataGrid),dataInfo);
                            }
                            hash.Remove(ipPort);
                        }
                    }
                }
                if(head-> Protocol= = ICMPProtocl)
                {
                    IcmpPacket* icmp= (IcmpPacket* )(fixed_
buf+ sizeof(IP_HEADER));
                    //扫描主机不返回任何数据包,存活主机则说明
TCP 端口被过滤
                    if(icmp-> Type= = 0&&icmp-> SubCode= = 0)
                    {
                        string icmpip:ipaddr.ToString();
                        if(icmphash.Contains(icmpip))
                        {
                            ArrayList art= (ArrayList)icm-
```

```
phash[icmpip];
                        foreach(string port in arr)
                        {
                            DataInfo dataInfo= new DataInfo(icmpip,port,"开放,TCP类型");
                            this.Invoke(new SetDataGridDelegate(SetDataGrid),dataInfo);
                        }
                        icmphash.Remove(icmpip);
                    }
                }
                //返回 ICMP 不可到达错误(类型 3,代码 1、2、9、10,或者13)表明该端口是 filtered(被过滤的)
                if(icmp-> Tyroe= = 3&&(icmp-> SubCode= = 1 || icmp-> SubCode= = 2 || icmp-> SubCode= = 9 || icmp-> SubCode= = 10 || icmp-> SubCode= = 13))
                {
                    TCP_HEADER* tcp= (TCP_HEADER* )(fixed_buf+ 2* sizeof(IP_HEADER)+ sizeof(IcmpPacket));
                    string ipPort= ipaddr.ToString() + ":"+ ((UShort)IPAddress.NetworkTOHostOrder((short)tcp-> dstPort)).ToString();
                    if(hash.Contains(ipPort))
                    {
                        int p= System.Environment.TickCount-(int)hash[ipPort];DataInfo dataInfo= new DataInfo(ipaddr.TOString(),((UShOrt)IPAddress.NetworkToHostOrder((short)tcp->dstPort)).Tostring()"被过滤");
                        this.Invoke(new SetDataGridDelegate(SetDataGrid),dataInfo);hash.RemOVe(ipPort);
                    }
                }
            }
        }
    }
```

```
//把 byte* 转换成 byte[]
 public static byte[]  ConvertPoint(byte *  p, int
length)
{
    byte[]  pp= new byte[length];
    for(int i= 0;i< length;i+ + )
    {
        pp[i]= * (p+ i);
    }
    return pp;
}
//计算 checksum 函数
public static ushort checksum(ushort* buffer,int size)
{
    Int32 cksum= 0;
    int counter;
    counter= 0;
    while(size> 0)
    {
        UInt16 val= buffer[counter];
        cksum+ = Convert.ToInt32(buffer[counter]);
        counter+ = 1;
        size-= 1;
    }
    cksum= (cksum> > 16)+ (cksum& 0xffff);
    cksum+ = (cksum> > 16);
    return(UInt16)(~cksum);
}
//用 delegate 在多线程中处理界面控件
delegate void setDataGridDelegate(Object data);
private void setDataGrid(object data)     //控件操作
{
    DataInfo dataInfo= (DataInfo)data;
    this.dataGrid.Rows.Add(this.dataGrid.Rows.Count,
dataInfo.ip,dataInfo.port,dataInfo.stat);
}
```

```
//使 threadNum 只接收数字
 private voidthreadNum_Keypress(objectsender,Key-
pressEventArgs e)
        {
            if(! Char.IsDigit(e.KeyChar)&&e.KeyChar! = 8)
            {
                e.Handled= true;
            }
        }
    //使 ipend输入框和 ipstart 输入框同步
    private void IPstart_Textchanged(objectsender,Even-
tArgs e)
        {
            IPEnd.Text= IPStart.Text;
        }
```

第5章　TCP/IP数据包安全技术及编程理论

TCP协议是TCP/IP协议族的核心协议之一，熟悉TCP包结构对于理解网络层次结构，以及TCP协议与IP协议的关系有着重要的意义。IP数据包(简称IP包)是在网络层进行数据传输的基本单位，但是它在传输过程中经常需要分片与重组。

5.1　TCP数据包的封装与发送

5.1.1　TCP协议的基本概念

传输层的主要作用是实现网络中主机之间的分布式进程通信。传输层协议可以分为两种类型：TCP协议与UDP协议。其中，TCP协议是一种可靠的、面向连接的传输层协议，它允许将源主机的数据无差错地传输到目的主机。UDP协议是一种不可靠的、无连接的传输层协议。TCP协议与UDP协议针对的是不同类型的网络应用。TCP协议的功能是建立在IP协议的基础上，它允许在两个应用进程之间建立一条连接，通过该连接可以实现顺序的、无差错的、不重复的数据流传输。

根据OSI参考模型的定义，传输层使用下面的网络层提供的服务，并且要向上面的应用层提供服务。由于TCP协议所处的层次高于IP协议，因此TCP数据包需要封装在IP分组中传输。图5-1给出了TCP数据包的封装过程。当某种应用进程是基于TCP协议时，首先将应用层数据作为TCP数据与TCP头部封装成TCP数据包，然后将TCP包作为IP数据部分与IP头部封装成IP分组。在将TCP数据包封装成IP分组时，IP头部的协议字段表示上层协议类型，用于表示TCP协议的字段值为6。

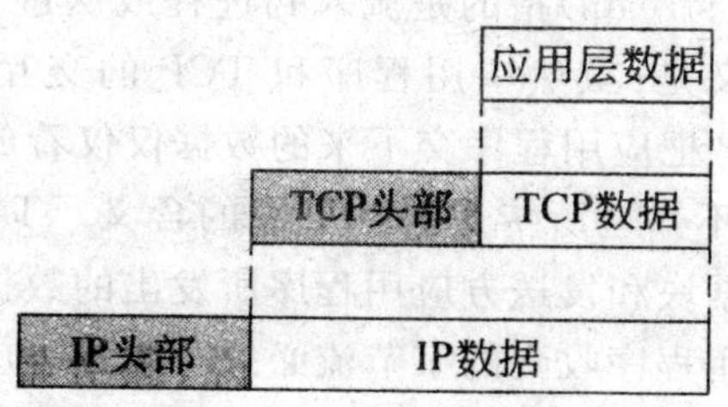

图5-1 TCP数据包的封装过程

在传输层的协议结构中,UDP协议是一种能够满足最低传输要求的协议,而TCP协议是一种功能完善的传输层协议。面向连接对提高数据传输的可靠性是很重要的。应用程序在使用TCP协议来传输数据之前,必须在通信双方的进程之间建立一个TCP连接。每个TCP连接都要使用通信双方的端口号来标识,并且为双方的一次进程通信提供服务。TCP协议允许通信双方的应用程序在任何时候传输数据,因此通信双方都设置有相应的发送与接收缓冲区,它们分别用于缓存应用程序需发送或接收的数据流。

当客户机与服务器之间的TCP连接建立后,通信双方就可以通过这个连接进行全双工的字节流传输。为了保证TCP协议能够正常、有效地运行,TCP软件设置了一个保持计时器(keep timer),用于防止TCP连接长期处于空闲状态。TCP协议使用以字节为单位的滑动窗口(sliding window)机制,用于控制字节流的发送、接收、确认与重传过程。发送方为发送缓冲区设置一个发送窗口,只要这个窗口值不为0就可以发送字节流。接收方为接收缓冲区设置一个接收窗口,窗口值等于接收缓冲区可继续接收的字节流数。

5.1.2 TCP的特点

TCP是TCP/IP体系中非常复杂的一个协议。下面介绍TCP最主要的特点。

①TCP是面向连接的运输层协议。

②每一条TCP连接只能有两个端点(endpoint),每一条TCP连接只能是点对点的(一对一)。

③TCP提供可靠交付的服务。

④TCP提供全双工通信。

⑤面向字节流。

TCP 中的“流”(stream)指的是流入到进程或从进程流出的字节序列。“面向字节流”的含义是：虽然应用程序和 TCP 的交互是一次一个数据块(大小不等)，但 TCP 把应用程序交下来的数据仅仅看成是一连串的无结构的字节流。TCP 并不知道所传送的字节流的含义。TCP 不保证接收方应用程序所收到的数据块和发送方应用程序所发出的数据块具有对应大小的关系。但接收方应用程序收到的字节流必须和发送方应用程序发出的字节流完全一样。当然，接收方的应用程序必须有能力识别收到的字节流，把它还原成有意义的应用层数据。图 5-2 是上述概念的示意图。

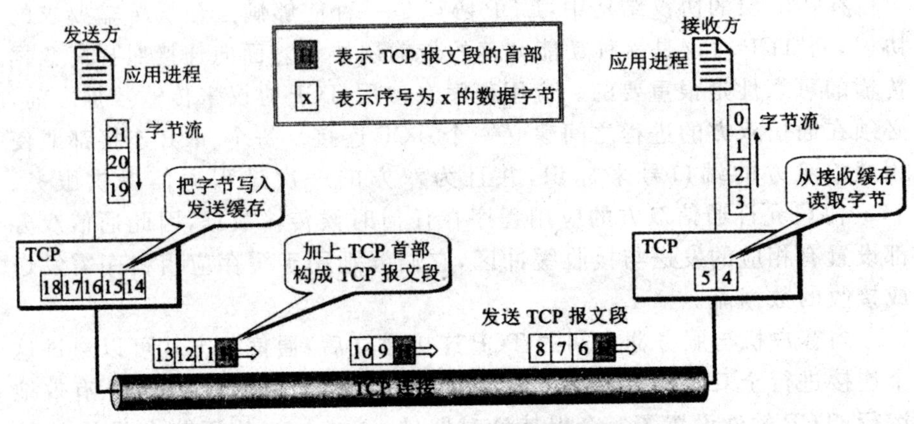

图 5-2 TCP 面向字节流的概念

为了突出示意图的要点，我们只画出了一个方向的数据流。但请注意，在实际的网络中，一个 TCP 报文段包含上千个字节是很常见的，而图中的各部分都只画出了几个字节，这仅仅是为了更方便地说明“面向字节流”的概念。另外，图 5-2 中的 TCP 连接是一条虚连接(也就是逻辑连接)，而不是一条真正的物理连接。TCP 报文段先要传送到 IP 层，加上 IP 首部后，再传送到数据链路层。再加上数据链路层的首部和尾部后，才离开主机发送到物理链路。

5.1.3 TCP 数据包的结构

设计 TCP 协议的主要原则是功能全面，数据传输的可靠性有保证。RFC793 是最早出现的 TCP 协议文档，它描述了 TCP 协议的主要内容。后来，出现了几十种对 TCP 协议进行扩展与调整的 RFC 文档。例如，RFC2415 是对滑动窗口与确认策略的补充；RFC2581 是对拥塞控制机制的补充；RFC2988 是对重传计时器的补充。这些 RFC 文档共同构成了 TCP

协议功能。图 5-3 给出了 TCP 数据包的结构。TCP 数据包分为两个部分：TCP 头部与 TCP 数据。TCP 头部的长度为 20～60B。

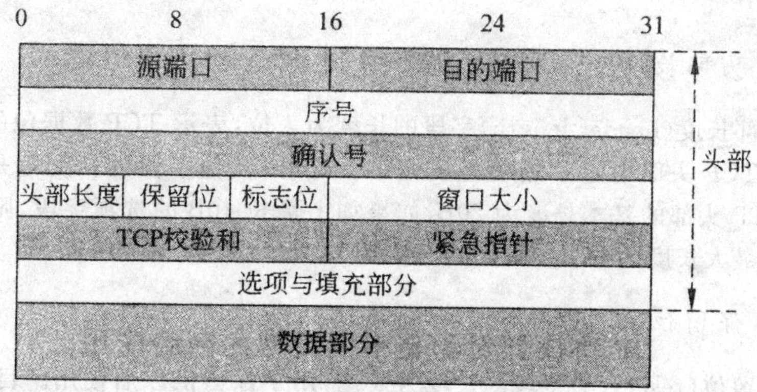

图 5-3 TCP 数据包的结构

TCP 数据包头部由以下字段组成。

1. 端口号

端口号(port number)字段包括两个部分：源端口号(source port number)与目的端口号(destination port number)。这两个字段的长度均为 16 位。源端口号表示发送方的应用程序使用的 TCP 端口号，目的端口号表示接收方的应用程序使用的 TCP 端口号。无论对发送方还是接收方来说，服务器使用的 TCP 端口是预先规定的熟知端口号，客户机使用的 TCP 端口是临时申请的临时端口号。

2. 序号

序号(sequence)字段的长度为 32 位，表示 TCP 包的第一字节的序号。由于 TCP 协议是面向数据流的传输层协议，传输的 TCP 包可被视为一个连续的字节流，因此 TCP 协议需要为数据流中的每个字节编号。例如，某个 TCP 包的序号值为 201，携带的数据长度为 100B，则它的第一字节的序号为 201，最后字节的序号为 300。由于通信双方各自随机生成一个初始序号，因此一个 TCP 连接的通信双方的序号不同。

3. 确认号

确认号(acknowledge)字段的长度为 32 位，表示接收方已正确接收序号为 N 的字节，要求发送方接下来发送序号为 $N+1$ 开始的字节流。例如，如果接收方接收到一个序号为 201、长度为 100B 的 TCP 包，则它向发送方发送一个确认号为 301 的 TCP 包。TCP 协议采用的是典型的捎带确认方法。

4. 头部长度

头部长度(header length)字段的长度为 4 位，表示 TCP 数据包的头部长度。TCP 头部中除了选项与填充字段之外，其他字段的长度都是固定的。TCP 头部的基本长度为 20B，如果加上最长 40B 的选项字段，则 TCP 头部的最大长度为 60B。

5. 保留位

保留位(reserved)字段的长度为 6 位，用于保留供以后使用。目前，该字段在使用时所有位设置为 0。

6. 标志位

标志位(flags)字段的长度为 6 位，用于设置 6 种不同的标志位，可以同时设置其中的一位或多位。表 5-1 给出了 6 个标志位的主要用途。发送方将 URG 位设置为 1，表示该数据的优先级较高，需要插入 TCP 数据流的最前面。URG 位需要与紧急指针字段一起使用。SYN 位在连接建立时用于同步序号。例如，连接建立请求的 SYN＝1、ACK＝0，连接建立响应的 SYN＝1、ACK＝1。在连接建立后，所有 TCP 数据包的 ACK 位用于捎带确认。

表 5-1　6 个标志位的主要用途

标志位	用途
紧急(URG)	数据的优先级高
确认(ACK)	数据的确认号有效
推送(PSH)	数据希望尽快获得响应
复位(RST)	在出现问题时，强制释放连接
同步(SYN)	在连接建立时，同步序号
终止(FIN)	在正常情况下，释放连接

7. 窗口大小

窗口大小(window size)字段的长度为 16 位,表示以字节(B)为单位的窗口大小。窗口大小的最大值为 $2^{16}-1$,即 65535B。由于接收方的接收缓冲区是受限制的,因此用窗口字段表示接收方还有多大的接收容量。发送方会根据接收方通知的窗口值,以便调整自己的发送窗口值的大小。窗口大小字段值是动态变化的。

8. TCP 校验和

TCP 校验和(check sum)字段的长度为 16 位,用于检查 TCP 包在传输中是否出错,其计算方法与 IP 头部校验和的计算方法相同。TCP 校验和字段的校验范围是:伪头部、TCP 头部与 TCP 数据。伪头部(pseudo header)的长度为 12B,它本身并不是 TCP 包的真正头部,只是在计算校验和时临时与 TCP 包相连。图 5-4 给出了 TCP 伪头部的结构。伪头部内容主要来自 IP 分组头部的一部分,它包括源 IP 地址(16 位)、目的 IP 地址(16 位)、协议(8 位)和 UDP 长度(16 位)字段。

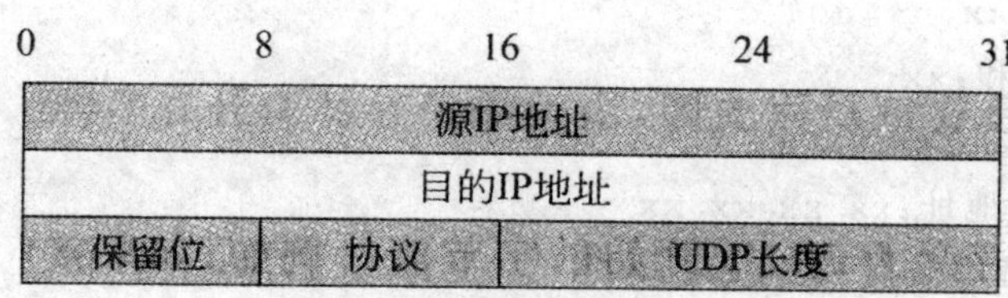

图 5-4　TCP 伪头部的结构

9. 紧急指针

紧急指针(urgent point)字段的长度为 16B,表示 TCP 包中有紧急数据需要发送。当 URG 位的值为 1 时,紧急指针字段才能生效。在优先处理紧急数据之后,TCP 协议软件才能够回复正常操作。

10. 选项

选项(options)字段的长度范围是 0～40B。选项字段包括两类:单字节选项与多字节选项。单字节选项有两项:选项结束与无操作。多字节选项有三项:最大报文段长度、窗口扩大因子与时间戳。在使用选项字段时,如果 TCP 头部长度不是 32 位的整数倍,这时就需要通过填充位(0)来凑齐。

5.1.4 例题分析

1. 设计要求

根据协议规定的TCP数据包的标准格式，编写程序构造TCP包结构与填写各个字段，并将封装后的TCP包内容写入输出文件。在本练习中为了简便起见，数据字段通过为字符串赋值来获得，但是需要计算相应的头部校验和。程序设计的具体要求如下。

①要求程序为命令行程序。例如，可执行文件名为TcpEncap.exe，则程序的命令行格式为：

```
TcpEncap output_file
```

其中，output_file为输出文件的名称。

②要求将部分字段内容显示在控制台上，具体格式为：

```
IP头部字段
总长度:xx
IP校验和:xx
源IP地址:xx.xx.xx.xx
目的IP地址:xx.xx.xx.xx
TCP头部与数据字段
TCP长度:xx
源端口:xx
目的端口:xx
TCP校验和:xx
数据字段:…
```

③要求有良好的编程规范与注释。编程所使用的操作系统、语言和编译环境不限，但是在提交的说明文档中需要加以注明。

④要求撰写说明文档，包括程序的开发思路、工作流程、关键问题、解决思路以及进一步的改进等内容。

2. 关键问题

(1)定义TCP头部与伪头部的数据结构

TCP头部与TCP数据需要作为IP数据，与IP头部封装成IP数据包后才能发送。在对TCP头部字段进行填充之前，需要构造TCP头部的数据结构;然后,需要构造伪头部的数据结构,伪头部只是临时用来为 TCP 包计算校验和,并不需要作为 TCP 包的一部分来发送。另外,还需要构造 IP 头部的数据结构。

下面给出构造 TCP 头部与伪头部的伪代码:

```
//定义 TCP 头部结构
typedef struct TCP_HEAD
{
        unsigned short SourcePort;
        unsigned short DestinPort;
        unsigned int Sequence;
        unsigned int Acknowledge;
        union
        {
            unsigned short HeadLen;
            unsigned short Reserved;
            unsmgned short Flaqs;
        };
        unsigned short WindowsLen;
        unsigned short TcpChecksum;
        unsigned short Urgepoint;
    }tcp_head;
//定义 TCP 伪头部结构
typedef struct PSD_HEAD
{
        unsigned int SourceAddr;
        unsigned int DestinAddr;
        unsigned char Reserved;
        unsigned char Protocol;
        unsigned short TcpLen;
    }psd head;
```

(2)填充数据包与计算校验和

在填充 TCP 数据包的过程中,需要分别填充 IP 头部、TCP 头部与 TCP 数据。为了填充 TCP 头部的校验和字段,还需要填充 TCP 头部附加的伪头部。IP 头部与 TCP 头部的校验和需要分别计算。首先,IP 头部的校验和字段赋初值 0,调用校验和计算函数 checksum()对 IP 头部进行校验;然后,TCP 头部的校验和字段赋初值 0,调用校验和计算函数 checksum()对 TCP 头部与伪头部进行校验。

下面给出填充 TCP 头部与伪头部的伪代码:

```
//初始化相关对象
psd_head psd= {0};
tcp head tcp= {0};
unsigned short check[65535];
const char tcp_data[]= {"this is a test of tcp packet encapsule!"};
//填充 TCP 伪头部字段
psd.SourceAddr= ip.SourceAddr;
psd.DestinAddr= ip.DestinAddr;
psd.Reserved= 0;
psd.Protocol= ip.Protocol;
psd.TcpLen= sizeof(tcp_head)+ sizeof(tcp_data);
//填充 TCP 头部字段
tcp.SourcePort= 1000;
tcp.DestinPort= 1000;
tcp.Sequence= 0;
tcp.Acknowledge= 0;
tcp.HeadLen= (sizeof(tcp_nead)/sizeof(unsigned iont)< < 4|0);
tcp.WindowsLen= 10000;
tcp.TcpChecksum= 0;
tcp.UrgePoint= 0;
//计算 TCP 包(包括伪头部)的校验和
memset(check,0,65535);
memcpy(check,&psd,sizeof(psd_head));
memcpy(check+ sizeof(psd_head),&tcp,sizeof(tcp_head));
memcpy(check+ sizeof(psd_head)+ sizeof(tcp_head),tcp_data,
sizeof(tcp_dana));
tcp.TcpChecksum= checksum(check,sizeof(psd_head)+ sizeof
(tcp_head)+ sizeof(tcp_data));
```

(3)程序流程图

图 5-5 给出了主程序流程图。要求输入的命令行参数必须正确,除了程序本身的名称以外,还需要有一个输出文件名。如果命令行参数的个数不是一个,则程序在输出错误信息后退出。

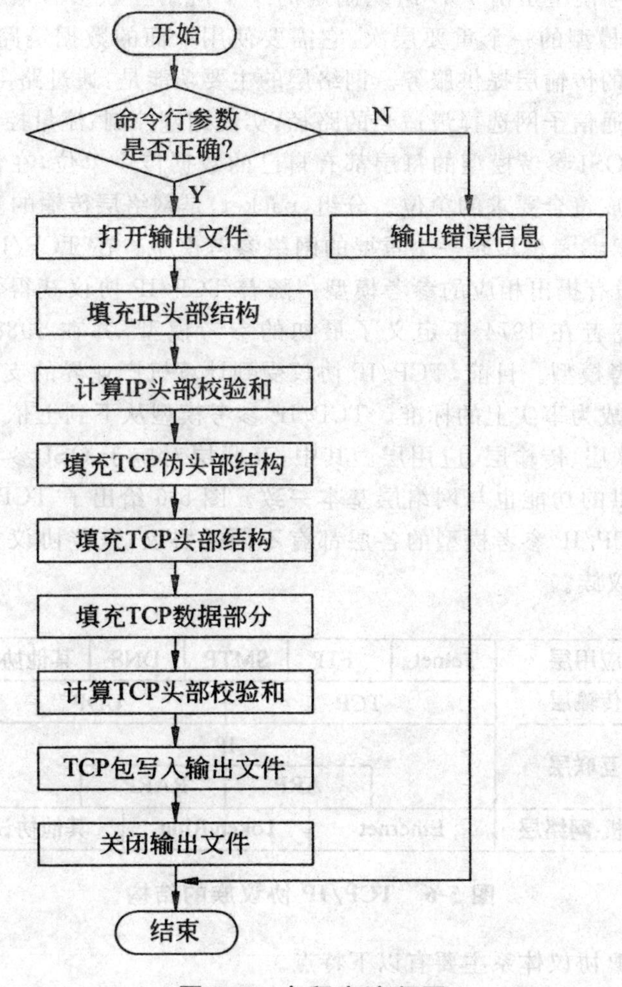

图 5-5　主程序流程图

5.2　IP 数据包的捕获与解析

5.2.1　网络层的基本概念

网络中的两台主机之间通信要遵循相同的网络协议。各种异构网络的互联带来了协议的标准化问题，这就促进了网络体系结构与参考模型的研究。OSI 参考模型是由 ISO 组织制定的一个网络互联参考模型。网络层是 OSI 参考模型的一个重要层次，它需要使用下面的数据链路层的服务，并且为上面的传输层提供服务。网络层的主要功能是：通过路由选择算法，为分组通过通信子网选择最适当的路径，实现拥塞控制、流量控制与网络互联等功能。OSI 参考模型的每层都有自己的数据传输单位，在经过不同层时需要组装成符合要求的单位。分组(packet)是网络层传输的基本单位。

TCP/IP 参考模型是一个重要的网络参考模型。在 TCP/IP 协议的研究初期，并没有提出相应的参考模型。随着 TCP/IP 协议获得学术界的广泛认可，研究者在 1974 年定义了最初的参考模型，并在 1988 年完善了 TCP/IP 参考模型。目前，TCP/IP 协议受到计算机产业界的支持，TCP/IP 参考模型已成为事实上的标准。TCP/IP 参考模型从下到上依次是：主机、网络层、互联层、传输层、应用层。其中，互联层对应于 OSI 参考模型的网络层，它提供的功能也与网络层基本一致。图 5-6 给出了 TCP/IP 协议族的结构。TCP/IP 参考模型的各层都有不同的协议，这些协议共同构成了 TCP/IP 协议族。

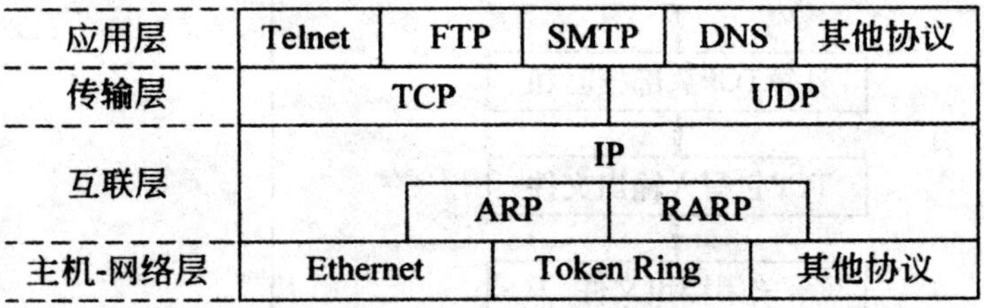

应用层	Telnet	FTP	SMTP	DNS	其他协议
传输层	TCP		UDP		
互联层	IP ARP RARP				
主机-网络层	Ethernet	Token Ring	其他协议		

图 5-6 TCP/IP 协议族的结构

TCP/IP 协议体系主要有以下特点。

①开放的协议标准。

②独立于特定的计算机硬件与操作系统。

③独立于特定的网络硬件，可运行在局域网、广域网中，更适用于 Internet。

④统一的网络地址分配方案，所有网络设备在 Internet 中都有唯一的 IP 地址。

⑤标准化的应用层协议，可提供多种拥有大量用户的网络服务。

5.2.2 IP 数据包的结构

IP 协议是 TCP/IP 协议体系中的核心协议。IP 协议制定了统一的 IP 数据包格式，以消除 Internet 中各种通信子网之间的差异，为数据的收发双方提供透明的传输通道。RFC791是最早出现的IP协议文档,它描述了IPv4协议的基本内容,主要是IPv4数据包结构。这个RFC文档一直沿用至今,后期仅出现一些补充性质的文档。IPv4数据包又称为IPv4分组或IPv4数据报,它们在概念上是相同的。IPv4数据包的长度是可变的,它分为头部与数据两个部分。图5-7给出了IPv4数据包的结构。IPv4头部的长度为20~60B,通常以4B为单位来表示头部字段。

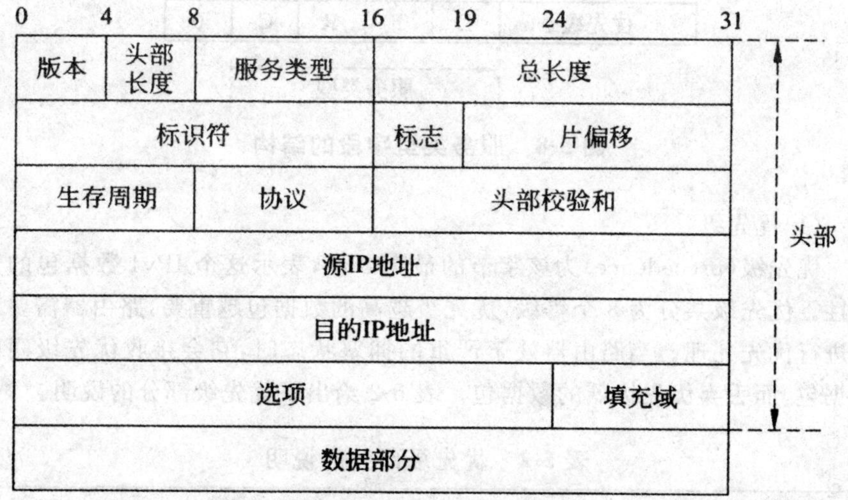

图5-7 IPv4数据包的结构

IP数据包头部由以下字段组成。

1. 版本

版本(version)字段的长度为4位,表示使用的IP协议的版本。目前协议的版本是IPv4,版本字段值为4;下一代协议的版本是IPv6,版本字段值为6。该字段向网络层软件说明IP数据包的版本,不同的版本的数据包的结构不同。IP软件在处理数据包之前必须检查版本号。本程序只是针对IPv4数据包的解析。

2. 头部长度

头部长度(header length)字段的长度为4位,表示IPv4头部的长度。IPv4头部中除了选项和填充字段之外,其他字段的长度都是固定的。IPv4头部的基本长度为20B,如果加上最长40B的选项字段,则IPv4头部的最大长度为60B。

3. 服务类型

服务类型(service type)字段的长度为 8 位,表示路由器如何处理这个 IPv4 数据包。图 5-8 给出了服务类型字段的结构。服务类型字段长度由三部分构成:3 位优先级、4 位服务类型与 1 位保留位。

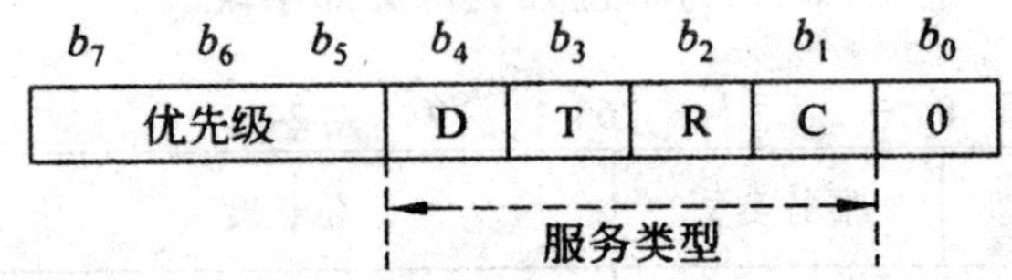

图 5-8 服务类型字段的结构

(1)优先级

优先级(precedence)为该字节的最高 3 位,表示这个 IPv4 数据包的重要性。优先级共分为 8 个等级,优先级越高的数据包越重要,路由器需要对它进行优先处理。当路由器处于严重的拥塞状态时,它会接收优先级高的数据包,而丢弃优先级低的数据包。表 5-2 给出了优先级部分的说明。

表 5-2 优先级部分的说明

位数($b_7b_6b_5$)	意义
111	网络控制(network control)
110	互联网络控制(internetwork control)
101	重要(critic)
100	即时优先(flash override)
011	即时(flash)
010	立刻(immediate)
001	优先(priority)
000	普通(routine)

(2)服务类型

服务类型(type of service)为该字节紧接着优先级的 4 位,与优先级共同表示 IPv4 数据包的重要性。这里,b_4、b_3、b_2、b_1 分别表示:D(延迟)、T(吞吐量)、R(可靠性)与 C(成本)。每个组合的服务类型的 4 位中,最多只能有一位的值为 1,其他三位的值为 0。表 5-3 给出了服务类型部分的说明。

表 5-3　服务类型部分的说明

位数($b_4b_3b_2b_1$)	意义
1111	安全级最高(maximize security)
1000	延迟最小(minimize delay)
0100	吞吐量最大(maximize throughput)
0010	可靠性最大(maximize reliability)
0001	成本最小(minimize cost)
0000	普通服务(normal service)

4. 总长度

总长度(total length)字段的长度为 16 位,表示以字节为单位的 IPv4 数据包总长度。由于这个字段的长度为 16 位,因此 IPv4 数据包的最大长度为($2^{16}-1$)B=65535B。数据部分长度为总长度减去头部长度。

5. 标识符

标识符(identification)字段长度为 16 位,表示这个分片属于哪个 IPv4 数据包。IPv4 数据包的所有分片可分配一个标识符,最多可分配的值为 65535 个。标识符、标志位与片偏移等字段共同用于 IP 数据包的分片。

6. 标志位

标志位(flags)字段的长度为 16 位,表示 IPv4 数据包是否可以分片。标志位字段由三部分构成:保留位、DF 位与 MF 位。其中,最高位为保留位,取值为 0;中间位是不分片位(do not fragment,DF),1 表示不能分片,0 表示可以分片;最低位是更多分片位(more fragment,MF),1 表示不是最后一个分片,0 表示最后一个分片。标识符、标志位与片偏移等字段共同用于 IP 数据包的分片。

7. 片偏移

片偏移(fragment offset)字段长度为 13 位,表示分片在整个 IPv4 包中的相对位置。片偏移值是以 8B 为基本单位来计数,因此分片长度应该是 8B 的整数倍。标识符、标志位与片偏移等字段共同用于 IP 数据包的分片。

8. 生存周期

生存周期(time to live)字段的长度为 8 位,表示 IPv4 数据包在传输过程中的寿命,通常用经过的路由器最大跳步数来限制。IP 数据包从源主机到目的主机的传输延时不确定,为了避免由于出错而造成 IP 数据包的循环传输,可以通过设置生存周期来解决这个问题。TTL 的初始值由源主机设置,经过一个路由器转发之后,TTL 值减 1。当 TTL 的值为 0 时,丢弃分组并发送 ICMP 报文通知源主机。

9. 协议

协议(protocol)字段的长度为 8 位,表示 IPv4 数据包的高层协议类型。表 5-4 给出了常用的高层协议。通过分析协议字段的具体数值,可看出数据部分封装的高层协议,可能包括传输层协议(TCP、UDP 等)或网络层的辅助协议(ICMP、IGMP 等)。例如,协议字段的数值为 6,表示数据部分封装的是 TCP 报文段。

表 5-4 常用的高层协议

字段值	协议名称	字段值	协议名称
1	ICMP	17	UDP
2	IGMP	41	IPv6
6	TCP	46	RSVP
8	EGP	89	OSPF

10. 头部校验和

头部校验和(header checksum)字段的长度为 16 位,用来检查 IPv4 数据包在传输中是否出错。头部校验和的计算方法为:将头部校验和字段的值置为 0,将 IPv4 头部的值以 16 位为单位进行累加(异或),再将累加结果取补码写入头部校验和字段。

11. IP 地址

IP 地址(IP address)包括两个部分:源 IP 地址与目的 IP 地址。这里,源 IP 地址与目的 IP 地址的长度均为 32 位。源 IP 地址是发送数据包的源主机 IPv4 地址;目的 IP 地址是接收数据包的目的主机 IPv4 地址。

12. 选项

选项(options)字段的长度范围是 0～40B,主要有控制和测试两个目的。选项由三部分构成:选项码、长度与选项数据。这里,选项码用于确定该选项的具体功能,例如源路南、记录路由、时间戳等;长度表示选项数据的大小;选项数据的具体内容由不同功能来决定。在使用选项字段的过程中,可能出现头部长度不是 32 位整数倍的情况,这时就需要通过填充(0)来凑齐相应的位数。

5.2.3　例题分析

1. 设计要求

编写程序来捕获网络中传输的 IPv4 数据包,并将得到的解析结果显示出来。在本练习中为了简便起见,只解析 IPv4 头部中除选项外的各字段值,不需要解析出具体的服务类型与协议类型。程序设计的具体要求如下。

①要求程序为命令行程序。例如,可执行文件名为 PackParse. exe,则程序的命令行格式为:

```
PackParse packet_sum
```

其中,packet_sum 为捕获 IPv4 数据包的数量。

②要求将部分字段内容显示在控制台上,具体格式为:

```
版本:xx
头部长度:xx
服务类型:xx,xx
总长度:xx
标识符:xx
标志位:xx,DF,MF
片偏移:xx
生存周期:xx
协议:xx
头部校验和:xx
源 IP 地址:xx. xx. xx. xx
目的 IP 地址:xx. xx. xx. xx
...
```

③要求有良好的编程规范与注释。编程所使用的操作系统、语言和编译环境不限,但是在提交的说明文档中需要加以注明。

④要求撰写说明文档,包括程序的开发思路、工作流程、关键问题、解决思路以及进一步的改进等内容。

2. 关键问题

(1)创建原始套接字

为了通过网卡来截获传输中的 IPv4 数据包,这时需要对套接字(socket)进行编程。套接字可以分为三种类型:流套接字(stream socket)、数据包套接字(datagram socket)和原始套接字(raw socket)。其中,流套接字与数据包套接字都是用于网络通信,它们只能响应与本地网卡的硬件地址匹配或广播的数据包;而原始套接字就不受这些限制,可接收与本地网卡的硬件地址不匹配的数据包,在本练习中需要使用这种套接字。

下面给出创建原始套接字的伪代码:

```
//套接字异步启动
WSADATA WSAData;
if(WSAStartup(MAKEwORD(2,2),&WSAData)! = 0)
...
//创建原始 Socket
SOCKET sock;
if((sock= socket(AF_INET,SOCK_RAW,IPPROTO_IP))= = INVALID_
SOCKET)
...
```

socket 函数的第一个参数指定使用的协议族,对于 TCP/IP 协议族,该参数设置为 AF_INET;第二个参数指定创建的套接字类型,SOCK_STREAM、SOCK_DGRAM 与 SOCK_RAW 分别为流式套接字、数据报套接字与原始套接字,这里设置为 SOCK_RAW;第三个参数指定使用的通信协议,该参数需要依赖于第二个参数,这里设置为 IPPROTO_IP。如果该函数执行成功,返回新创建的套接字描述符;否则,返回 INVALID_SOCKET。

(2)初始化 Socket 结构

在成功地创建原始套接字以后,首先要设置对 IPv4 头部的操作模式,这时就需要调用 setsockopt 函数。该函数的第一个参数指定使用的套接字,这里使用刚创建的套接字描述符;第二个参数指定使用的通信协议,这里设置为 IPPROTO_IP;后三个参数指定如何对数据包进行操作,第三个参数设置为 IP_HDRINCL，并将 flag 设置为 true，表示用户自己处理 IPv4 头部。

下面给出设置 IP 头部操作选项的伪代码：

```
BOOL flag= true;
setsockopt(sock,IPPROTO_IP,IP_HDRINCL,(char* )&flag,sizeof
(flag);
```

在进行原始套接字的初始化时，sockaddr_in 的地址值应为本机的 IP 地址，它可以通过 gethostbyname 函数来获取；端口号可随便填写；协议族应填为 AF_INET。需要注意的是，填写 sockaddr_in 结构的值必须是以网络字节顺序表示的值，而不能直接使用本机字节顺序的值，用 htons 函数可将主机数据转换为网络字节顺序的数据。最后，需要调用 bind 函数将 Socket 绑定到本地网卡。

下面给出对 Socket 进行初始化的伪代码：

```
//获得本地主机名
char hostName[128];
gethostname(hostName,100);
//获得本地 IP 地址
hostent * pHostIP;
pHostIP= gethostbyname(hostName);
//填允 sockaddr in
sockaddr_in addr_in;
addr_in.sin_family= AF_INET;
addr_in.sin_port= htons(6000);
addr_in+ sin_addr= *(in_addr* )pHostIp-> h_addr_list[0];
//socket 绑定本地网卡
bind(sock,(PSOCKADDR)&addr_in,sizeof(addr_in));
```

(3)接收 IPv4 数据包

在调用相关函数接收 IPv4 数据包之前，需要注意的是，通常网卡不能接收目的地址不是自己的数据包。也就是说，应用程序无法接收与自己无关的数据包。如果想截获流经网卡的所有 IPv4 数据包，需要调用 WSAIoctl 函数将网卡设置为混杂模式。这时，当接收的数据包中的协议类型与原始套接字匹配，接收的数据包就被复制到套接字的缓冲区中。

下面给出将网卡设置为混杂模式的伪代码：

```
# define SIO_RCVALL_WSAIOW(IOC_VENDOR,1)
DWORD dwBufferLen[10];
DWORD dwBufferInLen= 1;
DWORD dwBvtesReturned;
WSAIoctl(SnifferSocket,IO_RCvALL,&dwBufferInLen,sizeof(dwBufferInLen),&dwBufferLen,sizeof(dwBufferLen),&dwBytesReturned,NULL,NULL);
```

接着,需要调用 recv 函数来接收 IPv4 数据包。该函数的第一个参数指定使用的套接字描述符;第二个参数是接收缓冲区的地址;第三个参数是接收缓冲区的大小,也就是要接收的字节数;第四个参数是一个附加标志,如果对接收数据没有特殊要求,可设置为 0。由于 IPv4 数据包的最大长度是 65535B,因此缓冲区的大小不能小于 65535。在设置合适的接收缓冲区后,可利用循环来反复监听与捕获 IP 数据包。

下面给出捕获 IP 数据包的代码:

```
//设置缓冲区
# define BUFFER_SIZE 65535
char buffer[BUFFER_SIZE];
//接收 IP 数据包(数据包捕获未结束)
{
        recv(sock,buffer,BUFFER_SIZE,0);
        …
    }
```

(4)定义 IPv4 头部数据结构

在对 IPv4 头部各字段进行解析之前,首先需要构造一个 IPv4 头部数据结构。

下面给出构造 IPv4 头部数据结构的伪代码:

```
//定义 IP 头部结构
typedef struct IP_HEAD
{
        union
        {
        unsigned char Version;
        unsigned char HeadLen;
    };
```

```
    unsigned char ServiceType;
    unsigned short TotalLen;
    unsigned short Identifier;
    union
    {
        unsigned short FLags;
        unsigned short FragOffset;
    };
    unsigned char TimeToLive;
    unsigned char Protocol;
    unsigned snort. HeadChecksum;
    unsigned int SourceAddr;
    unsigned int DestinAddr;
    unsigned char Options;
}ip_head;
```

(5)解析 IPv4 头部字段

根据 IPv4 头部各字段的长度不同,对于那些是 8 位整数倍(8 位、16 位与 32 位)的字段,可以通过 ip_head 的成员变量直接获得;对于那些不是 8 位整数倍的字段(如版本),则需要通过 C 语言中的移位以及与、或操作来获得。

下面给出解析 IPv4 头部字段的伪代码:

```
//缓冲区内容强制转换
ip_head ip= * (ip_head* )buffer;
//依次取出各字段内容
ip. Version> > 4;
ip. HeadLen&0x0f;
ip. ServioceType> > 5;
(ip. ServiceType> > 1)&0x0f;
ip. TotalLen;
ip. Identifier;
(ip. Flags> > 14)&0x01;
(ip. Flags> > 13)&0x01;
ip. FragOffset&0x1fff;
ip. TimeToLive;
ip. Protocol;
```

```
ip.HeadChecksum;
inet_ntoa(*(in_addr*)&ip.SourceAddr);
inet_ntoa(*(in_addr*)&ip.DestAddr);
```

(6)程序流程图

图 5-9 给出了主程序流程图。要求输入的命令行参数必须正确，除了程序本身的名称以外，还需要有一个捕获数据包的数量作为参数。如果命令行参数的个数不是一个，则程序在输出错误信息后退出。在主程序流程中，需要判断是否捕获 IPv4 数据包。

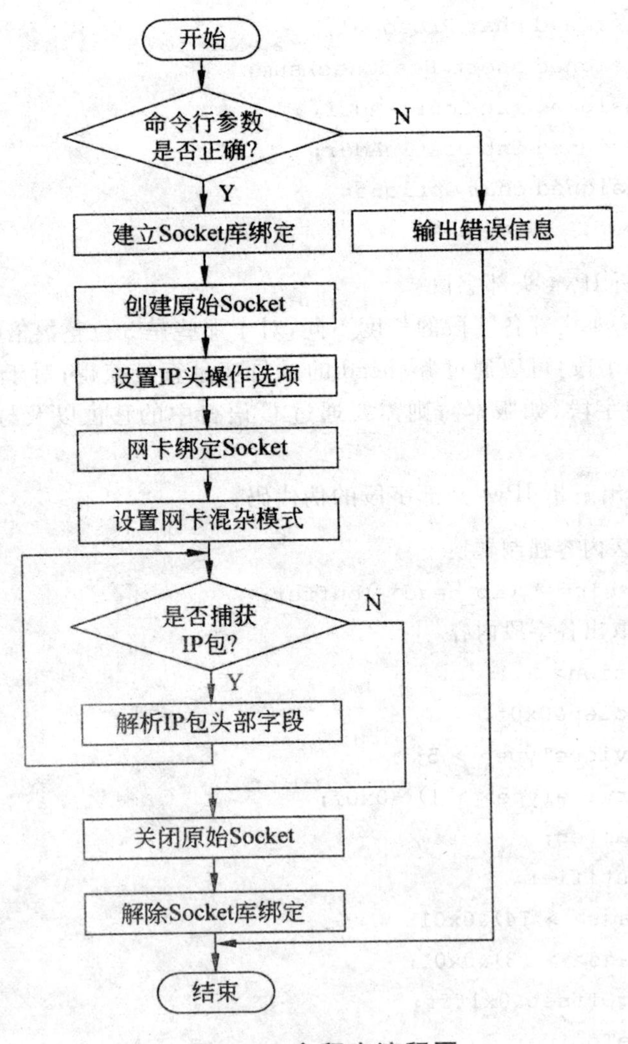

图 5-9 主程序流程图

5.3 IP 数据包的分片与重组

5.3.1 IP 包分片的概念

IP 数据包作为网络层数据必然通过数据链路层,封装成帧再通过物理层来传输。一个 IP 包可能经过多个不同的物理网络,每个路由器需要对接收的帧进行拆帧与处理,然后封装成某种类型的帧来通过物理网络。这个帧的格式与长度取决于物理网络采用的协议。例如,如果路由器接收到一个 Ethernet 帧,而要将它转发到一个 Token Ring 中,则路由器需要按照 Token Ring 协议去构造相应的帧,这两种帧的格式与长度都不相同。每种物理网络都规定了各自帧的数据字段最大长度,称为最大传输单元(maximum transfer unit,MTU)。表 5-5 给出了几种物理网络的最大传输单元。

表 5-5 几种物理网络的最大传输单元

物理网络	最大传输单元(MTU)	说明文档
Token Ring	17914B	RFC1042
FDDI	4352B	RFC1188
Ethernet	1500B	RFC894
X. 25	576B	RFC877
PPP	296B	RFC1144

为了使 IP 协议与物理网络无关,RFC791 文档中规定 IP 包的 MTU 为 65535B。从传输层与网络层角度来看,传输层数据加上 IP 头部的总长度必须小于 65535B,否则需要将传输层数据分别封装在不同 IP 包中。由于多个 IP 包传输出错概率增加,因此在应用层与传输层开始控制数据长度。从网络层与数据链路层角度来看,IP 包的最大长度为 65535B,则使用的物理网络 MTU 为 65535B 时效率最高。但是,实际上多数物理网络 MTU 比 IP 包的最大长度短。例如,Ethernet 的 MTU 为 1500B,它远小于 IP 包规定的最大长度。

当使用这些物理网络来传输 IP 包时,需要将 IP 包分成若干个较小的片(fragment)。如果 IP 包来自一个 MTU 较大的网络,当它要通过一个 MTU 较小的网络时,首先必须对 IP 包进行分片处理。图 5-10 给出了 IP

数据包分片的方法。对 IP 数据包分片，首先需要确定分片长度，然后将原始 IP 数据包头部与部分数据构成第 1 个片；如果剩下的数据部分仍超过分片长度，则需要将分片数据加上原来的 IP 数据包头部构成第 2 个片；这样一直分割下去，直到剩下的数据小于分片长度为止。当然，目的节点需要将分片的 IP 包重组成原始 IP 包。

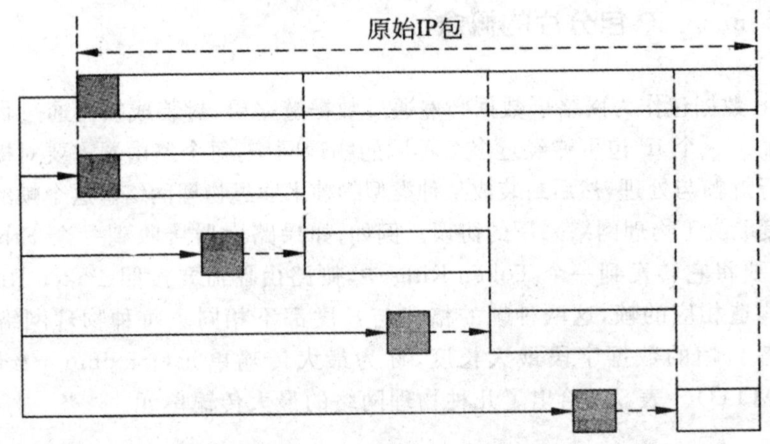

图 5-10　IP 数据包分片的方法

5.3.2　IP 包分片的相关字段

IP 头部与分片、组装相关的字段包括以下内容。

1. 标识符

标识符(identification)字段长度为 16 位，表示 IP 包分片属于哪个 IP 包。一个 IP 包的所有分片可分配一个标识符，最多可以分配的值为 65535 个。由于 IP 包可能通过不同传输路径到达目的节点，属于同一 IP 包的不同分片到达时可能乱序，或者与属于其他 IP 包的分片混合在一起传输。例如，IP 包的某个分片分配的标识符为 1562，目的节点可以从接收到的各种 IP 包分片中，将所有标识符为 1562 的分片挑选出来重组。

2. 标志位

标志位(flags)字段的长度为 16 位，表示 IP 包是否可以分片。图 5-11 给出了标志位字段的结构。标志位字段由三部分构成：保留位、DF 位与 MF 位。其中，最高位为保留位，取值为 0；中间位是不分片位(do not fragment，DF)，1 表示不能对 IP 包进行分片，0 表示可以分片；最低位是更多分片位(more fragment,MF),1 表示接收的不是最后一个分片,0 表示是最后一个分片。如果 IP 包的长度超过 MTU 大小,同时 IP 包又不能分片,则这个 IP 包只能被丢弃,并发送 ICMP 包向源主机报告。

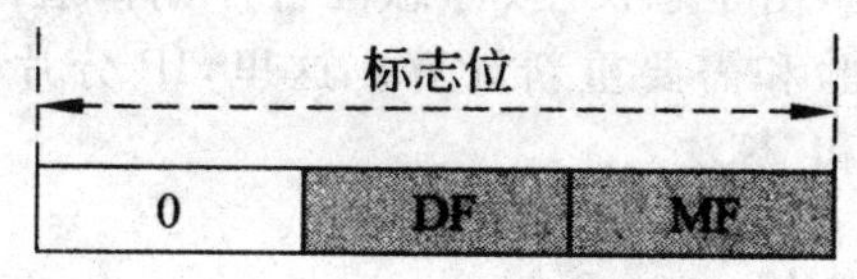

图 5-11 标志位字段的结构

3. 片偏移

片偏移(fragment offset)字段长度为 13 位,表示分片在整个 IP 包中的相对位置。片偏移值是以 8B 为基本单位来计数,因此分片长度应该是 8B 的整数倍。图 5-12 给出了 IP 包分片的相关字段值。如果原始 IP 包的总长度为 2220B,按 MTU 长度为 820B 可分为三个分片,则分片 1 与分片 2 的长度均为 820B,分片 3 的长度为 620B。分片 1、分片 2 与分片 3 的片偏移分别为 0、100 与 200。在对 IP 包的所有分片进行重组时,需要根据片偏移的值来决定分片的顺序。

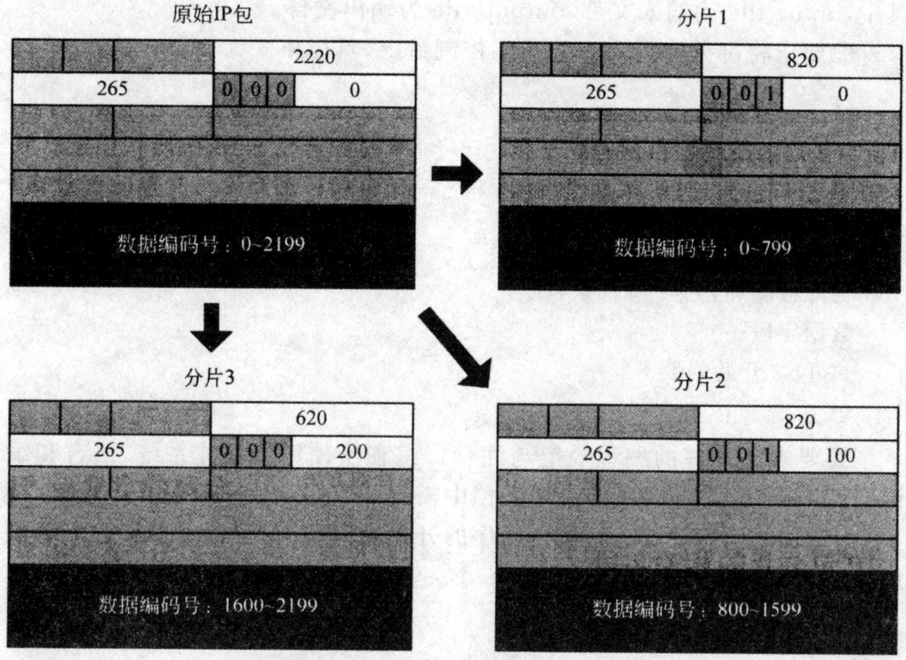

图 5-12 IP 包分片的相关字段值

从原始的 IP 数据包到对它进行分片后，IP 头部的总长度、标志位与片偏移等字段均发生了变化。特别是标志位中的 MF，分片 1 与分片 2 中的 MF 均为 1，表示不是最后一个分片；分片 3 中的 MF 为 0，表示是最后一个分片。需要注意的是，由于总长度、标志位与片偏移值都发生了变化，因此每个 IP 分片中的校验和需要重新计算。这里，IP 分片的校验和计算采用的是"二进制反码求和"算法。

5.3.3 例题分析

1. 设计要求

根据 IPv4 协议规定的 IP 包的标准格式，编写程序来对现有的 IP 包进行分片，并将分片后的 IP 头部与数据字段写入输出文件。数据字段值从指定的输入文件中获得。在本练习中为了简便起见，自行填写 IP 头部中除校验和外的各字段，以 80B 为单位对 IP 包进行分片。程序设计的具体要求如下。

①要求程序为命令行程序。例如，可执行文件名为 PackFrag.exe，则程序的命令行格式为：

```
PackFrag input_file output_file
```

其中，input_file 为输入文件，output_file 为输出文件。

②要求将部分字段内容显示在控制台上，具体格式为：

```
IP包 1 开始封装
总长度:xx
标识符:xx
标志位:xx,DF,MF
片偏移:xx
头部校验和:xx
数据字段…
IP包 2 开始封装
…
```

③要求有良好的编程规范与注释。编程所使用的操作系统、语言和编译环境不限，但是在提交的说明文档中需要加以注明。

④要求撰写说明文档，包括程序的开发思路、工作流程、关键问题、解决思路以及进一步的改进等内容。

2. 关键问题

(1)填充分片头部字段

IP 包的分片采用的是与 IP 头部相同的结构。首先，需要构造一个 IP

头部的数据结构；然后，依次填充 IP 头部中的各个相应字段。这时，重点处理的是标志位与片偏移字段，这两个字段与 IP 包的分片、重组密切相关。如果某个分片不是最后一个分片，则将 3 位的标志位设置为 001；如果某个分片是最后一个分片，则将 3 位的标志位设置为 000。由于标志位与片偏移字段共同使用 16 位，因此需要通过移位以及与、或操作来完成。

下面给出设置标志位字段的伪代码：

```
if(数据长度< 分片长度)
{
    bpacket= false;
    npacklen= nlength;
    ip.Flags= unsigned short((npacknum-1)* 80/8);
}
else
{
    nlength= nlength-80;
    npacklen= 80;
    ip.Flags= unsigned short(((npacknum-1)* 80/8|0x2000);
}
```

(2)计算头部校验和函数

头部校验和字段的长度为 16 位(2B)，用于保存检验 IP 头部是否出错的校验码。头部校验和的校验范围是整个 IP 头部。头部校验和的计算方法为：首先将头部校验和字段值置为 0，然后将 IP 头部值以 16 位为单位进行累加(异或)，最后将累加结果取补码写入头部校验和字段。

下面给出计算头部校验和的伪代码：

```
unsigned short chcksum(unsigned short* buffer,int size)
{
    unsigned long cksum= 0;
    while(size> 1)
    {
        cksum+ = * buffer+ + ;
        size-= sizeof(unsigned short);
    }
    if(size)
        cksum+ = * (unsigned char* )buffer;
    cksum= (cksum> > 16)+ (eksum&0×ffff);
```

```
    ckcsum+ = (cksum> > 16);
    return(unsigned short)(~ cksum);
}
```

(3)程序流程图

图 5-13 给出了主程序流程图。要求输入的命令行参数必须正确，除了程序本身的名称以外，还需要有一个输入文件名与一个输出文件名。如果命令行参数的个数不是两个，则程序在输出错误信息后退出。在主程序的流程中，需要判断输入文件能否打开，以及 IP 包是否需要分片。

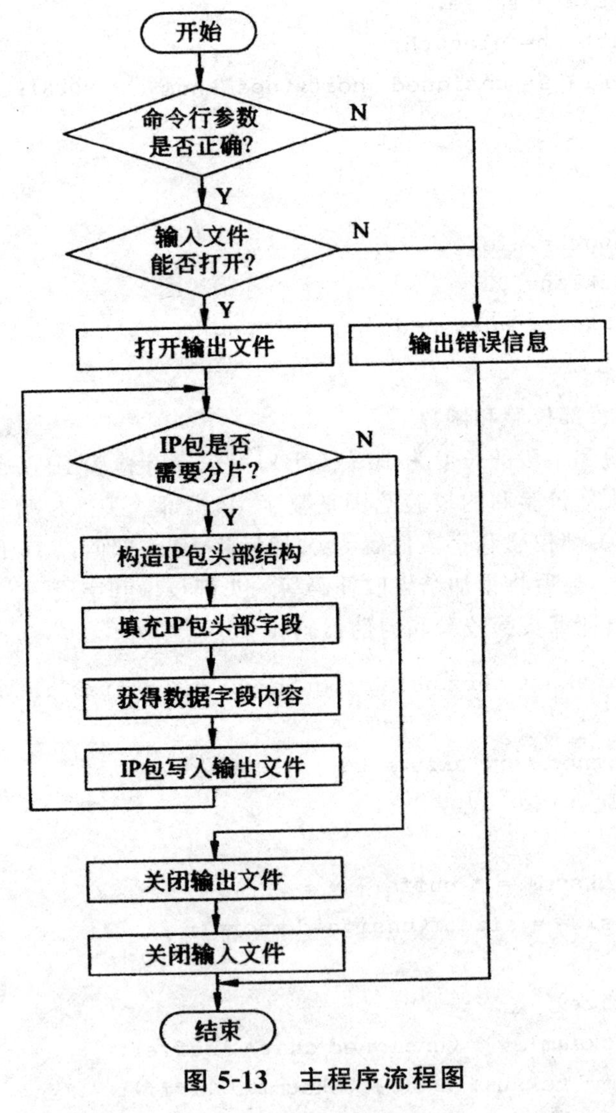

图 5-13 主程序流程图

5.4　IPv6 数据包的封装与解析

5.4.1　IPv4 协议的主要缺点

随着 Internet 的规模的扩大与应用的深入，作为 Internet 核心协议之一的 IPv4 协议也一直处于一个不断补充、完善和提高的过程，但是 IPv4 版本的主要内容没有发生任何实质性的变化。IP 协议能够适应复杂的应用需求，对推动 Internet 发展起到了重要的作用。实践证明，IPv4 协议是健壮和易于实现的，并且具有很好的互操作性。它本身也经受住了 Internet 从一个小型的科研网络，发展成全球性的大规模国际网的考验，这些都说明 IPv4 协议的设计是成功的。

IP 协议是一种无连接、不可靠的协议，是在异构网络中提供分组传送服务的协议。IP 协议的设计思想就是通过简单的方法解决复杂问题，采用“尽力而为”的服务去应对互联网络中存在的各种复杂问题。这是 IPv4 协议的成功之处，同样也是 IPv4 掣肘的地方。随着计算机网络规模的不断扩大，IPv4 协议也逐渐暴露出它的缺陷。20 世纪 80 年代初就已经开始研究的 IPv4 协议，在今天看出问题也是很自然的事，近年来，研究人员针对这些问题不断提出各种改进意见。

IPv4 存在的问题主要表现在以下几个方面。

①标准分类地址的利用率低，地址数量不能满足网络规模不断扩展的需要。

②随着网络结构越来越复杂，路由选择算法的研究越来越显得困难。

③IPv4 协议对分组传输可靠性没有提供任何保障措施。

④IPv4 协议不支持多播传输。

⑤IPv4 协议不能保证分组传输的服务质量。

⑥IPv4 协议对网络安全问题没有提出对策。

IPv4 协议发展过程可以从不变和变化的两方面来认识。IPv4 协议中对于分组结构与分组头部结构的基本定义是不变的。变化的部分主要集中在三方面：

①IP 地址处理方法。

②分组交付需要的路由算法与路由协议。

③为提高协议的可靠性、服务能力与安全性增加的补充协议。

随着网络规模的继续扩大与应用的不断深入，当这些补充协议已经无法从根本上解决问题时，就需要彻底考虑、重新设计新的协议，这就导致了IPv6协议的研究与应用。

5.4.2 IPv6协议的基本概念

IPv4协议的设计者无法预见20年来Internet技术发展得如此之快，Internet应用会变得如此广泛。IPv4协议面对的很多问题已经无法通过打“补丁”的方法解决，只能在设计新一代IP协议时统一加以考虑并解决。针对这种情况，IETF设计了一套全新的协议标准——IPv6。实际上，IPv6是由多个层次的一系列相关协议所构成的协议集。IPv6协议在设计中尽量做到对上层、下层协议的影响最小，并力求在协议设计时考虑得更为周全，以避免后续要不断做出新的修补与改进。

1992年，IETF成立了专门的IPng工作组，致力于下一代IP协议的制订。1994年，IPng工作组公布了RFC1726文档，提出了关于下一代IP协议的18个选择方案。1995年，Cisco公司与Nokia公司的研究人员起草了IPv6协议的最初草案。1996年，IETF启动了建立全球IPv6实验床6Bone。1998年，IETF正式公布了IPv6协议标准——RFC2460。1999年，IETF成立了IPv6论坛，正式开始分配IPv6地址。2001年，主流的操作系统(Windows、Linux、Solaris等)开始支持IPv6协议。2003年，主要的网络设备制造商开始提供IPv6设备。同年，我国启动中国下一代互联网示范工程(CNGI)建设。

IPv6协议的特点主要表现在以下几个方面。

(1)新的协议头部格式

IPv6头部采用了一种全新的数据格式，IPv4头部长度是可变的，而IPv6基本头部长度是固定的，将一些非根本性与可选的字段移到扩展头部，并且仅有“逐跳”头部需要由转发的路由器来处理，这样使路由器在处理协议头部时效率更高。

(2)巨大的地址空间

IPv6地址长度从IPv4的32位增大到128位，使IPv6可以提供多达超过3.4×10^{38}个IP地址，为未来接入移动互联网、物联网的移动设备提供更多的IP地址。IPv6协议可以从根本上解决IP地址匮乏问题，不需要再使用带来很多问题的NAT技术。

(3)有效的分层路由结构

IPv6更大的地址空间能更好地将路由结构划分出层次，可以覆盖从各级主干网直到内部子网的多级结构。IPv6 将分配给主机的 128 位地址分为两部分,其中 64 位可作为子网地址空间来使用,另外 64 位用于映射相关网卡硬件地址。

(4)灵活的地址自动配置

为了简化主机与路由器的网络配置过程,IPv6 支持两种地址自动配置方法:有状态地址自动配置与无状态地址自动配置。IPv6 地址自动配置方法使主机在接入 IPv6 网络后,在无须用户干预的情况下自动获得可用的 IP 地址。

(5)内置的安全性服务

IPSec 协议作为一个 IPv6 的组成部分而使用。IPSec 提供认证头部与封装安全载荷两种子协议,以及用来处理安全设置的密钥交换协议,它可以提供主机 IP 地址认证、数据完整性验证与数据加密等功能。

(6)更好地支持 QoS

IPv6 头部中的流标记字段定义如何识别通信流,路由器可对属于一个流的数据包进行特殊处理。由于通信流是在 IPv6 基本头部中加以标识,因此即使对 IP 数据包执行 IPSec 的加密操作,仍然能够方便地实现对 QoS 的支持。

(7)良好的可扩展性

IPv6 支持在基本头部之后定义自己的扩展头部,可以方便地实现对新增加的网络应用的支持与扩展。IPv4 头部最多只能支持 40B 的选项,IPv6 扩展头部长度只受 IPv6 包长度的限制。

5.4.3 IPv6 数据包的结构

IPv6 协议极大地简化了 IP 基本头部的结构,并将所有非核心功能都交给扩展头部实现。RFC1883 是最早出现的 IPv6 协议文档,它描述了 IPv6 协议的基本内容,主要是 IPv6 数据包的基本结构。RFC2460 是对 RFC1883 文档的更新。后来,出现了几十种对 IPv6 协议进行扩展与调整的 RFC 文档。IPv6 数据包由三个部分组成:基本头部、扩展头部与数据部分。图 5-14 给出了 IPv6 数据包的基本结构。其中,基本头部是长度固定为 40B 的必备部分;扩展头部是可供选择的多种用途头部的集合;数据部分可能包括传输层、网络层或应用层的协议数据。

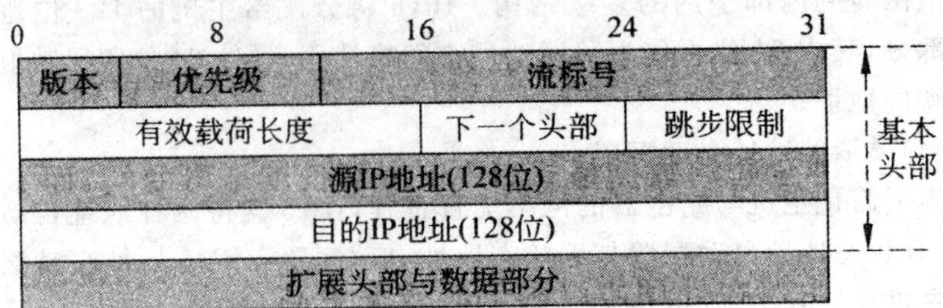

图 5-14　IPv6 数据包的基本结构

1. 基本头部

IPv6 基本头部由以下字段组成。

(1)版本

版本(version)的长度为 4 位,表示数据包使用的 IP 协议版本。这里,IPv6 协议的版本号字段值为 6。

(2)优先级

优先级(priority)的长度为 8 位,表示数据包的类型与优先级,路由器通过它决定在网络拥塞时如何处理该数据包。例如,优先级字段值为 0～7 时,表示在拥塞发生时允许延时处理;优先级字段值为 8～15 时,表示优先级较高的实时业务需要使用固定速率来传输。优先级字段的默认值是 0,表示不使用区分服务。在 RFC2460 中,对优先级字段的使用没有明确定义。

(3)流标号

流标号(flow label)的长度为 20 位,表示数据包属于源主机与目的主机之间的某个数据流,它需要由中间的 IPv6 路由器进行特殊处理。流标号用于非默认的 Qos 连接,例如实时数据(音频与视频)的连接。源主机与目的主机之间可能有多个数据流,它们需要用不同的流标号来加以区别。流标号字段的默认值是 0,表示不使用区分服务。在 RFC2460 中,对流标号字段的使用没有明确定义。

(4)有效载荷长度

有效载荷长度(payload length)的长度为 16 位,表示数据包中除了基本头部之外的数据长度,这部分包括扩展头部与高层协议数据。IPv6 数据包的有效载荷部分的最大长度为 65535B。

(5)下一个头部

下一个头部(next header)的长度为 8 位,表示位于基本头部后面的数据类型。这个字段的功能类似于 IPv4 的协议字段。如果 IPv6 数据包中存在扩展头部，该字段标识紧跟扩展头部类型，例如逐跳头部、路由头部等类型；否则，该字段标识上层协议类型，例如传输层协议（TCP 或 UDP）或网络层协议（ICMP）类型。

(6)跳步限制

跳步限制（hop limit）的长度为 8 位，表示数据包可以通过的最大的路由器转发次数。这个字段的功能类似于 IPv4 的生存时间，防止数据包因出现问题而在网络中无限转发。数据包每经过一个路由器，该字段的值减 1。当该字段为 0 时，路由器丢弃该数据包，并向源主机发送相应的 ICMPv6 报文。

(7)IP 地址

IP 地址（IP address）包括两个部分：源 IP 地址与目的 IP 地址。这里，源 IP 地址与目的 IP 地址的长度均为 128 位。源 IP 地址是发送数据包的源主机 IPv6 地址；目的 IP 地址是接收数据包的目的主机 IPv6 地址。

2. 扩展头部

IPv6 扩展头部是用来扩展协议功能的部分。目前，IPv6 协议已经定义了 7 种扩展头部。表 5-6 给出了主要的 IPv6 扩展头部。每种扩展头部在下一个头部字段中对应不同值。每种扩展头部的格式与长度都各不相同，但扩展头部的长度必须是 8B 的整数倍。如果 IPv6 数据包中包含多个扩展头部，这些扩展头部将会形成一种链状结构。IPv6 扩展头部的排列顺序依次是：逐跳头部、目的地选项头部、路由头部、分片头部、认证头部、封装安全载荷头部。除了目的地选项头部之外，其他扩展头部在 IPv6 数据包中只能出现一次。RFC2460 没有对涉及安全的认证头部与封装安全载荷头部进行详细说明。

表 5-6 主要的 IPv6 扩展头部

下一个头部字段值	IPv6 扩展头部名称
0	逐跳头部（hop-by-hop header）
43	路由头部（routing header）
44	分片头部（fragment header）
51	认证头部（authentication header）
52	封装安全载荷头部（ESP header）
60	目的地选项头部（destination options header）

IPv6 基本头部与扩展头部中都有下一个头部字段，其数值用来指出下一个头部的类型，可以是 IPv6 扩展头部或上层协议头部。图 5-15 给出了带扩展头部的 IPv6 数据包结构。例如，在基本头部中，下一个头部字段值为 44，则后面紧跟的是分片头部；在分片头部中，下一个头部字段值为 51，则后面紧跟的是认证头部。如果认证头部是最后一个扩展头部，则认证头部中的下一个头部字段值应该为 2、6 或 17，这三个值表示不同的上层协议（分别为 ICMP、TCP 或 UDP 协议）。如果 IPv6 数据包中不包含扩展头部，也不打算填充高层数据，则基本头部中的下一个头部字段值应该为 59。

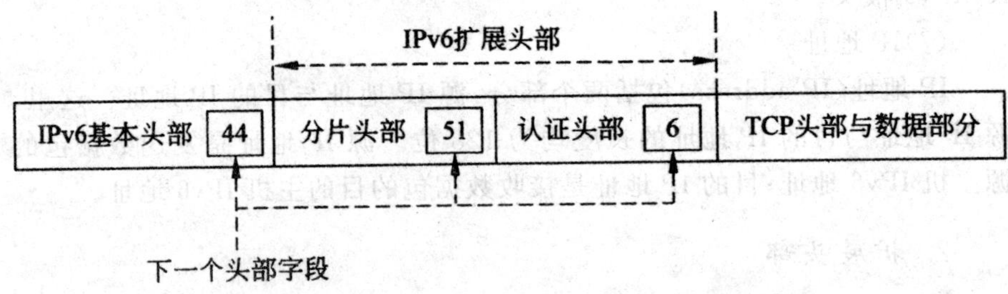

图 5-15 带扩展头部的 IPv6 数据包结构

逐跳头部携带需要路由器特殊处理的信息；目的地选项头部携带只能由目的主机检查的信息；路由头部的作用类似于 IPv4 的源路由选项；分片头部表示源主机发送大于最大传输单元长度的数据包。一般的 IPv6 数据包并不需要这么多的扩展头部，只是在转发路由器或目的主机配合做一些特殊处理时才需要这些扩展头部。例如，网络软件测试与网络故障诊断，源主机才会添加一个或几个必要的扩展头部。每个转发 IPv6 数据包的中间路由器，仅处理固定长度的基本头部，而唯一要处理的扩展头部是逐跳头部。因此，这种做法必然会提高路由器处理 IPv6 头部的速度，缩短路由器转发 IPv6 数据包的延迟时间。

5.4.4 IPv6 地址结构

IPv6 地址的长度由 IPv4 地址的 32 位增加到 128 位。IPv6 地址结构由三部分组成：地址前缀、接口标识与中间部分。图 5-16 给出了 IPv6 地址的基本结构。其中，地址前缀是位于 IPv6 地址最高位的地址区分部分，不同类型地址的地址前缀的长度与内容均不同；接口标识是位于 IPv6 地址最低位的 64 位，采用 64 位的 EUI-64 格式的 MAC 地址；中间部分是位于地址前缀与接口标识之间的部分，用来构成 IPv6 地址中用于路由的层次结构。RFC3513 文档规定了 IPv6 地址的基本结构。

图 5-16 IPv6 地址的基本结构

IPv6 地址的长度为 128 位，采用“冒号分十六进制”方式，即 x:x:x:x:x:x:x:x 的格式表示，每个地址段 x 为 16 位。例如，ABCD:EF01:2345:6789:ABCD:EF01:2345:6789 是一个合法的 IPv6 地址。在这种表示法中，每个地址字段内数值前面的 0 都可省略，但是每个地址段中至少应该有一个数值。某些 IPv6 地址可能包含长串的 0，为了便于以文本方式描述这种地址，可用双冒号“::”符号来表示 1 组或多组 16 位 0，但是“::”只能在一个地址中出现一次。例如，FEC0:1:0:0:0:0:0:1234 可以表示为 FEC0:1::1234。128 位的 IPv6 的地址实在太长，人们很难记忆。在 IPv6 网络中，所有 IPv6 地址都是自动配置的。

IPv6 地址不再采用子网掩码表示方法，它只支持前缀长度表示法。前缀是 IPv6 地址的一个部分，用作 IPv6 路由或子网标识。IPv6 前缀可以用“地址/前缀长度”来表示。如果一个节点的 IPv6 地址为 2001:FA2:0:FE08::9C5A，地址前缀长度为 48 位，则节点的子网号为 2001:FA2::/48。前缀 48 位表示地址的前 48 位为网络地址，之后的 80 位可分配给网络中的主机，可以分配给主机的地址数量共有 2^{80} 个。IPv6 地址空间能更好地对路由结构划分层次，覆盖从主干网到内部子网的多级结构，IPv6 地址可以按照具体用途进行分类。

由于 IPv6 地址一直处于改进过程中，因此在发现问题之后一定会有新的 RFC 发布，用来修订 IPv6 地址分配方案。1998 年发布的 RFC2373 是最早的方案，2003 年发布的 RFC3513 是一个修订方案，2006 年发布的 RFC4291 是最新的方案。例如，本地站点地址（site-local address）类似于 IPv4 中的专用地址，本地站点地址出现在公网上，有可能带来一定的安全问题，因此被废除。总之，研究 IPv6 地址需要密切注意新的 RFC 文档的发布，关于 IPv6 地址问题的 RFC 文档很多，并且更新速度很快。

IPv6 地址可以分为三种基本类型：单播地址、组播地址和任播地址。

①单播地址（unicast address）用来标识路由器、主机的某个网络接口，发送到单播地址的 IPv6 数据包，被交付给该地址标识的网络接口。

②组播地址（multicast address）用来标识一组属于不同节点的网络接

口,发送到多播地址的 IPv6 数据包,被交付给由该地址标识的所有网络接口。

③任播地址(anycast address)用来标识一组属于不同路由器的网络接口,发送到任播地址的 IPv6 数据包,被交付给由该地址标识的一组接口中距离“最近”的一个。IPv6 协议不使用广播地址,广播地址的功能由组播地址所代替。

单播 IPv6 地址是最重要的一类 IPv6 地址,主要包括三种不同用途的单播地址,图 5-17 给出了单播 IPv6 地址的基本结构。可汇聚全球单播地址(aggregatable global unicast address),可在全球范围内 IPv6 网络中提供有效的路由和转发。它可以支持三层的网络拓扑结构:顶级路由汇聚、次级路由汇聚与站点路由汇聚。链路本地地址(link-local address)用于同一链路上的相邻节点之间的通信,路由器不转发带有链路本地地址的 IPv6 数据包。嵌有 IPv4 地址的 IPv6 地址(IPv6 addresses with embedded IPv4 addresses)又称为 IPv4 映射地址,它是应用在 IPv6 与 IPv4 共存阶段的特殊地址。

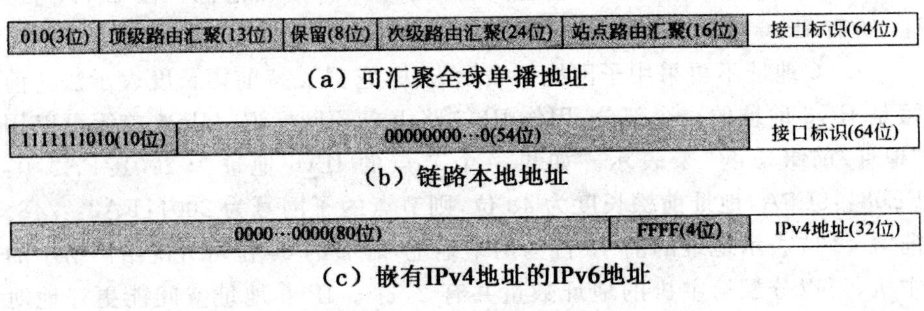

(a) 可汇聚全球单播地址

(b) 链路本地地址

(c) 嵌有IPv4地址的IPv6地址

图 5-17 单播 IPv6 地址的基本结构

5.4.5 IPv6 安全功能

IPSec(internet protocol security)是 IETF 针对网络层通信安全而制订的一个协议集,目前已经被广泛应用于 VPN 系统中。IPSec 适用于各个 IP 协议版本(IPv4 与 IPv6),IPv4 将 IPSec 作为一种可选的扩展协议,而 IPv6 将它作为一个组成部分来使用。IPSec 的设计目标是为 IP 分组传输提供辅助安全服务。例如,数据源身份认证、数据完整性认证与数据加密等。1995 年,RFC1825～RFC1829 定义了 IPSec。由于 IPSec 是工作在网络层的安全协议,因此任何上层协议都可以使用 IPSec 提供的安全服务。

IPSec 主要包括三个组成部分:认证头部(authentication header,AH)、封装安全负载(encapsulating security payload,ESP)与密钥管理协议。其

中，AH 协议可提供数据源身份认证、数据完整性认证，以及可选的抗重放数据包功能；ESP 协议可提供 AH 协议的所有功能与数据加密服务；密钥管理协议用于通信双方之间协商安全参数，例如工作模式、认证或加密算法、密钥与生存期等。实际上，AH 与 ESP 协议都是网络层的安全协议，而密钥管理协议是应用层的安全协议。

IPSec 还包括以下几个部分：IPSec 安全结构、解释域、认证算法与加密算法。其中，IPSec 安全结构是 IPSec 的总体框架结构，它是理解整个 IPSec 协议集的基础；解释域将所有 IPSec 相关文献绑定起来，它是所有 IPSec 安全参数的主数据库，这些参数能被使用 IPSec 服务的系统调用；认证算法是可供 AH 与 ESP 选择的认证算法，例如 MD5、SHA-1 等算法；加密算法是可供 ESP 协议选择的加密算法，例如 DES 算法。IPSec 协议集已经确定上述算法可用。另外，IPSec 可以通过 RFC 增加其他可用的算法。

1999 年，IETF 对 IPSec 进行了较大范围的改进，由 RFC2401～RFC2412 代替原有的 RFC。在本次改进中，主要增加了几种密钥管理协议：互联网安全关联与密钥管理协议（internet security association and key management protocol，ISAKMP）、互联网密钥交换（internet key exchange，IKE）与 Oakley 等。这些密钥管理协议支持自动建立安全连接，以及自动分发与更新密钥等功能。IPSec 通过 IKE 完成安全协议的安全参数协商。这里，安全参数是安全协议相关的密钥、生存期和发布方式等。

5.4.6　例题分析

1. 设计要求

根据协议规定的 IPv6 数据包的标准格式，编写程序构造 IPv6 包结构（包括 IPv6 头部与 TCP 头部），然后将封装后的 IPv6 包内容写入输出文件。在本练习中为了简便起见，不需要构造任何 IPv6 扩展头部，数据字段通过为字符串赋值来获得，但是需要计算 TCP 头部与数据部分的校验和。程序设计的具体要求如下。

①要求程序为命令行程序。例如，可执行文件名为 Ipv6Encap.exe，则程序的命令行格式为：

```
Ipv6Encap output_file
```

其中，output_file 为输出文件。

②要求将部分字段内容显示在控制台上,具体格式为:

```
IP 头部与数据字段
版本:xx
有效载荷长度:xx
下一个头部:xx
源 IP 地址:xx:xx:xx:xx:xx:xx:xx:xx
目的 IP 地址:xx:xx:xx:xx:xx:xx:xx:xx
数据字段:…
```

③要求有良好的编程规范与注释。编程所使用的操作系统、语言和编译环境不限,但是在提交的说明文档中需要加以注明。

④要求撰写说明文档,包括程序的开发思路、工作流程、关键问题、解决思路以及进一步的改进等内容。

2. 关键问题

(1)定义 IPv6 头部的数据结构

在对 IPv6 包的各字段进行填充之前,首先需要构造一个 IPv6 头部数据结构。IPv6 地址由两个部分来构造:64 位的前缀与 64 位的 EUI-64 接口标识。另外,需要构造 TCP 头部与伪头部数据结构,伪头部只是用来为 TCP 包计算校验和,并不需要作为 IPv6 包的一部分进行封装。

下面给出构造 IPv6 头部结构的伪代码:

```
//定义 Ipv6 头部结构
typedef struct IP_HEAD
{
    union
    {
        unsigned int Version;
        unsigned int priority;
        unsigned int FlowLabel;
    };
    unsigned short PayloadLen;
    unsigned char NextHead;
    unsigned char HopLimit;
    //源 IPv6 地址
    struct
```

```
{
        __int64 prefix;
        unsigned char MacAddr[8];
    }SourceAddr;
    //目的 IPv6 地址
struct
{
        __int64 Prefix;
        unsigned char MacAddr[8];
}DestinAddr;
}ip_head;
```

(2)填充 IPv6 包的各个字段

在对 IPv6 包的内容进行封装之前,需要分别填充 IPv6 头部、TCP 头部与 TCP 数据。在填充 IPv6 地址的过程中,前缀部分按全球单播地址标准格式填充,源 IP 地址的接口标识由 00-00-80-1A-E6-65 生成,目的 IP 地址的接口标识由 00-00-E4-86-3A-DC 生成。需要注意,标准 MAC 地址应该转换为 EUI-64 格式的 MAC 地址,只需在标准 MAC 地址的中间添加 FF-FE 即可,例如 00-00-80-FF-FE-1A-E6-65。

下面给出生成 IPv6 地址的伪代码:

```
//填充 3 位地址前缀
ip.SourceAddr.Prefix= 0x1;
//填充 45 位路由前缀
ip.SourceAddr.Prefix< < = 45;
ip.SourceAddr.Prefix+ = 0x01;
//填充 16 位子网号
ip.SourceAddr.prefix< < = 16;
ip.SourceAddr.Prefix+ = 0x01;
ip.DestinAddr.prefix= hton64(ip.DestinAddr.Preix);
//填充地址
ip.SourceAddr.MacAddr[0]= char(0x00);
ip.SourceAddr.MacAddr[1]= char(0x00);
ip.SourceAddr.MacAddr[2]= char(0x80);
ip.SourceAddr.MacAddr[3]= char(0xFF);
ip.SoureeAddr.MaeAddr[4]= char(0xFE);
ip.SourceAddr.MacAddr[5]= char(0x18);
```

```
ip.SourceAddr.MacAddr[6]= char(0x6E);
ip.SourceAddr.MacAddr[7]= char(0xE5);
```

另外，为了填充 TCP 头部的校验和字段，还需要填充 TCP 头部附带的伪头部。这时，首先为 TCP 头部的校验和字段赋初值 0，调用 checksum() 函数对 TCP 头部、伪头部与数据部分进行计算，然后将获得的校验和的值填入校验和字段。注意，填充伪头部只是为了计算校验和，并不需要将伪头部内容写入输出文件。

(3)程序流程图

图 5-18 给出了主程序流程图。要求输入的命令行参数必须正确，除了程序本身的名称以外，还需要有一个输出文件名。如果命令行参数的个数不是一个，则程序在输出错误信息后退出。

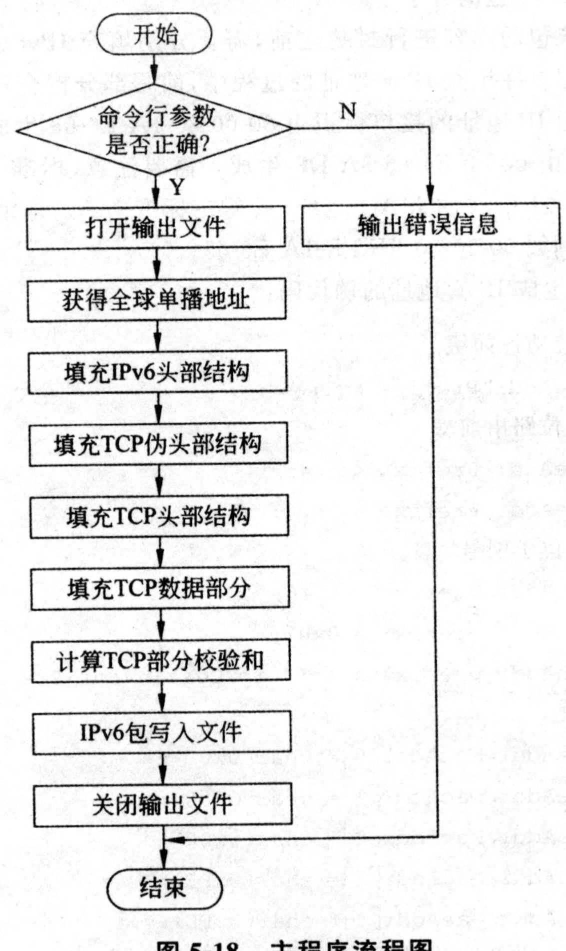

图 5-18 主程序流程图

第 6 章　E-mail 安全技术及编程理论

电子邮件是最早的网络应用之一，也是第一批在互联网上得到广泛传播的应用之一。大多数用户使用互联网，都是从使用 E-mail 开始的。E-mail 有着广泛的应用，具有方便、经济和快捷的特点。无论是在 Internet 的发展初期还是在目前，E-mail 都是网络中的一个热门应用。事实上，所有类型的信息，包括文本、图形、声音及各种程序文件都可以作为 E-mail 的附件在网络中传输。用户除了可通过 E-mail 实现快速的信息交换外，还可通过 E-mail 进行项目管理，并根据快速的 E-mail 信息进行重要的决策。

6.1　E-mail 工作原理

6.1.1　E-msil 系统的工作原理

E-mail 系统主要由服务器和客户端组成，服务器包括发送服务器和接收服务器。系统构成如图 6-1 所示。

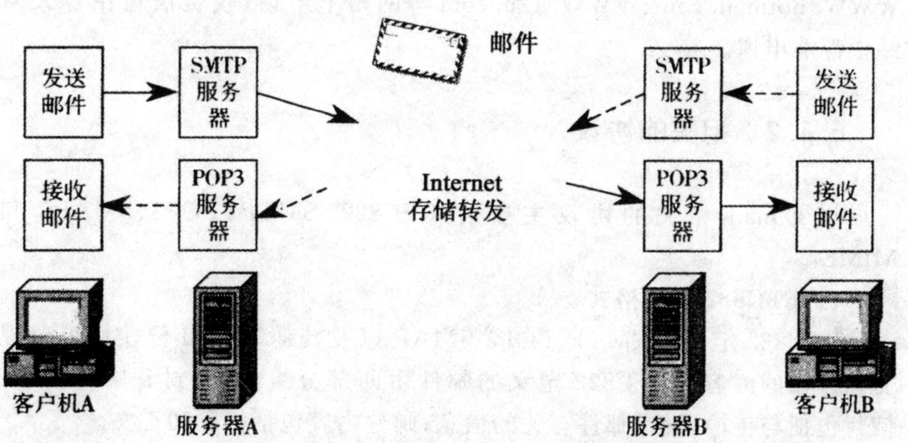

图 6-1　E-mail 系统的工作原理

E-mail 系统包括发送和接收两个部分，图中实线部分表示的是客户 A 将 E-mail 发送出去到客户 B 接收下来的过程，虚线部分则是客户 A 如何从客户 B 处接收 E-mail 的过程。

在服务器上为用户分配一定的存储空间作为用户的“信箱”，每位用户都有属于自己的信箱。信箱的存储空间包括接收的信件存储、编辑信件以及信件存档 3 部分。用户需要通过用户名和密码来开启信箱，进行读信、编辑、发信、存档等操作。邮箱的管理和用户对邮件操作的实现由软件来完成。

每个客户机一般都包含了发送和接收功能，其工作界面分为以下两种：

①WWW 方式：提供 WWW 方式的收发电子邮件界面，需要通过浏览器访问邮箱。这种 Web 客户端有一定的局限性，比如每次都需要打开浏览器，再登录到邮箱，所以只能在线浏览邮件。当网络连接不成功时，就无法浏览邮件。

②非 WWW 方式：使用专门的 E-mail 客户端软件，能够将 E-mail 下载到本地存储和浏览，下载后就不需要登录网络。目前有许多邮件客户软件，常见的有：

- Microsoft Outlook Express：微软产品；
- Netscape Message Center：网景公司产品；
- Foxmail：中国人自己开发的，中文处理能力强；
- Sun Solaris Mailtool：Sun 公司产品；
- UNIX 的 mail 程序(纯字符界面)。

可以很方便地申请到一个 E-mail 信箱，免费信箱可以从 WWW. 163. com、WWW. hotmail. com、WWW. 126. com 等网站上申请；收费信箱在各大网站中都能申请。

6.1.2 相关的协议

与 E-mail 相关的协议主要有 RFC822、SMTP、POP3、IMAP4 和 MIME。

(1)RFC822 邮件格式

RFC822 定义了 SMTP、POP3、IMAP 以及其他 E-mail 传输协议所提交和传输的内容。RFC822 定义的邮件由两部分组成：信封和邮件内容。信封包括与传输、投递邮件有关的信息；邮件内容包括标题和正文。

(2)SMTP 和 ESMTP

SMTP(simple mail transfer protocol，简单邮件传送协议)是 Internet

上传输 E-mail 的标准协议，用于提交和传送 E-mail。SMTP 的目标是可靠、高效地传送邮件，它通常用于把 E-mail 从客户端传输到服务器，以及从一台服务器传输到另一台服务器。

SMTP 具有良好的可收缩性，既适用于广域网，也适用于局域网。SMTP 本身非常简单，使得它的应用更加灵活。目前，在 Internet 上能够接收 E-mail 的服务器都支持 SMTP。SMTP 协议只能传送 ASCII 文本文件。

ESMTP(extended SMTP，扩展 SMTP)是对标准 SMTP 的扩展，它与 SMTP 的区别在于，ESMTP 服务器会要求用户提供用户名和密码以便验证身份；而使用 SMTP 是不需要验证用户账户。

(3)POP3

POP3(post office protocol 3，邮局协议第三版)也是 Internet 上传输 E-mail 的标准协议，它提供信息存储功能，为用户保存收到的 E-mail，且从邮件服务器上下载这些邮件。

用户通过常用的 E-mail 客户端软件，并经过相应的参数设置(如 POP3 服务器的 IP 地址或域名、用户账号、密码等)，选择“接收”操作，就可将所有邮件从远程邮件服务器中下载到用户的本地硬盘中进行阅读。

(4)IMAP4

IMAP(Internet message access protocol，网际消息访问协议)指从邮件服务器上直接收取邮件的协议，IMAP 可以让用户远程拨号连接邮件服务器，并具有智能邮件存储功能，可在下载邮件之前预览信件主题和信件来源，并决定是否下载附件。用户可以在任何地方、任何计算机上获取邮件信息。

由于不同厂商对最新版本的 IMAP 规范的解释有所不同，使得邮件客户机与服务器之间出现不一致，造成不同厂商产品之间的不兼容，故目前还没有大规模地使用，但 IMAP 由于其优越性，在将来不可避免地会得到迅速发展。目前，IMAP 与 POP3 共存使用。

IMAP4 是 IMAP 第 4 版，要比 POP3 复杂，提供了离线、在线和断开连接 3 种工作方式。选择使用 IMPA4 协议提供邮件服务的代价是要提供大量的邮件存储空间。受磁盘容量限制，管理员要定期删除无用的邮件。IMAP4 服务为那些希望灵活进行邮件处理的用户带来了很大的方便，但是用户登录浏览邮件的联机会话时间将增加。

(5)MIME 编码标准

MIME(multipurpose internet mail extensions，多用途 Internet 邮件扩展)解决了 SMTP 只能传送 ASCII 文件的限制，定义了各种类型数据(如声音、图像、表格等)的编码格式，可将它们作为邮件的附件传送。

6.2 漏洞、攻击和对策

6.2.1 电子邮件系统

早期的电子邮件系统是封闭的,互相之间是不能互操作的。它们使用简单的程序生成、发送和阅读较短的消息,且不支持附件功能。电子邮件通过一系列服务器的存储和转发,从而能够在网络上传递。电子邮件服务器用于将外送的电子邮件发送到下一个服务器,并接收和存储传入的电子邮件,用户需登录到运行电子邮件服务器的同一台计算机查看。随着人们对电子邮件系统在功能和服务上的需求的增加,今天的电子邮件协议的发展方向为创建现代的电子邮件系统。随着电子邮件系统的发展,针对电子邮件系统的漏洞和攻击也就产生了。图 6-2 显示了生成、发送、接收和阅读电子邮件的协议。

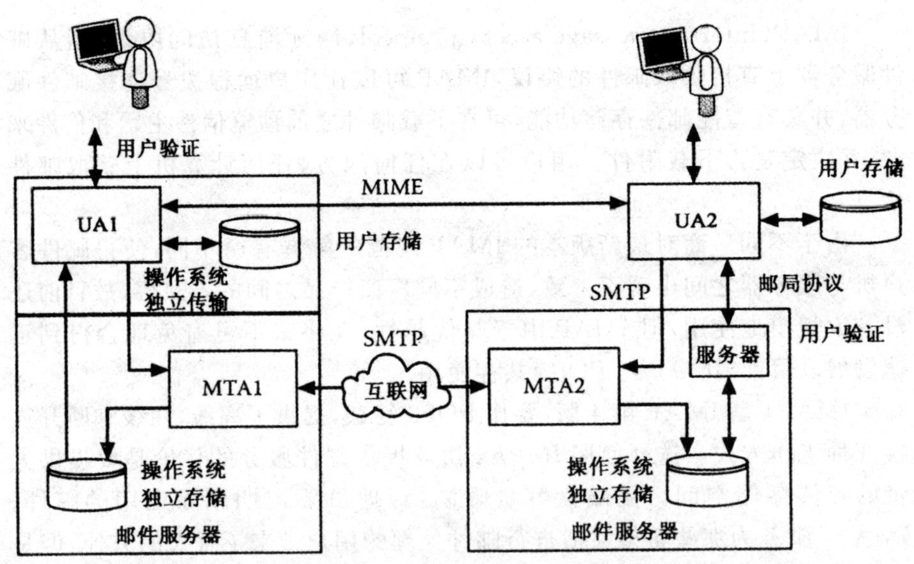

图 6-2 电子邮件系统

如图 6-2 所示,消息传输代理(message transfer agent,MTA)用于电子邮件服务器存储转发电子邮件,它们和简单电子邮件传输协议(simple mail transfer protocol,SMTP)进行通信。SMTP 是应用协议,用于与传输控制协议(transmission control protocol,TCP)连接,并将电子邮件从一个服务器传输到另一个服务器。电子邮件可以存储在中间服务器,然后被传输到其他服务器。每当电子邮件从一个服务器传输到另一个服务器时,就要使用 SMTP 协议交换。一旦收到电子邮件,目标 MTA 要做的并不是扮演 SMTP 的角色,而是要维护它自身还没有被用户取走的发来的电子邮件和等待发出的电子邮件的文件存储系统。MTA 不做互相验证的事情,它允许任何计算机连接和发送电子邮件,一些基本的验证是为了增加电子邮件系统自身的安全而设置的。

电子邮件系统的另一部分是用户代理(user agent,UA),用户代理是和用户接口的应用程序,允许用户产生、阅读、发送和管理电子邮件消息。如图 6-2 所示,有两种类型的用户代理(本地和远程)。正如早期的电子邮件系统,用户代理可以和电子邮件服务器处在同一台计算机上,如图 6-2 所示的 MTA1。在这个例子中,用户代理和 MTA 之间的交互通过操作系统完成,实现上是独立的,通常不涉及网络,用户代理也维护存储以帮助用户管理电子邮件信息。

另一种类型的 UA 是 MTA 的远程模式,如图 6-2 所示的 MTA2 和 UA2。在这种情况下,UA 使用 SMTP 向 MTA 发送送出的电子邮件消息,MTA 将继续把消息传递到下一个 MTA。本地 UA 和远程 UA 之间的区别是远程 UA 使用某个协议由电子邮件服务器获取用户电子邮件。有几个协议是为完成这类传输而设计的。我们可以看到邮局协议(post office protocol,POP)和网际消息访问协议(intemet message access protocol,IMAP)。也有基于 Web 的电子邮件系统,它是使用 Web 浏览器来获取电子邮件的。

远程 UA 和本地 UA 之间的另一个区别是用户验证,对于本地 UA,用户是由运行 UA 的计算机验证的,而不是由阅读电子邮件的 MTA 验证。对于远程 UA,它是在允许读取电子邮件之前由电子邮件服务器验证用户。在两类情况中,外送电子邮件都需要验证。然而,对于本地 UA,用户仍然需要验证以获得对 UA 和 MTA 的访问。

还有另一种协议用于 UA 产生电子邮件消息。MTA 不关心电子邮件消息,它只需要知道目标地址。用户代理可以使用某个协议帮助显示消息内容,最常用的格式是多用途网际电子邮件扩充协议(multipurpose internet mail extension,MIME)。MIME 用于告诉用户代理,数据是如何编码的以及电子邮件消息中的数据类型。电子邮件消息可以包含多种数据格式,如 Web 的数据、图片、文本文件、声音和视频等。用户代理可以用某种格式,即用户能够使用和直接看的格式显示电子邮件内容。例如,用户代理可以显示电子邮件消息的部分图片。MIME 协议为攻击者给用户直接发送病毒、蠕虫和其他恶意数据留有缺口。

电子邮件系统是以邮局邮件系统为模板的，如果拿它与邮局系统比较，则可以帮助我们理解电子邮件系统。可以认为接收外送电子邮件的 MTA 是街道拐角的邮箱，MTA 之间的交互是邮局系统。正如邮局系统一样，外送电子邮件是不验证的，这意味着任何人都可以发送信件，只要带有返回地址并放入邮箱即可。有些 MTA 的确检查返回地址看是否有效，但它们并没有办法告诉返回地址上的用户与发送电子邮件的实际用户是否匹配。

UA 就好比用户的邮箱，作为 MTA 的一个组成，它的作用可以看成把电子邮件递交到家庭。邮局系统将邮件递交到一个家庭，并不验证实际接收人，它假定只有可以进入这个家庭的人才可以打开邮件。MTA 在远程 UA 的情况下，电子邮件到邮箱的过程也是类似的，为了访问电子邮件，需要提供验证（密钥或组合）。

对于邮局系统，在发件人给接收人发送信件的过程中，并不打开信件，这正如 MTA 一样，它也不打开电子邮件内容。但也有几个例外，MTA 会打开电子邮件，如垃圾邮件过滤和电子邮件病毒扫描。

在探讨具体协议之前，我们先来考察一下电子邮件系统使用的基本消息的格式。一个电子邮件消息由消息头部和消息主体构成，如图 6-3 所示。

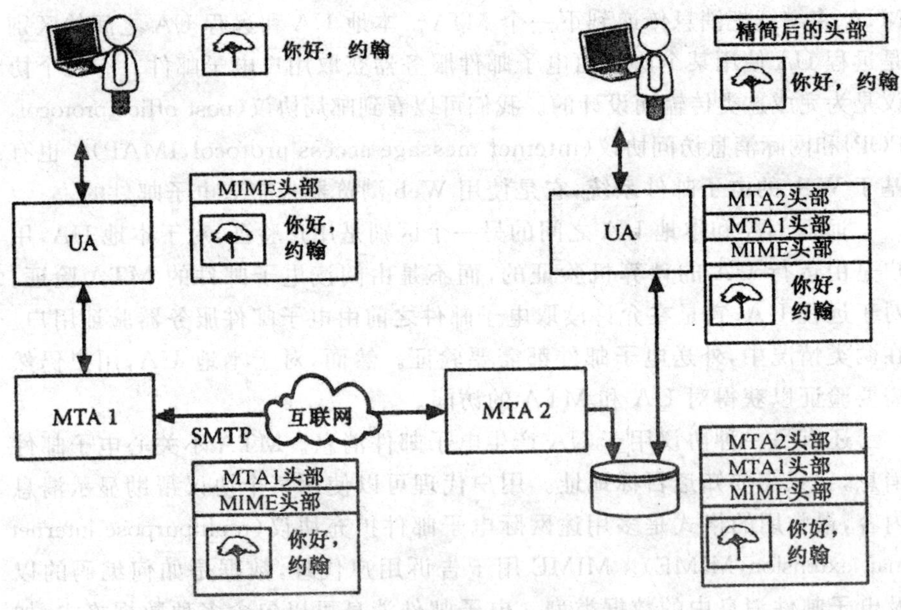

图 6-3　电子邮件消息格式

用户发送了一个包含一个图片和一些文本的消息，UA 生成消息并追加一个 MIME 头部，以指出电子邮件包含一个图片和一些文本。UA 也追加一个包含 UA 信息的头部，包括消息的标题、日期和时间及其他一些对于接收者也许有用的信息。第一个 MTA 从 UA 取走消息，每当一个 MTA 收到这个消息，它就在这个消息的前面追加一个头部，这个消息包含每个 MTA 接收时的日期、时间，以及发送者的 IP 地址、机器名和接收者的邮箱地址，这些头部对于跟踪发送者电子邮件消息很有帮助。然而，大多数 UA 为了便于用户使用，并不显示头部信息。用户代理在给用户提交图片和文本的同时，一般只提供精简的头部，包括发送者的电子邮件地址、接收者的电子邮件地址和时间、日期戳等。

下面将详细探讨 SMTP、POP/IMAP 和 MIME 协议及它们的作用，并讨论每一个协议有什么漏洞，以及减少这些漏洞可能的对策。

6.2.2 SMTP 漏洞、攻击和对策

尽管 SMTP 很直观，但它也有如下漏洞。

1. 基于头部的攻击

基于头部的攻击不是很常见，因为头部较简单，任何无效的命令和回应都会被忽略。早期版本的电子邮件服务器遭受过缓冲区溢出的攻击，早期的实现对于 SMTP 命令和回应有一个固定的缓冲区大小，有几个很有名的攻击就是通过发送过长的命令来攻击固定的缓冲区的。现在的电子邮件服务器已经进行了修补，设计上可以接受任意长度的输入信息，一般是通过倒腾的方式在固定长度的缓冲区上处理所有输入的命令和回应。然而，仍然有一种攻击代码，通过命令行缓冲区溢出攻击 SMTP 服务器。对某些特别的服务或协议发动的攻击，其中的大多数还无法防范，这使得对一个网络的防护更加困难。

2. 基于协议的攻击

基于协议的攻击与基于指令-回应方式的协议攻击相比不是很常见，因为协议消息的时序和顺序是有控的且任何冲突都会被忽略。

3. 基于验证的攻击

对电子邮件的攻击最常见的类型是基于验证的攻击，这是因为大多数 SMTP 协议中缺少验证。最常见的 SMTP 验证攻击是采用伪冒发送者进行直接或间接的过程调用中继手段，这类攻击称为电子邮件欺骗。客户端负责告诉服务器发送者的电子邮件地址，但没有过程或协议来验证电子邮

件消息的发送者(有几个提案已经提出,但没被广泛采纳)。唯一被广泛采纳的对策是检查发送者的域看是否有效,这是采用域名服务(domain name service,DNS)中的域名查询协议来实现的。例如,如图 6-4 所示,MTA1 检查 iseage. org 是否是有效域名,但没有一个协议来验证用户 john 在域 iseage. org 中的真实性。

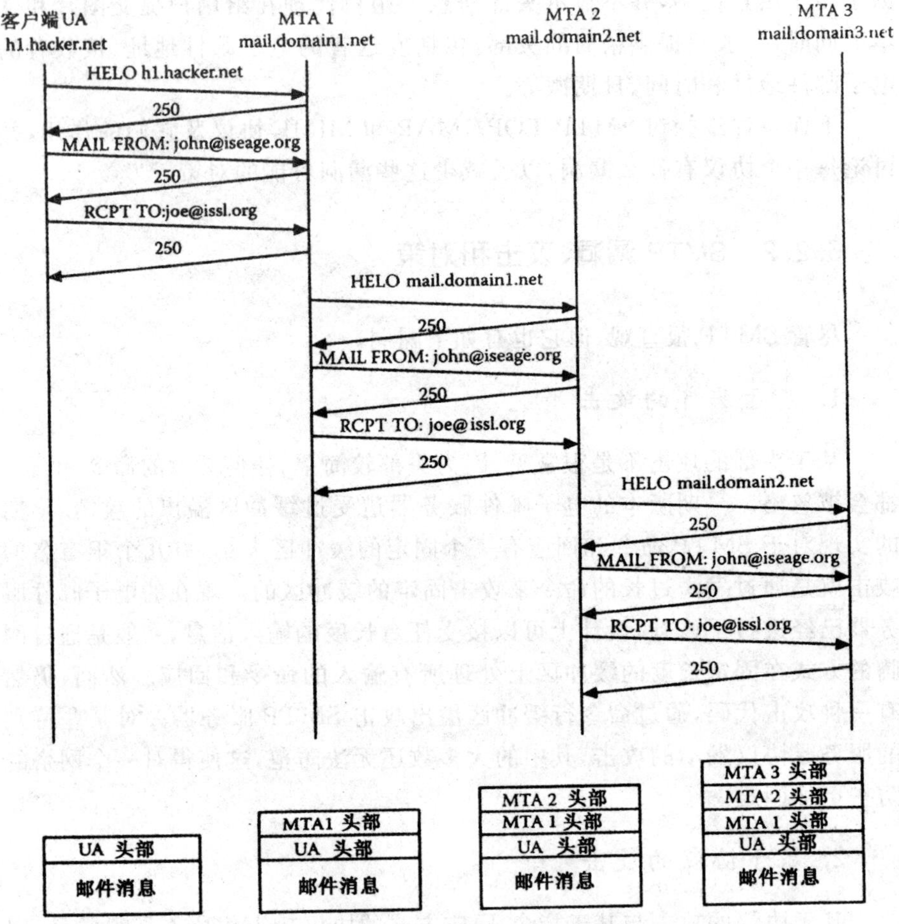

图 6-4 发送者和接收者的地址传递图

此外,MTA1 没有试图将客户端计算机 h1. hacker. net 的名字与发送者报告的地址 iseage. org 进行关联的动作,这是由于在电子邮件到达目的地之前,电子邮件消息会通过几个 MTA 转发,每个 MTA 客户端都要与 MTA 服务器进行“from”和“to”的电子邮件地址通信。由图 6-4 可以看到一个电子邮件消息通过几个 MTA 传递,每个 MTA 都追加上它自己的头部,每个 MTA 都使用最初的发送者和接收者的地址。

电子邮件地址欺骗也用于垃圾邮件和其他恶意邮件消息。有几种方法可以用于发送带有欺骗地址的电子邮件,其中包括在UA中设置返回地址。垃圾邮件发送者使用与MTA交互的客户软件,这里的MTA使用SMTP协议。由于UA只对用户显示了精简的头部,因此用户并不能很容易地看出消息中包含的是欺骗的发送者的地址。而另一个问题则是,如果最终接收者的地址是无效的,那么电子邮件会按照被伪冒的发送者的地址返回。如果攻击者在返回时使用的地址是实际存在的地址,将导致过多的电子邮件流量发送到被伪冒的地址,致使电子邮件服务器系统磁盘存储空间被填充。这种攻击也被认为是基于流量的攻击。电子邮件系统的另一个缺点是允许远程用户伪造返回地址。这使得连接到一个单独的电子邮件服务器的UA可以有一个机构的返回地址,而不是发送者的计算机地址。图6-5显示了一个这样的场景,在这里有3个用户代理连接到一个MTA进行电子邮件处理。

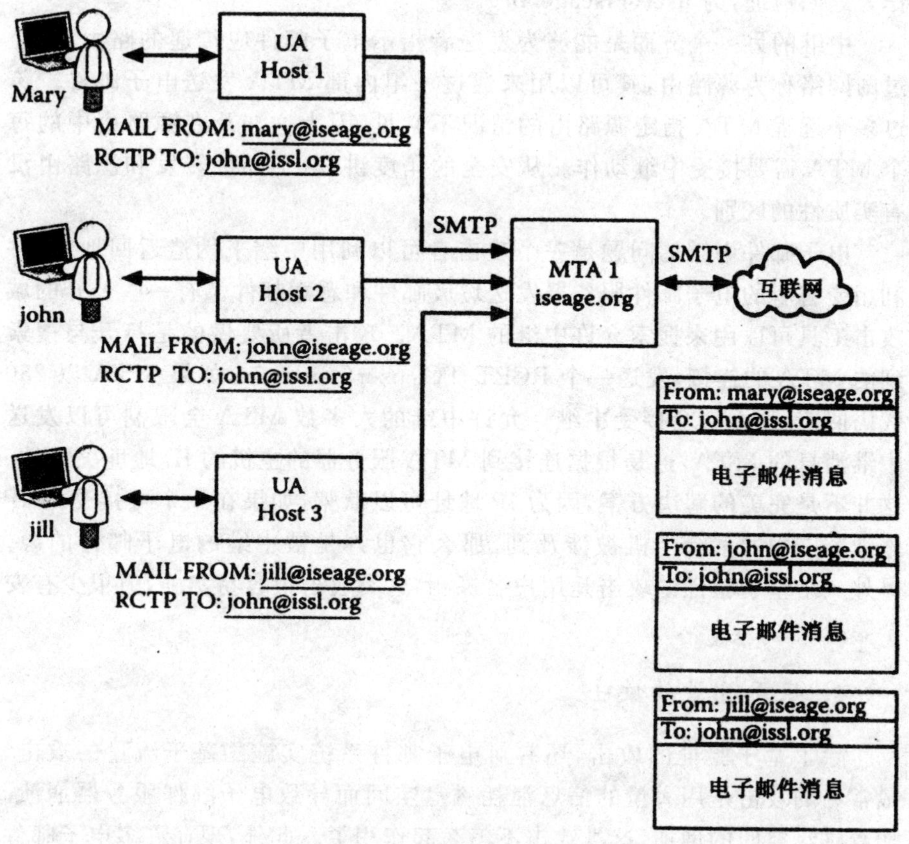

图6-5 电子邮件中继

UA 运行在 3 个不同的主机上，每个都有不同的主机名和 IP 地址，目的是让它们的外观看上去很一致，这样所有的电子邮件看起来像是来自同一个主电子邮件服务器，而不是来自各自的主机。对于外送电子邮件，发送者的地址应该是 user@iseage. org，即便他们的机器不在 iseage. org 域。外来电子邮件也应该是 user@iseage. org，每个用户应该由 MTA 验证，并通过电子邮件协议接收他们的电子邮件。为了处理变化的发送者的地址，MTA 应设置成允许通过中继的方法转发消息。当一个电子邮件被中继时，MTA 就转发消息到其发送者的地址 user@iseage. org，接收者的地址是 user@domain 的 MTA。在图 6-5 中，3 个用户(Mary，John 和 Jill)正在向 john@issl. org 发送一条消息，每一个 UA 的返回地址都配置成 user@iseage. org，当 UA 向 MTA1 发送一个电子邮件时，它使用 RCTP TO：john@issl. org，当 MTA1 收到电子邮件后，它转发给下一个 MTA 接着递交，详细的头部说明了这封电子邮件来自主机 UA，而头部中使用的 from 地址作为返回地址，为 user@iseage. org。

中继的另一个方面是能够为发送者指示电子邮件应传递的路由，它经过的网络称为源路由，其可以用来通过一组内部 MTA 发送电子邮件。跨过多个远程 MTA 指定源路由的情况不常见，因为这涉及在源路由中的每个 MTA 需要接受中继动作。从安全的角度讲，电子邮件转发和源路由没有实质性的区别。

电子邮件中继的问题是一个攻击者可以利用中继来伪造返回地址，并利用受害者的电子邮件服务器发送垃圾邮件和恶意邮件。有一些公开的域攻击工具可以用来搜索允许中继的 MTA。攻击者所要做的是打开与搜索到的 MTA 的连接，发送一个 RCPT TO：user@domain，如果 MTA 以 250 代码回应，那么它会接受中继。允许中继的大多数 MTA 会限制可以发送中继消息的 MTA，这是根据连接到 MTA 服务器的主机的 IP 地址决定的。这并不是完美的解决方案，因为 IP 地址可以欺骗，如果在一个可接受的 IP 地址范围中的某台主机被涉及到，那么它也许是被中继的电子邮件的源。另外一个基于验证的攻击是用户名探测，这类攻击很容易实施，但很少有安全隐患。

4. 基于流量的攻击

除了基于验证的攻击，还有对电子邮件系统实施的基于流量的攻击。最常见的攻击是用大量的信息消耗磁盘空间而导致电子邮件服务器崩溃。随着磁盘空间的增加，这类攻击不怎么起作用了。此外，现在许多电子邮件系统对外来电子邮件分配一定的配额空间，这样这类攻击只能对单个用户有影响，不会对整个电子邮件系统造成破坏。有一些很聪明的雪崩式攻击，它让电子邮件服务器对一个伪冒的返回地址进行回应，例如，一个攻击者可以由主机 A 发送电子邮件到主机 B，但返回地址是主机 C，那么主机 B 将对主机 C 回应。另外一个常见的雪崩式攻击是事故性的，并发生在某个用户使用中继方式给一批用户发送电子邮件时。

另外一个基于流量的攻击是嗅探 SMTP 流量。由互联网嗅探流量是很困难的，但攻击者如果能访问机构内的网络，则他可以嗅探机构内的流量。SMTP 协议是不加密的，所以攻击者可以读取电子邮件消息。

5. 一般性对策

除了上面描述的漏洞和对策之外，人们还曾提出过另外几个针对验证的对策，以用于辅助电子邮件安全，它们是 SMTP 协议中的 STARTTLS 和 AUTH 命令。STARTTLS 命令用于与传输层安全协议协调参数，这个协议将一个验证和加密的电子邮件传递到 MTA，但并不提供消息的端到端的验证和加密，也不提供用户到用户的验证和加密。

AUTH 为正在连接 MTA 的想外送电子邮件的用户提供验证机制。STARTTLS 和 AUTH 一般都用于远程访问 MTA 的中继。例如，当一个带着笔记本电脑旅行的用户需要查看电子邮件时，可以把它当成家庭网络的延伸，这时需要使用这个协议向 MTA 证明它可以中继消息。这些协议在两个终端用户之间不使用安全电子邮件消息，也不做垃圾邮件过滤。一直以来有种争论，一种观点是使用 SMTP 递交电子邮件应该进行验证，这可以作为减少垃圾邮件的一个方法。另一种观点认为增加电子邮件收费，这也要求验证。

6.2.3 POP 和 IMAP 的漏洞、攻击和对策

用户有不止一种方法访问外来的电子邮件，图 6-6 给出了 3 个将电子邮件存储到 MTA 上的方法。

第一种方法(本地用户代理)是将外来电子邮件消息存储在用户具有账户的同一个系统中，用户在服务器上进行验证(一般是登录到服务器)，然后运行用户代理程序，接着可以直接访问用户接收到的电子邮件。这种方法的用户并不依赖任何网络的建立，用户也可以使用网络协议访问服务器。

第二种方法(远程访问本地用户代理)是将用户远程访问运行在服务器上的用户代理，这个方法最常见的实现是基于 Web 的电子邮件，它的安全问题将在讨论 Web 应用时探讨。

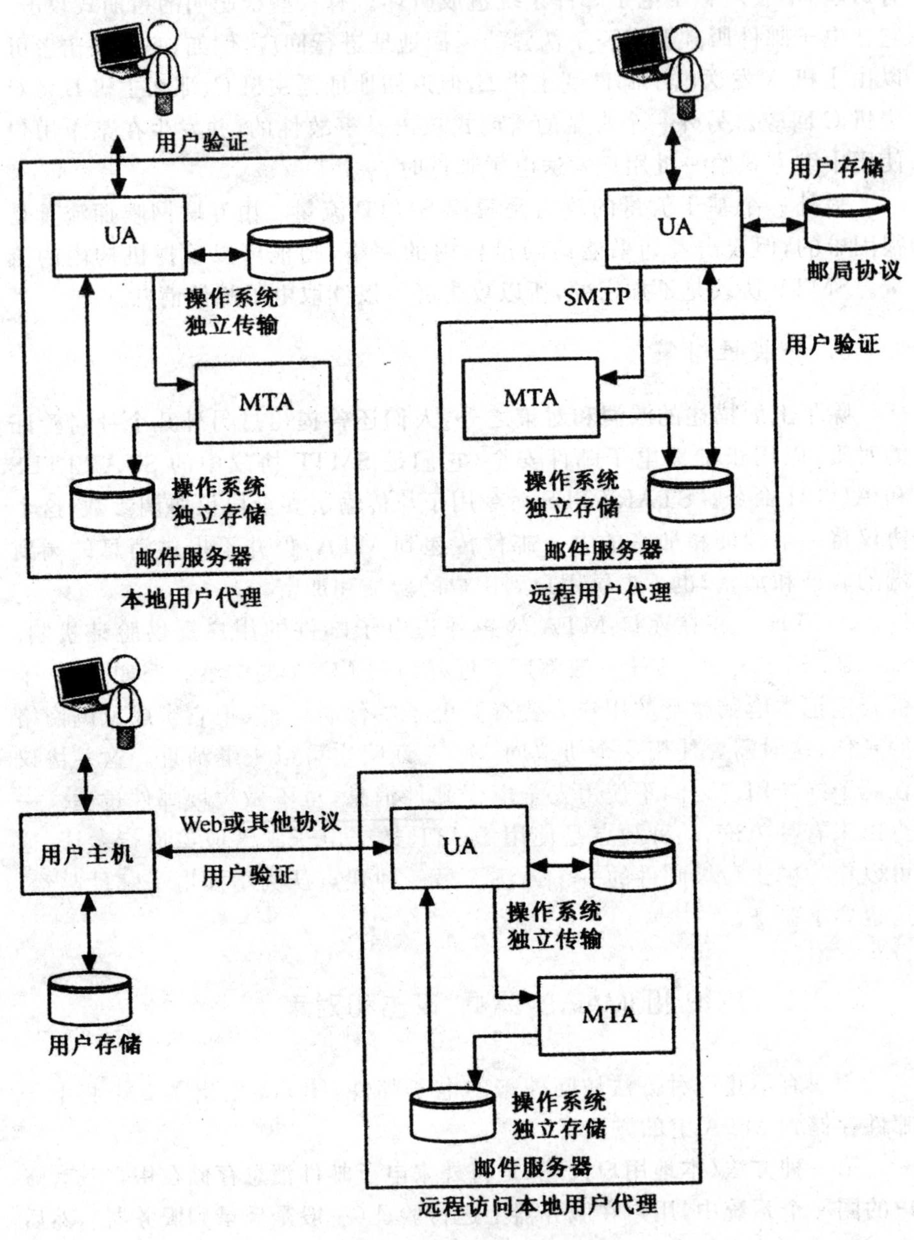

图 6-6 用户代理访问

第三种方法(远程用户代理)是,用户代理是远程的,用户代理使用网络协议访问和传输电子邮件消息给远程用户代理。有两种常用的协议支持通过用户代理访问电子邮件:一种是邮局协议(post office protocol,POP),另一种是网际消息访问协议(internet message access protocol,IMAP)。这两种协议的基本功能很类似,安全问题也较常见。

POP3 协议是为服务器到客户端的电子邮件消息传输而设计的,但是如果一个用户有多台可以访问电子邮件的计算机,那么在保持电子邮件的同步时就会出现问题,因为电子邮件系统会终止向几个不同计算机的传输,而 POP3 的设计不是为了把电子邮件保持在服务器上,这样,另外一个协议便产生了,即网际消息访问协议(IMAP)。

IMAP 与 POP 有两点区别。IMAP 支持服务器邮箱作为管理电子邮件的方法,IMAP 还支持消息在客户端和服务器文件夹之间移动、搜索服务器文件夹和管理服务器文件夹。当用户把电子邮件存储到服务器上时,他在多个客户端之间传输电子邮件就很容易。图 6-7 说明了邮箱在一个典型的 IMAP 方案中是如何处理的。服务器上的用户邮箱可以被任何用户代理访问,只要他知道那个邮箱的用户名和密码即可。UA 可以使用 IMAP 协议产生、管理和删除远程邮箱,以及可以在本地和远程邮箱中移动电子邮件,用户也可以产生几个邮箱帮助他管理电子邮件。

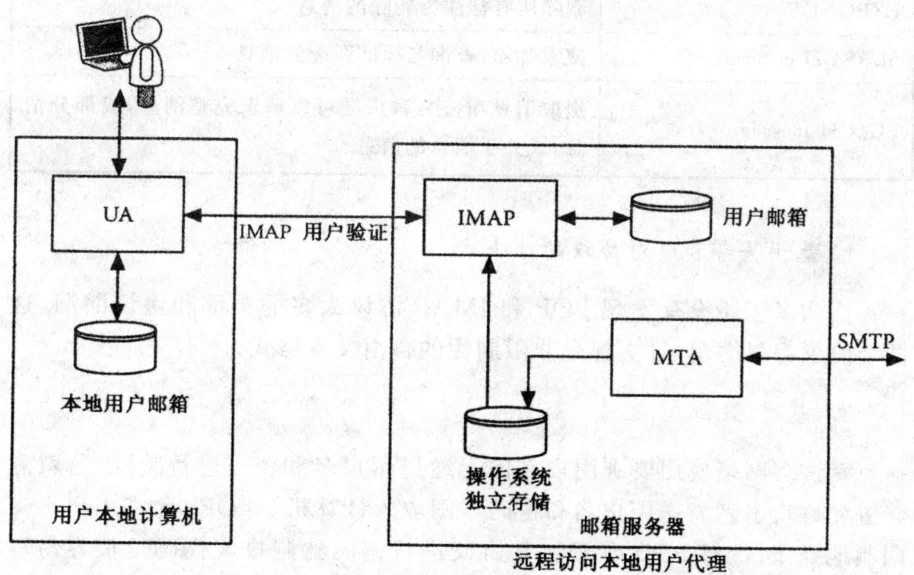

图 6-7 IMAP 邮箱

IMAP 是一种指令-回应协议,表 6-1 显示了 IMAP 的常用命令。IMAP 是一个更复杂的协议,可以支持多个远程用户代理。从安全的角度来讲,IMAP 和 POP3 有同样的安全问题。

表 6-1 常用 IMAP 命令

命令	动作
CAPABILITY	返回一个服务器支持的功能列表
NOOP	不操作
LOGOUT	结束会话
AUTHENTICATIE type	指示客户端要采用指定类型的验证
LOGIN name password	使用用户名和密码登录
SELECT mailbox	选择要用的邮箱(接收邮箱存放外来电子邮件队列)
EXAMINE maillbox	SELECT 命令的只读版本
CREATE mailbox	在服务器上建立一个新的邮箱
DELETE mailbox	删除服务器上的邮箱
RENAME current new	更改当前邮箱为新的名称
CLOSE	关闭邮箱,所有标注删除的电子邮件将被删除
EXPUNGE	删除所有标注为删除的消息
SEARCH criteria	搜索邮箱,查询与标准匹配的消息
FETCH message items	提取消息项(注:客户端可以请求完整消息,或部分消息,或关于消息的信息)

1. 基于头部和针对协议的攻击

这么多年还没有发现 POP 和 IMAP 协议太多的头部和协议漏洞,这两个协议都很简单,且头部是非限制性的自由文本格式。

2. 基于验证的攻击

有许多网络应用要求用户在网上通过用户名和密码进行验证,这就意味着允许攻击者发送用户名和密码试图攻入计算机。POP3 允许用户不受限制地登录,针对 POP 或 IMAP 协议进行密码猜测攻击代码是很容易写的,但攻击的成功概率很低。每个密码都有太多的可能的组合猜测,所以攻击者往往依赖单词字典。这种类型的直接的密码猜测攻击对配置漏洞的攻击是很成功的,因为默认密码没有被修改。对于 POP 和 IMAP 协议,每一次注册都需要有各自的电子邮件事务的处理记录,这样,注册文件就变得很大,系统管理员只能粗看。对于远程用户验证还没有什么好的对策,一种方法是限制用户验证,可以从用户计算机的 IP 地址入手。例如只允许 POP

和 IMAP 协议访问一定范围的 IP 地址，这可以通过不允许 POP 和 IMAP 协议跨过网络边界来实现，网络边界要使用防火墙或过滤路由器。我们发现大多数用户都想从他们所在的位置访问电子邮件，所以限制用户在规定的 IP 地址范围或机构的网络访问就不太可行。

根据安全级别要求，某些机构对远程用户使用 VPN 软件为机构网络提供加密和验证连接。采用 VPN 软件，机构只能限制 POP 和 IMAP 协议运行在内部网络。另外一个对策是不允许远程访问 POP 和 IMAP 协议，但允许远程电子邮件用户访问 Web 客户端。Web 服务器有自己的验证系统，并支持加密流量，因此有些机构对于电子邮件访问全部采用基于 Web 的用户代理。

3. 基于流量的攻击

POP 和 IMAP 协议也会遭受针对流量的攻击，但受害程度是有限的。一个攻击者很难组织流量去压垮 POP 和 IMAP 协议，因为对于每一个用户连接请求，新的服务随后就跟上了。

在大多数协议中存在的一个漏洞是当数据以纯文本传输时，任何可以嗅探到流量的攻击者都可以读到数据，攻击者首先需要连接到流量经过的网络，然后嗅探数据包。根据应用的不同，这种漏洞有不同的影响，在 POP 和 IMAP 协议中，最大的问题是用户名和密码以纯文本形式传输，攻击者可以捕捉到用户名和密码。一般对策是采用加密技术确保数据不被读到。POP 和 IMAP 协议有几个安全措施。采用公共密钥加密交换对称密钥，加密所有的流量，包括用户名和密码交换。然而，这个改善纯文本问题的安全措施并没有被广泛使用。大多数新的用户代理支持采用传输层安全(transport layer security，TLS)的安全 POP 和 IMAP 协议。

6.2.4 MIME 的漏洞、攻击和对策

多用途网际电子邮件扩展协议(MIME)负责将电子邮件从一个服务器传输到另一个服务器，而且还负责将电子邮件从服务器传输到用户代理，它用于对电子邮件消息本身进行格式化。MIME 的消息要比实际协议更加格式化。从网络安全的角度来讲，MIME 更值得讨论，因为它可以用于传输任何类型的数据，并把它呈现给用户。MIME 协议也曾被用于传输病毒、蠕虫和其他恶意代码。MIME 协议也可以用于向电子邮件消息中插入图片和 Web 链接，以甄别垃圾邮件和盗窃。下面简要讨论 MIME 协议，并考察这个协议是如何用于执行攻击的。

SMTP 设计是采用 7 比特 ASCII 数据，这在早期的电子邮件系统中工作得很好。然而，即使在早期的电子邮件系统中，用户也有发送文本之外的数据的要求。他们能够产生一种简单的代码编码方法，即将二进制转换成 ASCII 码。用户首先需要获取二进制文件，对它进行编码，然后将文件通过电子邮件方式发送到另一个用户。接收方将电子邮件作为文件存储，然后去掉头部，再把消息传递给解码程序，图 6-8 显示了这个过程，编码和解码功能对于用户代理是独立的。

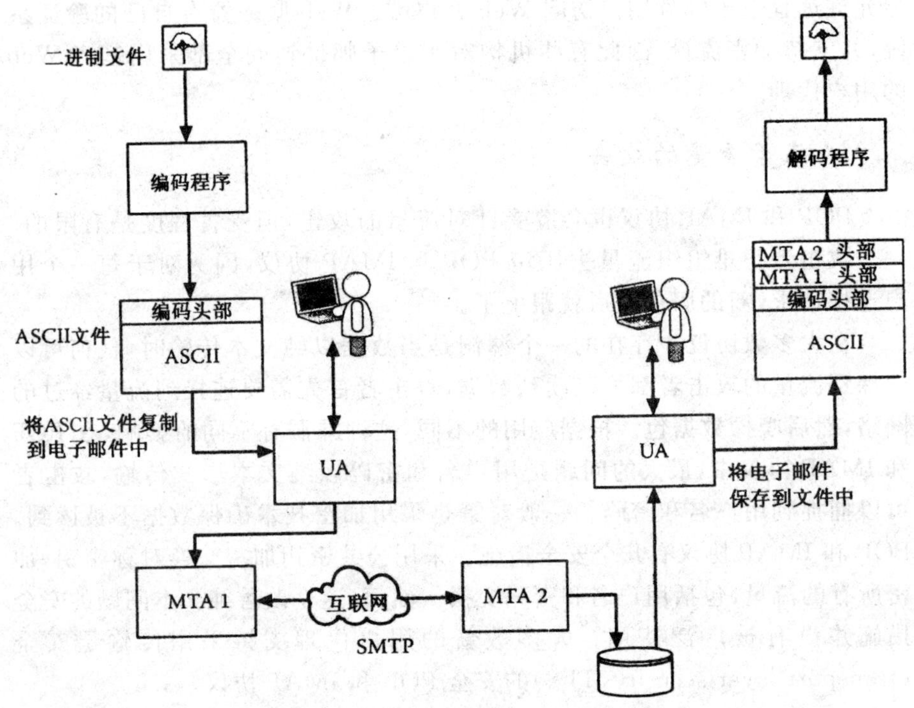

图 6-8 电子邮件编码和解码方法

随着用户代理程序复杂性的增加和图形化用户接口需求的出现，需要设计一种协议，用于用户代理和非 ASCII 码数据的交换。MIME 的设计支持任意格式的数据，并允许新的数据格式。MIME 有一个自由的头部格式，与一般的网络协议不同，它没有数据包的交换。发送方用户代理组合 MIME 消息并将其作为消息的一部分，接收方用户代理使用 MIME 头部解析消息，并解码每一部分，在解码消息时接收方用户代理不需要和发送方用户代理交互。另外，MIME 编码的消息格式是 ASCII 码，因此非 MIME 用户代理也可以接收消息，然而，他们不能用原来的格式显示数据。MIME 还可以支持看到消息，无论在 MIME 用户代理或非 MIME 用户代理中。

MIME 协议有 3 个规定的头部和 3 个可选头部，这些都包含在由用户代理提供给用户的传输代理消息中，表 6-2 给出了 MIME 头部。

表 6-2　MIME 头部

头部	功能
MIME Version	表示是 MIME 消息，当前版本是 1.1
Content-Type	表示包含在消息中的内容类型
Content-Transfer-Encoding	表示内容是如何编码的
Content-ID	可选标识符，用于多个消息的情况
Content-Description	可选的对象描述，可以由用户代理显示
Content-Disposition	可选的方法描述，用于显示接收方用户代理中的对象

第 1 个头部表示消息是 MIME 格式，在消息中出现一次，如图 6-9 所示，其他头部可以在消息中出现多次，一般在消息中一个对象一次。

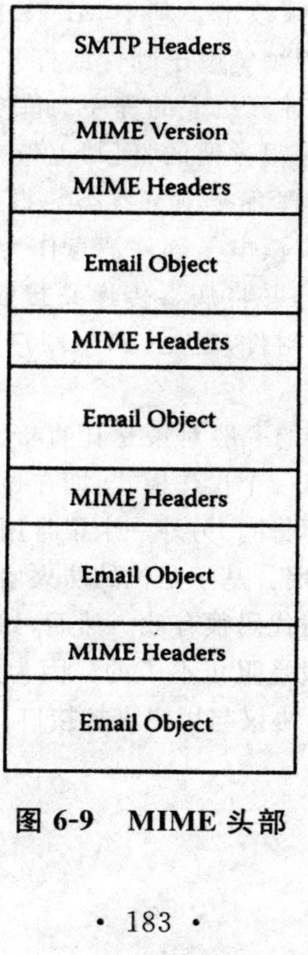

SMTP Headers
MIME Version
MIME Headers
Email Object
MIME Headers
Email Object
MIME Headers
Email Object
MIME Headers
Email Object

图 6-9　MIME 头部

1. 基于头部的攻击

在 MIME 中基于头部的无效攻击由用户代理来处理，处理的结果是电子邮件消息不能显示。基于头部的最大漏洞是头部可以用于隐藏消息的实际内容，内容描述可以由用户代理来显示，这就可以让攻击者产生一个电子邮件，并宣称是个图片附件，但实际上却是可执行代码。提供适当的教育和培训可以避免这类攻击，也有许多一般性的对策用于减少这类攻击。

另一类攻击方法是使用基于 HTML 的电子邮件来隐藏电子邮件消息中的实际内容，例如，一个电子邮件消息可以包含一个 Web 页面链接，用户会点击文本访问超链接看看说些什么，这样用户就会被诱惑去点击链接，进入其中而不是可以结束的地方。用户教育和培训是减少这类攻击的最好方法。

2. 基于协议的攻击

由于 MIME 协议不涉及两个协议层的交互，因此基于协议的攻击不同于我们前面讨论过的协议攻击。基于 MIME 协议的攻击是使用 MIME 协议附带恶意文件，用户因浏览电子邮件或打开附件激活了恶意代码，恶意代码可以攻击浏览文件计算机上的程序。许多用户代理有直接显示附件的功能，这对用户来说是很方便的，但却也带来了安全问题。有许多蠕虫和病毒能够利用用户代理直接浏览各类数据，有一种称为尼姆达蠕虫的病毒，只是通过简单地阅读电子邮件消息作为开始，蠕虫接着将自己复制到用户计算机的硬盘上，并将病毒传递到接收方地址簿中的用户。有些用户代理并不自动打开附件，但是，如果用户打开附件，那么计算机就会被感染。

基于 MIME 协议攻击的一般对策是让直接浏览附件内容的功能失去作用，大多数用户代理都有一个操作模式，即在显示图片这类正文内容之前有一种技术能过滤出恶意附件。另外一个很常用的对策是基于主机扫描和限制恶意病毒传播的防火墙。基于主机的防火墙可以防止未授权的程序访问网络，这对于附着的恶意代码很有效。然而，如果用户代理是传输恶意代码的程序，那么防火墙一般是阻止不了的。因为用户代理是一个授权的网络用户，再者，因为 MIME 协议与用户直接接口，所以重要的是教育用户如何处理电子邮件附件。

3. 基于验证的攻击

MIME协议并不直接支持用户验证，但它却为欺骗验证提供了一种方法。MIME可以让攻击者产生让人信任的电子邮件，看起来像是来自确定的机构。另外一个基于验证的攻击是利用电子邮件补丁追踪电子邮件在何处和何时被打开，这可以通过将一个图片插入到电子邮件文档中实现，一般是作为HTML文件的一部分，这个图片大小是1×1个像素，它实际上存储在远程Web服务器上。当用户阅读电子邮件消息时，图片就从远程服务器被下载，远程Web服务器记录了用户的访问，并提供日期、时间、IP地址和其他有关客户端软件的信息。对此最常用的对策是让代理在电子邮件消息显示图片之前提示用户，然而，如果用户总是点击yes，那么这个对策就不起作用了。

4. 基于流量的攻击

MIME协议没有关于流量的漏洞，但它却偏向产生大尺寸的电子邮件消息，再加上附件就可能构成很大的电子邮件消息。对此最常用的对策是设置MTA可以接收的电子邮件消息的大小，但这并不能阻止有人发送大量的较小的消息。

6.3 一般电子邮件对策

我们寻找的对策是验证终端用户的方法，即确保电子邮件消息以不变的、未读的、验证的方式发送，有一些终端用户程序支持这一类的安全电子邮件。

有些漏洞是因为电子邮件未经验证而传递引起的，包括垃圾邮件、钓鱼电子邮件、病毒和其他恶意代码。下面基于网络的技术可以减少大多数这类攻击。

6.3.1 加密和验证

加密一直用于防止因事故或恶意地浏览数据，并防止嗅探网络流量。加密可以用于通信一方或双方的验证，对于电子邮件，有几个可以部署加密的地方，如图6-10所示。

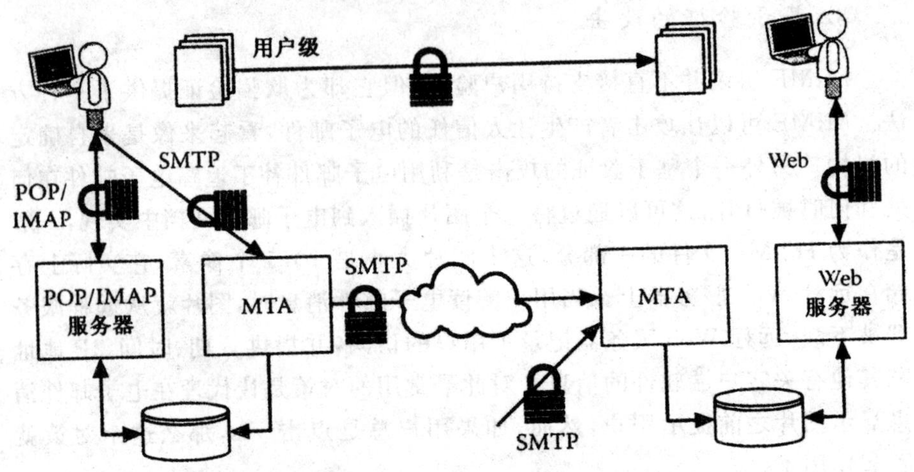

图 6-10　可能的加密和验证点

如图 6-10 所示的每个可能的加密点提供了不同的安全级别，每个都有它自己的问题。从实现的角度来讲，还有一些问题有待解决，包括寻找每个 MTA 共享加密密钥的方法。加密密钥用于授权方，因此在 MTA 中必须受到保护，那么在 MTA 之间的密钥分配也必须是安全的。

如果要求每个 MTA 都接受验证，包括如何处理匿名电子邮件问题，会带来一些社会和政治问题。另外一个问题是由谁来决定哪些 MTA 是值得信任的，以及过程如何管理。对于这样的系统是否可以阻止垃圾邮件还不清楚，因为攻击者只接管可信任的 MTA，加密 MTA 之间的流量应该能阻止 MTA 之间的任何对流量的嗅探，这在机构网络的出口点是可能的，但跨互联网是很难的。

SMTP 可以加密的另一个位置是网络和 MTA 之间的用户，其最大的好处是用户的验证可以支持电子邮件的重放。但这仍然有密钥分配问题，可以采用公共密钥来处理，处理这个问题最常用的方法是使用用户代理的 IP 地址。

加密可以部署的下一个点是 MTA 和接收方的计算机，POP 和 IMAP 有安全版本，这些版本使用安全密钥提供附加的验证，也可以保护用户名和密码不被窃听。这些方法是十分有效的，尤其要求远程访问电子邮件时，这种加密方法与链接级的加密方法是相同的。

当用户通过 Web 站点访问电子邮件时，流量可以借助同样的方法进行加密，当然方法是由安全的 Web 站点来部署的。它使用公共密钥并将其嵌入到 Web 浏览器中。

到目前为止讨论的加密方法只是保护两个设备之间的电子邮件传输，但对电子邮件来说真正需要的是发送方和接收方用户的验证。此外，如果要关注未经授权而浏览电子邮件消息的问题，那么电子邮件还应受到端到端的加密保护。

需要探讨的一个电子邮件问题是，是否所有的电子邮件都需要防护。一种观点是并非所有的电子邮件都需要防护，而且发送者和接收者的一致性问题也不是很严格，可以通过消息本身获得。然而，有这样一些情况，即电子邮件本身也许包含秘密信息，我们需要确认只有指定的接收者才能阅读电子邮件消息。由于电子邮件系统是采用多种协议通信的多个应用构成的，因此提供端到端的安全和验证的唯一合理的方法是依赖用户代理。最常用的是绝对私密协议(pretty good privacy,PGP)，它是由 Philip Zimmerman 在 20 世纪 90 年代的早期开发的，PGP 允许用户产生一个签名并加密的电子邮件消息，这样接收方是秘密的，并知道发送者的密钥。发送者也是秘密的，只有知道接收方密钥的用户才能阅读消息。图 6-11 显示了 PGP 消息的结构，以及电子邮件消息如何被签署和加密并传输到接收方。

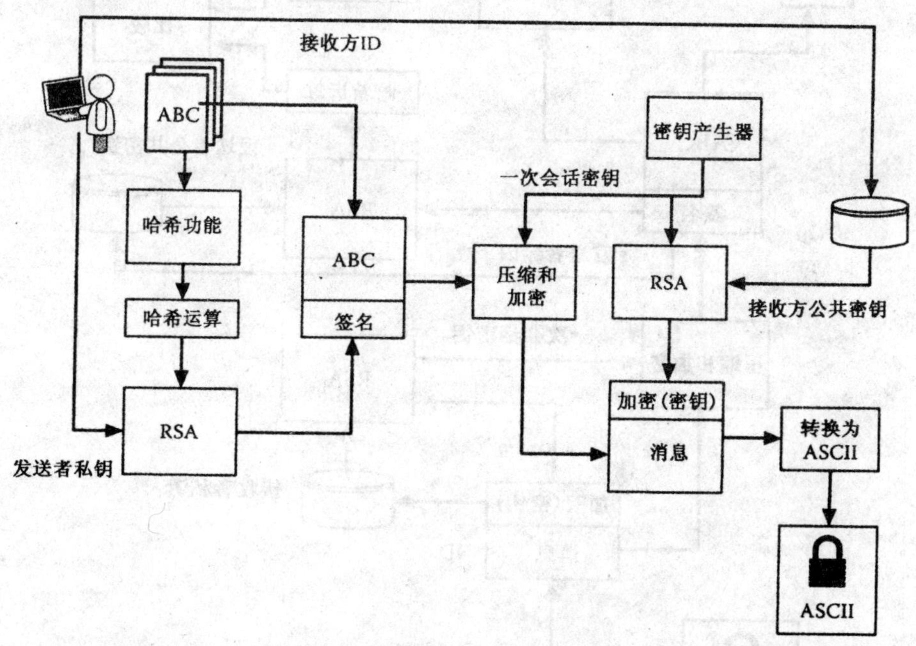

图 6-11 PGP 消息流程图

如图 6-11 所示，PGP 将用户消息输入到哈希功能模块中，并使用发送者的私钥对哈希值进行加密，其用于产生数字签名，数字签名被添加到消息中，签名后的消息被压缩，并使用对称密钥进行加密，加密密钥使用随机数发生器产生，一次会话密钥需要传输到接收方并只有接收方才能打开，这是由加密会话密钥通过公共密钥加密完成的。加密密钥是接收方的公共密钥，加密会话密钥附在加密消息中，结果转换成ASCII码，以便通过电子邮件传输。

如图6-12所示，抽取消息的过程是相反的，外来的消息由ASCII码转换成二进制形式，并将加密会话密钥由消息中抽取出来。除了加密会话密钥，消息中还包含识别指定消息接收者的信息，这就允许有多个识别码，每个有不同的公钥-私钥对，加密密钥字段中的识别码是用于私钥的索引，接收者的私钥用于会话密钥的脱密，会话密钥用于消息的脱密。抽取消息数字签名，在数字签名字段中包含一个识别码用来指出发送消息的用户是谁。发送者识别码用于查询发送者的公共密钥，公共密钥又用于数字签名的脱密，并抽取哈希值，然后消息传输到哈希功能模块，对两个哈希值进行比较，如果它们相等，则表明消息被成功地收到。

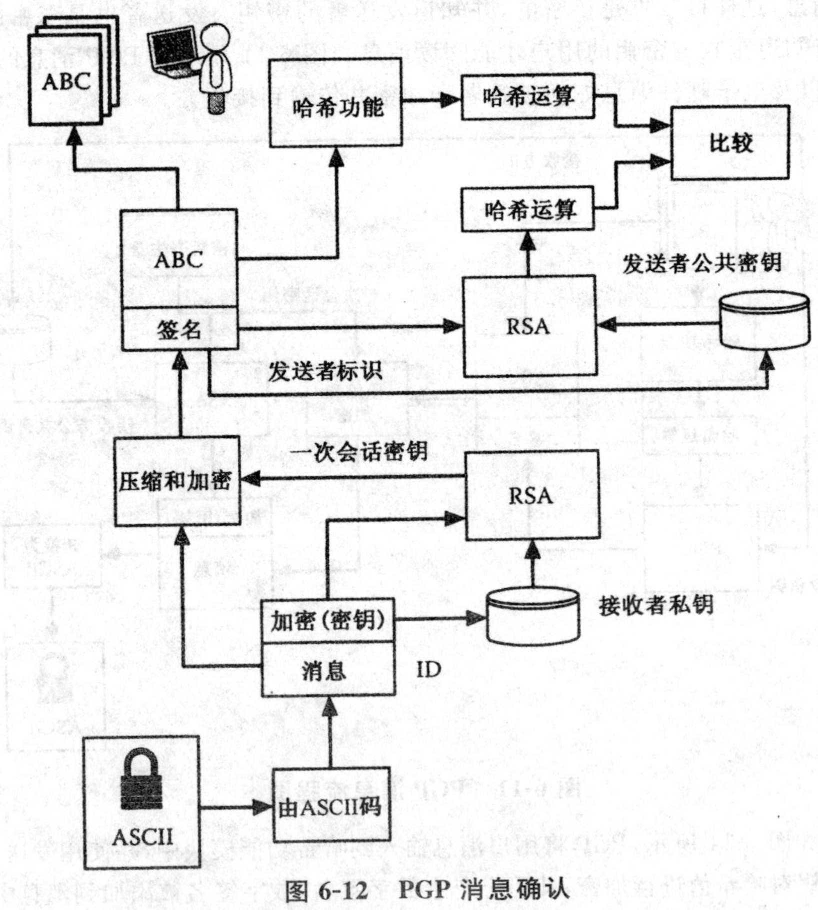

图 6-12　PGP 消息确认

由数字签名可以知道，产生消息的人是知道发送者的私钥的，只有知道接收者私钥的人才能成功将消息脱密。这种方法的强度取决于用于私钥的保护级别。

PGP 有一个适当的采纳等级，PGP 的强度可以被很好地测试，一直没有主要的安全问题。它被广泛采纳的阻碍来自密钥分配和密钥管理问题。密钥分配的主要问题是如何知道公共密钥的所有者及如何获得某人的公共密钥。公共密钥分配及确认这些密钥代表的实际人还没有一个被广泛采纳的方法。此外，大多数人并不认为他们的电子邮件重要到要采用这样的安全级别。然而，PGP 可以解决窃听问题，并可以用于识别电子邮件消息的发送者和接收者。

6.3.2 电子邮件过滤

电子邮件可以用于传输恶意内容和垃圾邮件，并可以用于执行钓鱼攻击。一直有几个协议修改提案企图解决这个问题，然而大多数是不可行的。对于用户代理已经有了改进，以试图使它们较少受到恶意代码感染。方法之一是采用电子邮件过滤器。电子邮件过滤器一般配置在电子邮件服务器之前，是接收电子邮件的第一个 MTA。根据过滤器类型的不同，消息可以在未修改和修改状态传输，并除去恶意内容，或者干脆删除。图 6-13 显示了一个典型的电子邮件过滤器，以及它和机构的电子邮件服务器交互的过程。

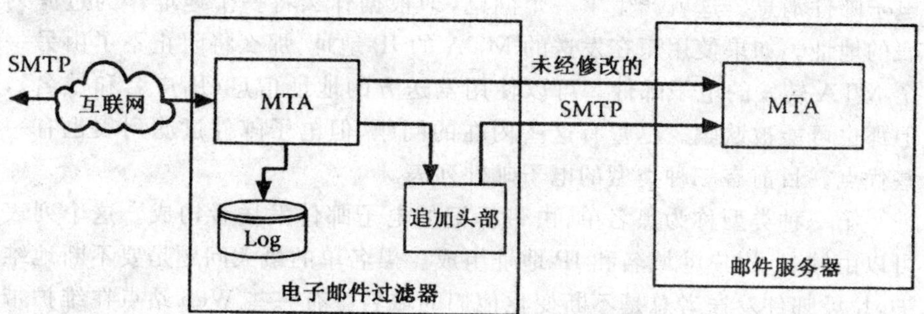

图 6-13 电子邮件过滤示意图

外来电子邮件到达过滤器并被处理，过滤器然后把电子邮件转发到机构的电子邮件服务器，在这里它像正常电子邮件一样被处理。出去的电子邮件由机构的电子邮件服务器转发到电子邮件过滤器并接受它的扫描。

一种类型的电子邮件过滤器是侦察垃圾邮件和钓鱼攻击。有几种处理垃圾邮件的方法，第一种方法是试图根据过去的消息分类分析消息并把垃圾邮件分离出来，目标是训练系统辨别垃圾邮件是什么模样，这种类型的分类一般部署在大多数的用户代理位置上，这允许用户产生客户化的垃圾过滤器。这些类型的垃圾过滤器不是很严谨，有分错类的问题，有时归在垃圾邮件中的电子邮件并不是垃圾邮件。另一类基于网络的垃圾邮件过滤器是通过在电子邮件消息的头部加入标注行(垃圾标志)，把消息标注为垃圾邮件。使用这种方法，用户代理可以触发垃圾标注，并将消息归类为垃圾邮件。可以通过用户代理设置将消息标注为垃圾，并且将其和非垃圾消息一起显示。或者把垃圾邮件转移到垃圾文件夹中，因为这种方法不是很严格，所以大多数机构并不根据分类过滤器给出的结果自动地删除电子邮件。

垃圾邮件发送者需要不断地适应新的防护方法，一种绕过垃圾邮件过滤器的新方法是利用 MIME 协议，这种方法并不传输任何文本，而是利用图片作为电子邮件消息。图片包含垃圾制造者想要用户看到的广告，分类系统不能分辨电子邮件是否为垃圾，因为它们不能分析图片的内容。另一种常用的方法是欺骗发送地址，诱使你打开它。垃圾邮件发送者还制造主题行，吸引你打开它们，或使用随机的主题行绕过过滤器。非验证的电子邮件系统和友好的用户代理都适合这类攻击的生存。

另一类垃圾邮件过滤方法(也许和其他恶意邮件一起作用)是利用过滤列表。可以通过一个过滤列表拒绝使用来自 SMTP 协议的站点列表中的电子邮件消息。这就产生了一个问题，即根据什么将一个地址作为过滤列表的地址。如果使用正在发送的 MTA 的 IP 地址，那么将阻止不了由另一个 MTA 转发的电子邮件。可以使用发送方的地址信息(用户名和域名)，但那也可能被欺骗。尽管有这些内在的问题，但电子邮件过滤列表也有一些优点。目前有三种类型的电子邮件列表。

第一种类型称为黑名单，由带标记的电子邮件发送者构成。这个列表可以由域名、用户@域名和 IP 地址组成。黑名单的最大问题是要不断地维护，垃圾邮件发送者总是不断变化他们的域名。有一些 Web 站点在维护带标记站点列表，但这种方法提供的信任度不高。

第二种类型称为白名单，白名单是黑名单的反面，它是很严格的。这个列表包含授权电子邮件发送者的名称和 IP 地址。这对于一个建立在机构内部几个 MTA 之间的专门电子邮件系统是有用的。白名单对于公网上的 MTA 不起作用，因为 MTA 事前没办法了解要发送电子邮件的用户。

第三种类型称为灰名单，灰名单的处理是利用 SMTP 协议的特征来阻止智能的垃圾邮件发送者，智能的垃圾邮件发送者使用小型应用来产生和发送电子邮件到某个 MTA，垃圾邮件智能程序并不实现 MTA 的所有功能。当和 MTA 通信失败后，正常的 MTA 对于经历发送失败的电子邮件可以暂时保存外出电子邮件消息，在等待一段时间后，MTA 会试图再次发送这个消息，并将连续发送几天。智能的垃圾邮件发送者也试图发送电子邮件消息，但如果接收方 MTA 发送了一个失败的消息，它就会退出来，并继续寻找下一个目标。

灰名单过滤设备可以根据临时发送失败的新发送者回应第一批电子邮件消息(SMTP 的回应码为 451)，如果在等待一段时间后，发送者再次发送这个消息，那么过滤 MTA 就允许这个消息通过，并将发送者添加到灰名单中。下一次发送者再发送消息时就被允许了。图 6-14 说明了灰名单对于一个真实的 MTA 和垃圾邮件机器人是如何运作的。

由图 6-14 可以看到，灰名单也和白名单一起运作，这里白名单范围是不会让灰名单通过的，灰名单查询 IP 地址、发送者地址和接收者地址以便区分电子邮件消息。灰名单的处理可以减少垃圾邮件。然而，如果垃圾邮件发送者在等待一些时间后，通过不采用灰名单处理的 MTA 转发其垃圾邮件，则系统将被感染。

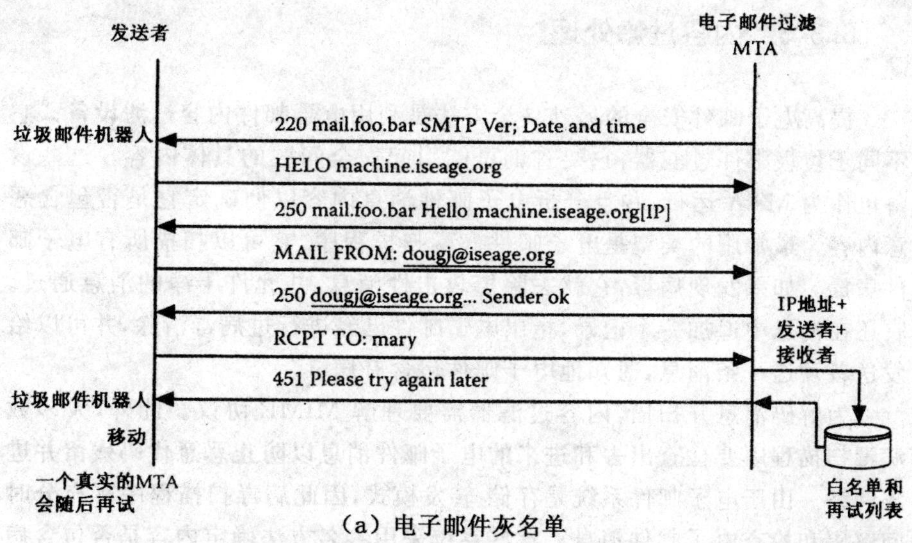

(a) 电子邮件灰名单

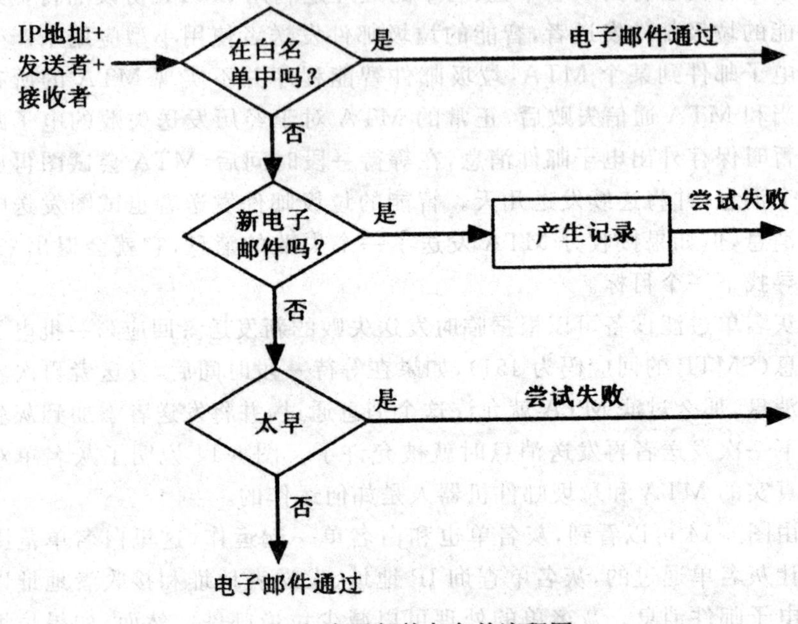

（b）电子邮件灰名单流程图

图 6-14　灰名单运作流程

6.3.3　内容过滤处理

提高电子邮件安全的另外一个方法是利用电子邮件内容过滤设备。它不同于垃圾邮件过滤器，它要查询可能引起安全问题的具体内容。这些设备也作为 MTA 运行，并且分析电子邮件消息内容以便确定它是否包含恶意内容。最常用的类型是电子邮件病毒扫描程序，它可以扫描所有电子邮件病毒。如果发现病毒，它就去除掉攻击性消息，并允许干净的消息通过。它还在消息中追加一个记录，指出电子邮件已经进行过病毒清除，并可以给发送者发送一条消息，通知他电子邮件包含有病毒。

为解码消息并扫描，内容过滤器需要理解 MIME 协议。此外，大多数病毒扫描程序要检查出去和进来的电子邮件消息以防止恶意代码残留并进入网络。由于电子邮件系统是存储-转发模式，因此病毒扫描程序有充分时间解码和检查电子邮件消息。这些系统采用签名方法确定内容是否包含病毒。困难的是采用签名只能侦察恶意病毒，而不能阻止良性代码。另一个问题是保持签名与病毒更新进度，但有这样一些情况，即同样的病毒有多种修订版本，它在 24 小时之内发布，目的是为了逃避病毒扫描。

另一种类型的内容过滤器针对不应该离开网络的外出内容。政府规定强迫许多机构安装工具防止私密数据离开网络,健康和经济数据受到政府规定的保护。一种外出电子邮件内容过滤器将检查所有的外出电子邮件消息,查询不应该外出的内容,如社会安全号码,这是通过签名和严格的内容匹配来实现的。一旦一个电子邮件被标记上含有私密内容,过滤器可以存储这个消息,并通知发送者发生了冲突。有些提供商研制一种系统用于消息发送之前对消息进行加密,他们将已加密的消息发送到一个站外 MTA,这个站外 MTA 将给接收者发送通知,告诉他私密内容在这个 Web 站点。接收者应该登录到 Web,并使用安全 Web 事务取回电子邮件,这种方法在防止其他人阅读私密电子邮件问题上很管用。如果我们关注的是私密数据通过电子邮件离开机构(既可能是事故性的也可能是恶意行为),那么最好的方法是隔离电子邮件。

内容过滤器的一个弱点是它不能打开或分析已经过加密的电子邮件,如 PGP。对于外出内容过滤器来说,采用恶意行为造成数据丢失是个问题,但如果目标只是防止电子邮件不被第三方阅读这不是什么问题。对于病毒扫描程序,一直有这样的情况,即攻击者将病毒加密,并附到某个电子邮件消息上。电子邮件主体向接收者说明,由于安全原因,附件被加密,并且攻击者在消息中提供了加密密钥。这就要求用户采取另外的步骤因而导致主机感染。根据病毒扫描程序类型的不同,它可能在数据中找不到签名,因此不能分析压缩附件。对于大多数防护工具,攻击者还是很难找到有效方法去攻破它们。

6.3.4 电子邮件取证

由于电子邮件已经成为对网络用户的主要攻击工具,因此为了追溯消息发送者,理解如何阅读电子邮件消息是有益的。要追溯一个消息的实际发送者往往是不可能的,不过我们可以追溯电子邮件的发送方 MTA。图 6-15(a)至图 6-15(c)说明了不同类型的电子邮件消息头部。这些电子邮件头部来自实际的电子邮件消息,只不过是修改了名称和 IP 地址。头部被追加到电子邮件消息前部,再作为每个 MTA 处理的消息。但对垃圾邮件过滤器例外,垃圾邮件过滤器是把关于垃圾消息的信息放在 MIME 头部段中。

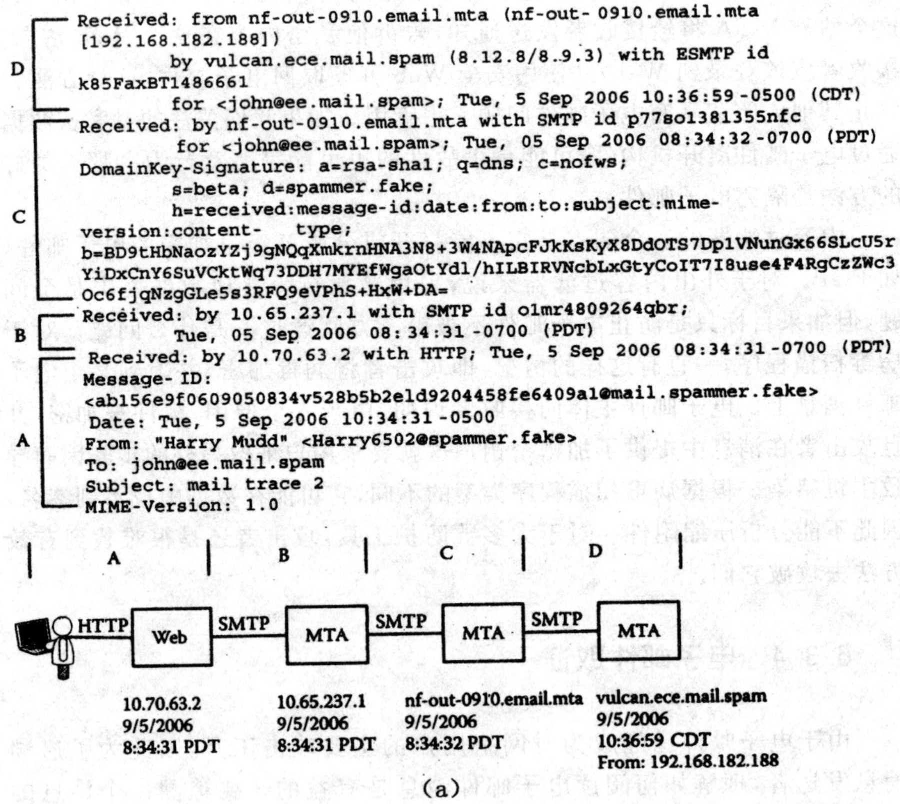

Received: from nf-out-0910.email.mta (nf-out- 0910.email.mta
[192.168.182.188])
by vulcan.ece.mail.spam (8.12.8/8.9.3) with ESMTP id
k85FaxBT1486661
for <john@ee.mail.spam>; Tue, 5 Sep 2006 10:36:59 -0500 (CDT)
Received: by nf-out-0910.email.mta with SMTP id p77so1381355nfc
for <john@ee.mail.spam>; Tue, 05 Sep 2006 08:34:32 -0700 (PDT)
DomainKey-Signature: a=rsa-sha1; q=dns; c=nofws;
s=beta; d=spammer.fake;
h=received:message-id:date:from:to:subject:mime-
version:content- type;
b=BD9tHbNaozYZj9gNQqXmkrnHNA3N8+3W4NApcFJkKsKyX8DdOTS7Dp1VNunGx66SLcU5r
YiDxCnY6SuVCktWq73DDH7MYEfWgaOtYdl/hILBIRVNcbLxGtyCoIT7I8use4F4RgCzZWc3
Oc6fjqNzgGLe5s3RFQ9eVPhS+HxW+DA=
Received: by 10.65.237.1 with SMTP id o1mr4809264qbr;
Tue, 05 Sep 2006 08:34:31 -0700 (PDT)
Received: by 10.70.63.2 with HTTP; Tue, 5 Sep 2006 08:34:31 -0700 (PDT)
Message- ID:
<ab156e9f0609050834v528b5b2e1d9204458fe6409a1@mail.spammer.fake>
Date: Tue, 5 Sep 2006 10:34:31 -0500
From: "Harry Mudd" <Harry6502@spammer.fake>
To: john@ee.mail.spam
Subject: mail trace 2
MIME-Version: 1.0
D
C
B
A
A
B
C
D
HTTP
Web
SMTP
MTA
SMTP
MTA
SMTP
MTA
10.70.63.2
9/5/2006
8:34:31 PDT
10.65.237.1
9/5/2006
8:34:31 PDT
nf-out-0910.email.mta
9/5/2006
8:34:32 PDT
vulcan.ece.mail.spam
9/5/2006
10:36:59 CDT
From: 192.168.182.188

(a)

```
F
Received: from pop-5.mail.spam (pop-5.mail.spam [172.16.7.12])
        by vulcan.ece.mail.spam (8.12.8/8.9.3) with ESMTP id
k85FjSBT1508024
        for <john@EE.MAIL.SPAM>; Tue, 5 Sep 2006 10:45:28 -0500 (CDT)
E
Received: from devirus-2.mail.spam (devirus-2.mail.spam [172.16.7.10])
        by pop- 5.mail.spam (8.12.11.20060614/8.12.11) with SMTP id
k85Fgt28016542
        for <john@mail.spam>; Tue, 5 Sep 2006 10:42:55 -0500
D
Received: from (despam-3.mail.spam [172.16.7.5]) by devirus - 2.mail.spam
with smtp
         id 0df9_ae8af2c2_3cca_11db_969a_001372537fef;
       Tue, 05 Sep 2006 10:38:34 +0000
C
Received: from magellan.sender.mta (magellan.sender.mta
[192.168.16.211])
        by despam- 3.mail.spam (8.12.11.20060614/8.12.4) with ESMTP id
k85FgttT020053
        for <john@mail.spam>; Tue, 5 Sep 2006 10:42:55 -0500
B
Received: from vulcan.ece.mail.spam (vulcan.ece.mail.spam [172.20.5.6])
        by magellan.sender.mta (8.13.6/8.13.6) with ESMTP id
k85Fgemo030599
        for <dwj@sender.mta>; Tue, 5 Sep 2006 10:42:40 -0500 (CDT)
        (envelope-from john@mail.spam)
A
Received: from [172.21.4.7] (babylon4.ece.mail.spam [172.21.4.7])
        by vulcan.ece.mail.spam (8.12.8/8.9.3) with ESMTP id
k85Fj6BT1501144
        for <dwj@sender.mta>; Tue, 5 Sep 2006 10:45:06 -0500 (CDT)
Message-ID: <44FD9AEC.4040103@mail.spam>
Date: Tue, 05 Sep 2006 10:42:36 -0500
From: Harry Mudd <Harry@mail.spam>
Organization: ISU Information Assurance Center
User-Agent: Mozilla Thunderbird 1.0.7 (Windows/20050923)
X-Accept-Language: en-us, en
MIME-Version: 1.0
To: Dave Johnson <dwj@sender.mta>
Subject: test 4
Content-Type: text/plain; charset=ISO-8859-1; format=flowed
Content-Transfer-Encoding: 7bit
Spam Filters
X-Filter-MailScanner- Information: Please contact the ISP for more
information
X-Filter-MailScanner: Found to be clean
X-Filter-MailScanner-SpamCheck: not spam, SpamAssassin (score=-2.6,
      required 6, autolearn=not spam, BAYES_00 - 2.60, SPF_PASS -0.00)
X-Filter-MailScanner-From: john@mail.spam
X-PMX-Version: 5.2.0.264296, Antispam-Engine: 2.4.0.264935, Antispam-
Data: 2006.9.5.82442
X-Perlmx-Spam: Gauge=IIIIIII, Probability=7%, Report='__C230066_P5 0,
 __CP_URI_IN_BODY 0, __CT 0, __CTE 0, __CT_TEXT_PLAIN 0, __HAS_MSGID 0,
 __MIME_TEXT_ONLY 0, __MIME_VERSION 0, __SANE_MSGID 0, __USER_AGENT 0'
```

A | B | C | D | E | F

SMTP MTA SMTP MTA SMTP MTA SMTP MTA SMTP MTA SMTP MTA

vulcan.ece.mail.spam
9/5/2006
10:45:06 CDT
from 172.21.4.7

despam-3.mail.spam
9/5/2006
10:42:55 CDT
from: 192.168.16.211

pop-5.mail.spam
9/5/2006
10:42:55 CDT
from: 172.16.7.10

babylon4.ece.mail.spam

magellan.sender.mta
9/5/2006
10:42:40 CDT

devirus-2.mail.spam
9/5/2006
10:38:34 CDT
from: 172.16.7.5

vulcan.ece.mail.spam
9/5/2006
10:45:28 CDT
From: 192.168.182.188

(b)

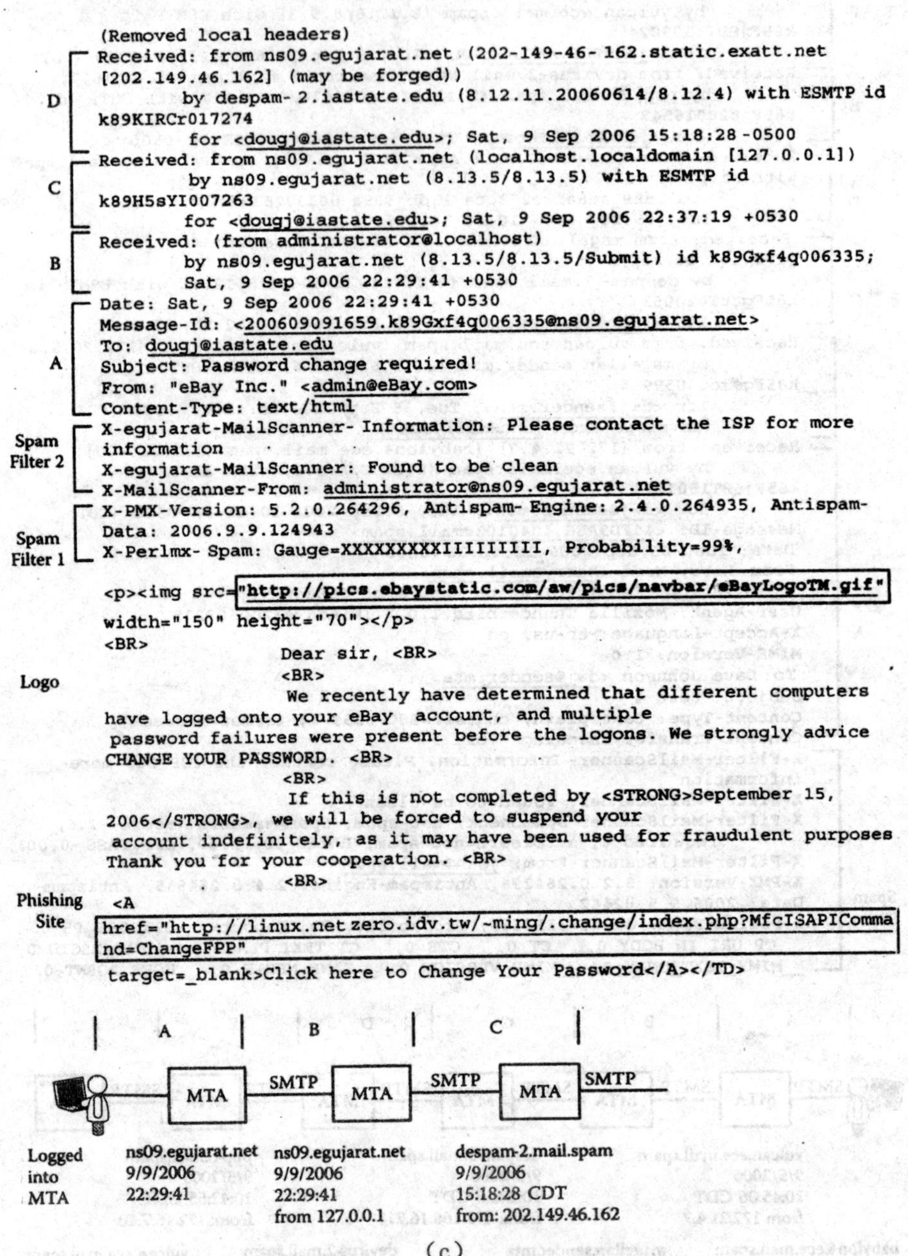

(c)

图 6-15　不同类型的电子邮件消息头部

图 6-15(a)所示的是从一个 Web 电子邮件系统发送到一个用户的电子邮件头部，我们从顶部或底部来分析电子邮件的头部。接触到电子邮件的每个设备都追加一个头部。如图 6-15(a)所示，4 个设备处理了电子邮件消息，每个都在消息中放了一个头部。从第一个设备开始，它在消息中放了头部 A，我们可以看到，它使用 HTTP 协议接收消息，这个消息来自于 Harry6502@spammer. fake，目标地是 john@ee. mail. spam。图 6-15(a)还给出了一个由头部派生的图片，该图片描绘了电子邮件到达目标所经过的路径。电子邮件头部中还包含每台计算机收到消息的时间和日期戳，以及机器名和 IP 地址。根据这些信息，我们可以知道消息是从哪里发出的，什么时间发送的，但关于用户代理，我们除了知道它是基于 Web 的用户代理，别的什么也不清楚。通过与网络注册授权部门联系，可以知道 IP 地址的主人，对于前两台机器实际电子邮件的确使用的是内部 IP 地址，因此还是不能确定使用的 IP 地址的位置，MTA 给出的名称为 nf-out-0910. email. mta，但的确有一个公共 IP 地址(最初的电子邮件消息)且可以追踪。

图 6-15(b)说明了一个电子邮件消息由一个不是基于 Web 的用户代理发送，且通过两个不同的具有电子邮件过滤器的机构传递的情况。标注为 A 的传递者显示了一个由 vulcan. ece. mail. spam 接收的电子邮件消息，它的主机为 babylon4. ece. mail. spam，其目标用户是 dwj@ sender. mta。注意，产生电子邮件消息的用户代理在头部中留下了消息，我们知道用户代理是运行于 Windows 机器上的 Thunderbird，我们还知道部署在用户代理中的机构的名称。

标注为 B 的传递者显示了一个到达目标的电子邮件消息，然后被发送到 despam-3. mail. spam。目标是一个不同的用户，电子邮件被转发，即用户 dwj 发送给用户 john，john 发送电子邮件的主机是 mail. spam。电子邮件此后按照一个垃圾邮件过滤器到一个病毒过滤器，最后到达主机 vulcan. ece. mail. spam 的路径传递。即使电子邮件回到发送方的机器，你也可以明白电子消息是如何被追踪的。

垃圾邮件过滤器在 MIME 头部段中追加头部，用户代理根据这些段中发现的值配置并动作。注意，这个电子邮件是通过两个不同的垃圾邮件处理和病毒扫描程序发送的，前 4 行(以 X-过滤器开头)由一个垃圾邮件过滤器追加，它判定这个电子邮件既不是垃圾邮件，也不是病毒。由 X-PMX 和 X-Perlmx 开头的行是另一个垃圾邮件过滤器，它也要判定消息不含垃圾。在某些情况下，反垃圾邮件过滤器也要在主题行的前面追加文本，以便告诉用户某个消息是否是垃圾。

图 6-15(c)所示的最后一条消息是一条真正的带有发送地址的垃圾邮件,接收方地址已经被改变了。通过这个消息也说明了可以使用 MIME 产生一条电子邮件消息诱骗用户进入一个 Web 网站,并进入他的账户,这称为钓鱼。

由图 6-15(c)可以看出,在头部 A 中,发送者的域(ebay. com)和第一个 MTA(ns09. egujarat. net)的名称不匹配。头部 B 和头部 C 显示,电子邮件发送者登录到机器并产生了消息。ns09. egujarat. net 的 IP 地址是 221. 128. 130. 1,这不是连接到 despam-2 机器的 IP 地址,如头部 D 所示,这表明机器名被发送者欺骗了。这条消息来自某个 ISP 的 IP 地址。我们还注意到,已经追加了两个垃圾邮件过滤器头部。垃圾邮件过滤器头部 1 是由接收方网络追加的,垃圾邮件过滤器头部 2 是由垃圾邮件发送者追加的。

图 6-15(c)也说明了一个图片如何由另一个 Web 网站复制并出现在电子邮件中,在这个例子中,eBay 的商标包含在电子邮件中。电子邮件还包含一个 Web 站点的链接,这个链接将执行钓鱼程序,消息的主体部分已经被删除,其目的是节约存储空间。

6.4 SMTP 编程

6.4.1 SMTP 的指令与回应码

简单电子邮件传输协议(simple mail transfer protocol,SMTP)是为使用 TCP 流服务来工作而设计的。电子邮件服务器侦听大家都熟知的应用端口 25。它的头部格式是非限制性的,由英语单词构成。电子邮件消息必须是 7 比特 ASCII 格式,协议的扩充版本支持二进制数据。然而,7 比特 ASCII 是最常用的格式。SMTP 是熟知的指令-回应协议。指令-回应协议是一方发布命令(一般是客户端),另一方对每一条命令发送回应消息。表 6-3 给出了 SMTP 支持的常用命令,表 6-4 给出了回应消息。这些命令是和 SMTP 服务器的实现和配置有关的,因此这里的命令并不都会被使用或支持。每一条命令和回应由回车符(<cr>)和换行符(<lf>)结束。

表 6-3 常用 SMTP 命令

命令	动作
HELO<domain>	由发送系统使用以识别自身 HELO machine. foo. bar
MAIL FROM：<path>	识别消息来自谁，MAIL FROM：john@issl. org
RCPT TO：<path>	识别消息应该发给谁，对每一个接收者有一个独立的 RCPT TO。RCPT TO：mary
DATA	识别下一条传输包含的消息文本。消息由<cr><lf>.<cr><lf>终止
RSET	终止当前事务
VRFY<user>	返回指定的用户全名（通常不被支持）
EXPN<alias>	返回一个对应于别名的邮箱列表（通常不被支持）
NOOP	返回一个"250 OK"的回应码，用于测试通信
QUIT	终止与电子邮件服务器的连接
HELP	显示支持命令列表
EHLO<domain>	请求扩展 SMTP 模式
AUTH	验证请求
STARTTLS	使用传输层安全

表 6-4 SMTP 回应码

代码	回应状态
2XX	肯定的完整回应，指出命令成功，可以发出一个新的命令
3XX	肯定的中间回应，指出命令成功，但动作保持，并暂停另一条命令的接受
4XX	临时否定的完整回应，表示命令未被接受，然而，错误是临时的
5XX	永久性的否定的回应，表示命令未被接受
代码	回应类型
X0X	句法错误或未完成的命令
X1X	信息，对信息请求的回应
X2X	连接，对连接请求的回应
X3X 和 X4X	未指定
X5X	电子邮件系统，指出接收者的状态

SMTP是一个指令-回应协议，恰好命令用ASCII码，回应也用ASCII码，每个回应码由一个3位的ASCII数和文本字段组成。回应码的第1位数表示命令是成功了还是失败了，第2位数指出代码类型，第3位数用于指出特定代码。表6-5显示了一些最常用的回应码。

表6-5 常用的SMTP回应码

代码	回应
214	帮助消息
220	服务准备好
250	请求行动完成
354	开始电子邮件输入
450	邮箱忙
452	请求行动失败，系统存储空间不够
500	句法错误，不认识的命令
501	参数中有句法错误
502	命令未实现
550	邮箱未发现

6.4.2 ESMTP的工作流程

ESMTP的工作流程如图6-16所示，主要包含建立连接、传送信封、传送数据和断开连接4个阶段。

(1)建立连接

①客户端发送EHLO Local；服务器收到后返回220编码，表示准备就绪。

②客户端发送AUTHLOGIN；服务器收到后返回334编码，表示要求用户输入用户名。

③客户端发送经过Base64编码处理的用户名；服务器收到并经过认证成功后返回334编码，表示要求用户输入密码。

④客户端发送经过Base64编码处理的密码；服务器收到并经过认证成功后返回235编码，表示认证成功，用户可以发送邮件。

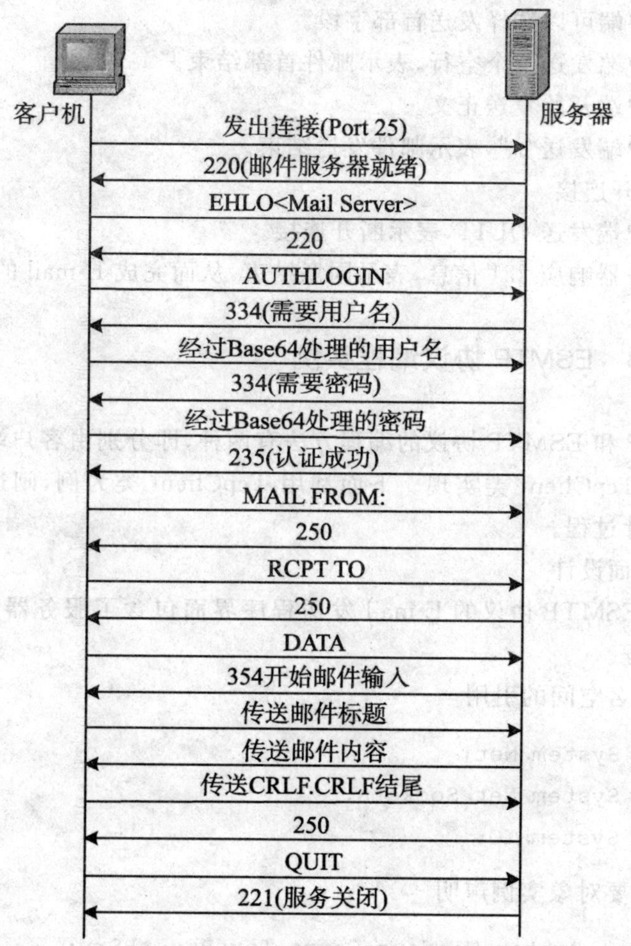

图 6-16 ESMTP 工作流程图

(2)传送信封

①客户端发送 MAIL FROM:＜发信人的 E-mail 地址＞。服务器收到后返回 250 编码，表示该地址正确，请求操作就绪；否则，会返回 550 No such user 信息。

②客户端发送 RCPT TO:＜收信人的 E-mail 地址＞。服务器收到后返回 250 编码，表示该地址正确，请求操作就绪；否则，会返回 550 No such user 信息。

(3)传送数据

①客户端发送 DATA，表示开始向服务器发送 E-mail 数据，包括首部和正文。服务器将返回 354 编码，表示随后可以开始发送 E-mail 数据。

②客户端可以选择发送首部字段。

③客户端发送一个空行，表示邮件首部结束。

④客户端开始发送正文。

⑤客户端发送“.”，表示邮件发送结束。

(4)断开连接

①客户端发送 QUIT，表示断开连接。

②服务器响应 221 信息，表示同意结束，从而完成 E-mail 的正常发送。

6.4.3 ESMTP 协议编程实例

SMTP 和 ESMTP 协议的编程方法有两种，即分别由客户端 Socket 类和客户端 TcpClient 类实现。下面利用 TcpClient 类为例，阐述 E-mail 发送程序设计过程。

(1)界面设计

基于 ESMTP 协议的 E-mail 发送程序界面包含了服务器对用户信息的验证过程。

(2)命名空间的引用

```
using System.Net;
using System.Net.Sockets;
using System.IO;
```

(3)主要对象实例声明

```
private System.Windows.Forms.TextBox tBSrv;          //ESMTP 服务器
private System.Windows.Forms.TextBox tBpwd;          //用户密码
private System.Windows.Forms.TextBox tBUser;         //用户名
private System.Windows.Forms.TextBox tBSend;         //发信人的 E-mail 地址
private System.Windows.Forms.TextBox tBRev;          //收信人的 E-mail 地址
private System.Windows.Forms.TextBox tBSubject;      //邮件主题
private System.Windows.Forms.TextBox tBMailText;     //邮件内容
private System.Windows.Forms.Button btnSend;         //E-mail 发送按钮
private System.Windows.Forms.ProgressBar pb1;        //进度条
```

```
private System.Windows.Forms.ListBox listBoxMsg;  //协议信息查看
TcpClient smtpSrv;
NetworkStream netStrm;
string CRLF= "\r\n";
```

(4)主要程序代码及其描述

“E-mail 发送”按钮的单击事件响应代码：

```
private void btnSend_Click(object sender,System.EventArgs e)
{
    listBoxMsg.Items.Clear();
    try
    {
        string data;
        pb1.Visible= true;
        labelp.Visible= true;
        pb1.Value= 0;
        //建立与 SMTP 服务器的连接
        smtpSrV= new TcpClient(tBSrv.Text,25);
        //获取一个网络流对象,以便通过网络连接来发送和接收数据
        netStrm= smtpSrV.GetStream ();
        //生成一个 StreamReader 对象,用于从流中读取数据
         StreamReader rdStrm= new StreamReader(smtpSrv.GetStream());
        //向服务器发送 EHLO Local,请求建立连接
        WriteStream("EHLO Local");
        //读取服务器返回的信息,并写入信息列表中
        listBoxMsg.Items.Add(rdStrm.ReadLine());
        pb1.Value+ + ;
        //向服务器发送 AUTH LOGIN,请求认证
        WriteStream("AUTH LOGIN");
        listBoxMsg.Items.Add(rdStrm.ReadLine());
        pb1.Value+ + ;
        data= tBUser.Text;
        //转换为 Base64 编码格式
        data= AuthStream(data);
```

```
//向服务器发送用户名
WriteStream(data);
listBoxMsg. Items. Add(rdStrm. ReadLine());
pb1. Value+ + ;
data= tBpwd. Text;
//转换密码为 Base64 编码格式,且传送给服务器
data= AuthStream(data);
WriteStream(data);
listBoxMsg. Items. Add(rdStrm. ReadLine());
pb1. Value+ + ;
//开始发送 E-mail 的信封
//发信人的 E-mail 地址
data= "MAIL FROM:< "+ tBSend. Text+ "> :"
WriteStream(data);
listBOXMsg. Items. Add(rdStrm. ReadLine());
pb1. Value+ + ;
//收信人的 E mail 地址
data= "RCPT TO:< "+ tBRev. Text+ "> ";
WriteStream(data);
listBOXMsg. Items. Add(rdStrm. ReadLine());
pb1. Value+ + ;
//开始发送数据
WriteStream("DATA");
listBoxMsg. Items. Add(rdStrm. ReadLine());
pb1. Value+ + ;
//开始发送邮件的首部信息
data= "Date:"+ DateTime. NOW;     //发送日期
WriteStream(data);
pb1. Value+ + ;
//发送邮件发送者信息
data:"From:"+ tBSend. Text;
WriteStream(data);
pb1. Value+ + ;
//发送邮件接收者信息
data= "TO:"+ tBRev. Text;
WriteStream(data);
```

```
            pbl.Value++;
            //发送邮件的主题
            data="SUBJECT:"+tBSubject.Text;
            WriteStream(data);
            pbl.Value++;
            //发送回复地址
            data="Reply-TO:"+tBSend.Text;
            WriteStream(data);
            pbl.Value++;
            //发送一个空行,表示首部结束,开始正文发送
            WriteStream(" ");
            pbl.Value++;
            //发送邮件正文
            WriteStream(tBMailText.Text);
            pbl.Value++;
            //发送"·",表示邮件内容结束
            WriteStream("·");pbl.Value++;
            listBOxMsg.Items.Add(rdStrm.ReadLine());
            //发送断开连接命令
            WriteStream("QUIT");
            pbl.Value++;
            listBoxMsg.Items.Add(rdStrm.ReadLine());
            netStrm.Close();
            rdStrm.Close();
            pbl.Visible=false;
            labelp.Visible=false;
            MessageBox.Show("邮件发送成功!","成功");
        }
        catch (Exception ex)
        {
            MessageBox.Show(ex.ToString(),"操作错误!");
        }
    }
```

函数 Authstream 实现认证信息的 Base64 编码:

```
private string AuthStream(string strCmd)
{
```

```
        try
        {
byte[]by= System.Text.Encoding.Default.GetBytes(strCmd.ToCharArray());
            strCmd= Convert.ToBase64String(by);
        }
        catch(Exception ex)
        {
            return ex.ToString();
        }
        return strCmd;
    }
```

函数 writeStream 用以将每行附加一个结束符，并发送到网络流中。

```
    private void WriteStream(string strCmd)
    {
            strCmd+ = CRLF;
byte[]bw= System.Text.Encoding.Default.GetBytes(strCmd.ToCharArray());
        netStrm.Write(bw,0,bw.Length);
}
```

6.5　POP3 协议编程

6.5.1　POP3 的指令与回应码

POP 协议用于将电子邮件从电子邮件服务器传输到运行用户代理的计算机上，POP 提供了对远程电子邮件的预览和有限的管理功能。POP 也提供用户在访问电子邮件之前的验证功能。POP 协议是以真实的邮局系统为模板的，在邮局系统中，用户也有一个邮箱并也要经过某种验证。邮箱作为电子邮件的中间存储，直到用户查询电子邮件并从邮局取走电子邮件。POP 协议以同样的方式工作，用户先通过服务器验证，然后查询电子邮件，并决定哪些电子邮件不要，哪些电子邮件传输到用户的计算机上。

POP 协议的版本 3(通常称为 POP3)使用 TCP 协议使客户端用户代理连接到服务器,POP3 服务器侦听端口 110,并等待客户端的连接和用户验证。POP3 协议是一个类似 SMTP 的指令-回应协议,表 6-6 列出了 POP3 的指令-回应码。

表 6-6　常用 POP3 指令-回应码

命令	动作
USER name	用户名验证
PASS string	发送用户密码
STAT	返回消息数量
LIST[msg]	返回消息大小,或如果未指定,即返回所有消息大小
RETR msg	给客户端发送完整消息
DELE msg	删除服务器消息
NOOP	不操作,返回 OK 状态代码
RSET	清除删除指示符
QUIT	退出会话
TOP msg n	返回消息的第一批 n 行
UIDL msg	为请求消息返回唯一的 ID 字符串,会话期间不改变
回应码	动作
－ERR message	错误
＋OK message	命令成功

有两类回应码:ERR 表示有错误,OK 表示命令成功(注意,ERR 以－开始,OK 以＋开始)。

图 6-17 说明了典型的使用 POP3 协议的客户端和服务器之间的交互。注意,用户名和密码是不加密送到服务器的,如果用户名不正确,那么大多数 POP3 服务器会提示输入密码,而不让攻击者知道已经猜测到有效的用户名。这与 SMTP 处理 RCPT TO:命令有什么区别呢?主要区别是由 SMTP 服务器为用户处理的电子邮件地址可能不是服务器上的用户名,而 POP3 协议中的用户名是服务器中的有效用户名,这意味着攻击者如果知道密码的话,可以使用那个用户名登录服务器。

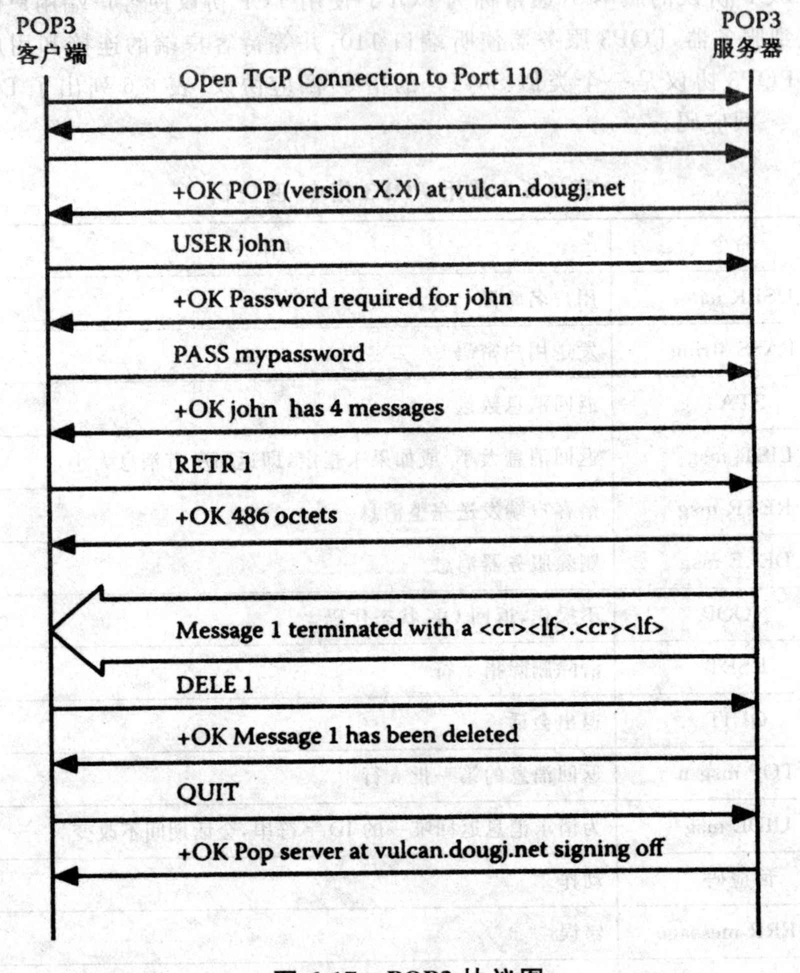

图 6-17　POP3 协议图

如图 6-17 所示，一旦 POP3 客户端通过验证，服务器就会回应电子邮件消息号，客户端可以查询任何消息和删除任何消息。注意，被删除的消息要等到 QUIT 命令结束会话时才被删除。当客户端查询一条消息时，它使用的是消息号，并显示消息中的字节数，接着消息由服务器发送过来。此外，要注意，消息是由＜cr＞＜lf＞.＜cr＞＜lf＞终止的。

6.5.2　POP3 的工作流程

POP3 的工作流程如图 6-18 所示。

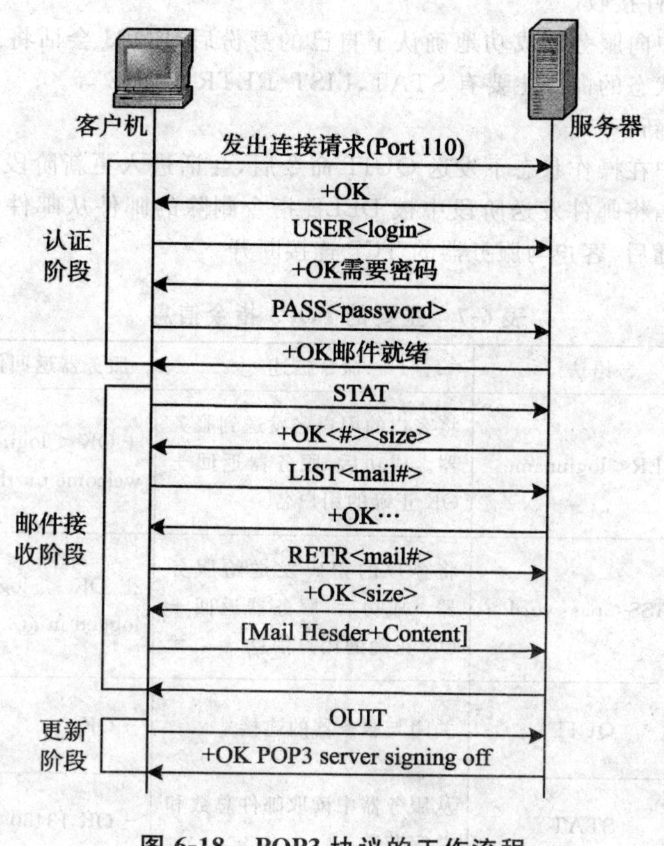

图 6-18　POP3 协议的工作流程

一开始，POP3 服务器通过监听 TCP 端口 110 开始 POP3 服务。当客户主机需要使用服务时，它将请求与服务器主机建立 TCP 连接。当连接成功时，POP3 服务器发送确认消息，于是连接建立。

POP3 的命令由一个命令动词和一些参数组成，所有命令以一个 CRLF 对结束。POP3 响应由一个状态码和一个可能带有附加信息的命令组成，所有响应也是由 CRLF 对结束。

POP3 的主要命令和响应信息如表 6-7 所示，它对应于客户与服务器之间的 3 个工作阶段。

(1)认证

POP3 客户负责打开一个 TCP 连接，POP3 服务器接收后发送一个单行的确认。此时，客户需要向服务器发送用户名和密码进行认证。所使用的指令为 USER、PASS。

(2)邮件接收

当客户向服务器成功地确认了自己的身份后，POP3 会话将进入接收阶段。该状态的命令主要有 STAT、LIST、RETR、DELE 等。

(3)更新

当客户在操作状态下发送 QUIT 命令后，会话进入更新阶段。更新的含义主要指将邮件发送阶段中被 DELE 指令删除的邮件从邮件信箱中永久删除。随后，客户与服务器的 TCP 连接断开。

表 6-7　主要的 POP3 指令信息

命令	语法	命令描述	服务器返回信息示例
USER	USER<loginname>	将客户的用户名发送到服务器。成功后，服务器返回＋OK 正确的用户名	＋OK <loginname> is welcome on this server
PASS	PASS<password>	将客户的密码发送给服务器。成功后，服务器返回＋OK 正确的用户信息	＋ OK < loginname > logged in at 23:15
QUIT	QUIT	关闭与服务器的连接	＋OK
STAT	STAT	从服务器中读取邮件总数和总字节数	＋OK 13450
LIST	LIST<mail#>	从服务器中获取邮件列表和大小	＋OK 2 messages (350 octets) 200 150.
RETR	RETR<mail#>	从服务器中获得一份邮件	＋OK 220 octets <服务器发送邮件 1 内容>.
DELE	DELE<mail#>	服务器将邮件标记为删除，当执行 OUIT 命令时才真正删除	＋OK 1 Deleted.(1 为邮件号)

6.6 利用类发送 E-mail 的方法及编程

6.6.1 利用 SmtpMail 类发送 E-mail

微软公司在 .NET 中提供了 SmtpMail 类，能够简化 E-mail 发送程序设计。该类属于 System. Web. Mail 命名空间。

1. System. Web. Mail 介绍

使用 System. Web. Mail 时，需要引用 System. Web 组件，即 System. Web. dll。添加该组件有以下 2 种方法：

①在 VS. NET 项目中执行添加引用命令，选定 .NET 中的 System. Web. dll 组件。

②在程序中使用 using 语句导入 System. Web. Mail，即 using System. Web. Mail。

System. Web. Mail 命名空间包括 MailMessage、MailAttachment 和 SmtpMail 3 个类，以及 MailPriority、MailFormat 和 MailEncoding 3 个枚举类型。

(1)SmtpMail 类

提供用于使用 Windows 2000 的协作数据对象(CDOSYS)消息组件来发送消息的属性和方法。常用的属性是 SmtpServer，常用的方法是 Send 方法。

SmtpServer 属性用于发送所有 E-mail 的 SMTP 邮件服务器的名称。如果没有设置，默认情况下，邮件在 Windows 2000 系统中进行排队，从而确保调用程序不会阻塞网络通信；如果设置了该属性，则邮件将被直接传送到指定的服务器。

使用方法示例：

```
using System.Web.Mail;
…
SmtpMail.SmtpServer= "smtp.bipt.edu.cn";
```

(2)MailAttachment 类

提供用于构造 E-mail 附件的属性和方法。其常用属性有：

①Encoding:获取 E-mail 附件的编码类型。

②Filename:获取附件文件的名称。

(3)MailMessage 类

它提供了用于构造 E-mail 的属性和方法,属性如表 6-8 所示。

表 6-8　MailMessage 类的属性

属性	含义
Attachments	指定随消息一起传输的附件列表
Bcc	获取或设置以分号分隔的 E-mail 地址列表,这些地址接收 E-mail 的密件副本(BCC)
Body	获取或设置 E-mail 的正文
BodyEncoding	获取或设置 E-mail 正文的编码类型
BodyFormat	获取或设置 E-mail 正文的内容类型
Cc	获取或设置以分号分隔的 E-mail 地址列表,这些地址接收 E-mail 的抄送副本(CC)
From	获取或设置发件人的 E-mail 地址
Headers	指定随 E-mail 一起传输的自定义标头
Priority	获取或设置 E-mail 的优先级
Subject	获取或设置 E-mail 的主题行
To	获取或设置收件人的 E-mail 地址
UrlContentBase	获取或设置 Content-Base HTTP 标头,即在 HTML 编码的 E-mail 正文中使用的所有相对 URL 的 URL 基
UrlContentLocation	获取或设置 E-mail 的 Content-Location HTTP 标头

E-mail 地址包括发件人账号与收件人账号,收件人账号又细分为收件人(To)、副本(CC)和密件副本(BCC)。

程序示例如下:

```
using System.Web.Mail;
…
System.Web.Mail.MailMessage mailMsg= new MaiiMessage();
mailMsg.From= "zzz@ 126.com";
mailMsg.To= "xxx@ 163.com";
```

```
mailMsg.Cc= "mmm@126.com";
```

在处理多个 E-mail 地址时，邮件账号是以分号隔开的，如：

```
using System.Web.Mail;
...
System.Web.Mail.MaiiMessage mailMsg= new MailMessage();
maiiMsg.From= "zzz@126.com";
mailMsg.To= "xxx@163.com;mmm@126.com";
```

2. 处理 E-mail 信息及附件

E-mail 信息包含 E-mail 标题和 E-mail 内容。E-mail 标题的内容指的是 From、To、Reply-To、Subject、Date、Received、Message-ID、MIME-Version、Content-Type 和 X-Mailer。

根据 RFC 822 的定义，邮件内容以 ASCII 为其文本格式。邮件内容的处理方法有 3 种：

①使用 System.Web.Mail.MailMessage 类的 Body 属性；

②使用 System.Web.Mail.MailMessage 类的 BodyFormat 属性，定义邮件为 HTML 的 MIME 格式。

Public MailFormat BodyFormat{get;set;}

BodyFormat 属性为 System.Web.Mail.MailFormat 的枚举类型，其值可选为：

- Html：设置邮件格式为 HTML 的 MIME 格式(text/html)；
- Text：设置邮件格式为纯文本(text/plain)。

下面举例说明发送 HTML 格式的邮件内容：

```
using System.Web.Mail;
...
System.Web.Mail.MailMessage mailMsg;
string mailBody= " ";
mailBody= "< HTML> < BODY> ";
mailBody= mailBody&"< P> < FONT COLOR= " "# FF0000" "> ";
mailBody= mailBody&"This is a HTML format E-mail.";
mailBody= mailBody&"< /Font> < /P> ";
mailBody= mailBody&"< /BODY> < /HTML> ";
mailMsg.BodyFormat= MailFormat.Html;
mailMsg.Body= mailBody;
```

③使用 MailMessage 类的 BodyEncoding 属性设置邮件的字符编码方式，如 ASCII、Unicode、UTF7、UTF8 等。BodyEncoding 属性的类型是 System. Text. Encoding，其属性值可以设为系统默认、Encoding. UTF7 或 Encoding. UTF8，比如：

mailMsg. BodyEncoding＝System. Text. Encoding. UTF8；

邮件内容分为内容 Text 和附件 Attachment，若邮件内容为 MIME 格式且含有附件，称为多重格式。处理多重格式的邮件时，需要使用下列 2 个对象：

- System. Web. Mail. MailMessage 类的 Attachment 属性；
- System. Web. Mail. MailAttachment 类。

首先设置 MailAttachment 类，其后将 MailAttachment 类所设置的附件加如 MailMessage 类的 Attachment 属性中，比如：

```
using System. Web. Mail;
System. Web. Mail. Attachment mailAttach;
mailAttach= new MaiiAttachment("E:\tempMail. txt");
```

或者

```
mailAttach= new MailAttachment( "E:\ tempMail. txt", MailEn-
coding. UUEncode);
mailMsg. Attachments. Add(mailAttach);
```

若有几个附件，则依次用 Attachment 的 Add 方法将 MailAttachment 类所设置的附件加入 Attachments 属性中，如：

```
mailAttach= new MaiiAttachment("E:\tempMail1. txt");
mailMsg. Attachments. Add(mailAttach);
mailAttach= new MaiiAttachment("E:\tempMail2. txt");
mailMsg. Attachments. Add(mailAttach);
...
```

从而完成多个附件的设置。

3. E-mail 发送方法

在 System. Web. Mail 中，发送程序是由 SmtpMail 类的 Send 方法来处理，函数原型为：

```
public static void Send(MailMessage message);
public static void Send( string from, string to, string subject,
string messageText);
```

发送示例：

```
System.Web.Mail.MailMessage mailMsg= new MailMessage();
mailMsg.From= "zzz@ 126.com";
mailMsg.TO= "xxx@ 163.com";
mailMsg.Subject= "E-mail 通知";
mailMsg.Body= "E-mail 正文";
SmtpMail.Send(mailMsg);
```

或者，

```
SmtpMail.Send("zzz@ 126.com","xxx@ 163.com","E-mail 通知",
"E-mail 正文");
```

这种代码比较简单，便于理解和使用。但是，它不支持 ESMTP 服务器的认证。

此外，在发送邮件之前，可以使用 MailMessage 类的 Priority 属性(其值有 High、Low 和 Normal 3 种)来设置邮件发送的优先处理顺序，比如：

```
maiiMsg.Priority= MailPriority.High;
SmtpMail.Send(mailMsg);
```

6.6.2　利用 JMail 类发送 E-mail

1. JMail 组件的特点

JMail 具有以下基本特点：

①可以发送附件。

②详细日志能力，便于查看问题所在。

③设置邮件发送的优先级。

④支持多种格式的邮件发送，例如以 HTML 或者 TXT 的方式发送邮件。

⑤密件发送/(CC)抄送，紧急信件发送能力。

⑥最关键的就是，这是款免费的组件，所以非常值得使用。

JMail 4.0 以上版本除了具备以上特点外，还有以下优点：

①支持需要发信认证的 SMTP 服务器，现在多数免费邮箱都需要 SMTP 发信认证。

②当服务器支持 SMTP 发信时，JMail 可以将信件加入 SMTP 发信队

列,因而速度很快。

③支持在 HTML 邮件中嵌入附件中的图片。

④支持 POP3 收信,便于自行开发邮件的收发软件。

⑤支持 PGP 加密邮件。

⑥支持邮件合并,便于群发邮件,且每封信可以不同。

2. 基于 JMail 组件的 E-mail 发送编程

单击 btnSend 按钮实现 E-mail 的发送。

```
private void btnSend_Click(object sender,System.EventArgs e)
{
    jmail.Message jmessage= new jmail.MessaqeClass();
    jmessage.Charset= "GB2312";
    jmessage.From= "zzz@ hotmail.com";
    jmessage.FromName= "Zhang Xiaoming";
    jmessage.ReplyTo= "xxx@ 163.com";
    jmessage.Subj ect= "test E-mail from jmessage";
     jmessage.AddRecipient ( " xxx @  163.com "," Zhang  Xiaom-
ing","123");
    jmessage.Body= "jmail 的测试内容";
    jmessage.MailServerUserName= "Zhang Xiaoming";
    jmessage.MailServerPassWord= "user password";
    //设置优先级,范围从 1～5,越大的优先级越高,3 为普通
    jmessage.Priority= 3
    jmessage.Send("smtp-server",false);
    MessageBox.Show("E-mail 发送成功!");
    jmessage.Close();
```

第7章 网络信息加密传输技术及编程理论

网络安全问题已经成为信息化社会的一个焦点问题，网络中的信息安全问题主要是信息存储安全与信息传输安全。信息在传输过程中可能会遭遇各种攻击，报告截获、中断、篡改和伪造等，如图 7-1 所示。因此，需要采取有效的网络安全策略与网络安全防护体系。

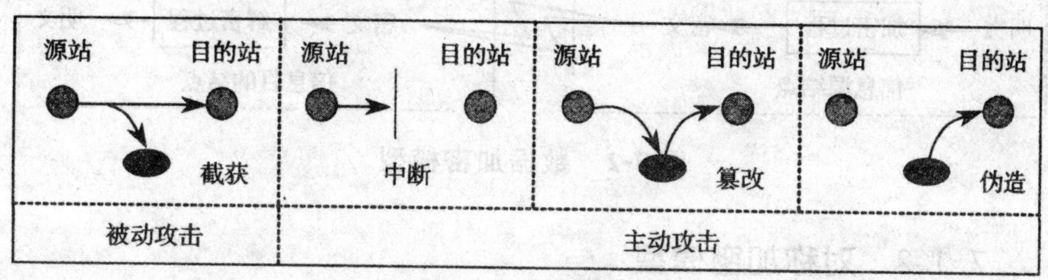

图 7-1 网络攻击分类

7.1 网络加密模型

在保障信息安全各种功能特性的诸多技术中，密码技术是信息安全的核心和关键技术，通过数据加密技术，可以在一定程度上提高数据传输的安全性，保证传输数据的完整性。

数据加密技术从其发展过程来看，可以分为古典加密技术和现代加密技术两个阶段。古典加密技术主要是通过对文字信息进行加密变换来保护信息，主要有替代算法和置换移位法两种基本算法。现代加密技术充分应用了计算机、通信等手段，通过复杂的多步运算来转换信息。数据加密模型中谈到由于一个数据加密系统主要的安全性是基于密钥的。在现代数据加密技术中，将密钥体制分为对称密钥体制和非对称密钥体制两种。相应地，对数据加密的技术也分为两类，即对称加密技术和非对称加密（也称为公开密钥加密）技术。对称加密技术以 DES（data encryption standard）算法为典型代表，非对称加密通常以 RSA（rivest shamir adleman）算法为典型代表。对称加密的加密密钥和解密密钥相同，而非对称加密的加密密钥和解密密钥不同，加密密钥可以公开，而解密密钥则需要保密。

要了解古典加密技术和现代加密技术，就必须掌握数据加密模型。

7.1.1 数据加密工作模型

数据加密过程就是通过加密系统把原始的数字信息（明文），通过数据加密系统的加密方式将其变换成与明文完全不同的数字信息（密文）的过程；密文经过网络传输到达目的地后再用数据加密系统的解密方法将密文还原成为明文。其工作模型如图 7-2 所示。

图 7-2 数据加密模型

7.1.2 对称加密模型

1977 年 1 月，美国政府颁布采纳 IBM 公司设计的方案作为非机密数据的正式数据加密标准，这就是 DES 加密标准。后来，ISO 也将 DES 作为数据加密标准。DES 算法对信息的加密和解密都使用相同的密钥，即加密密钥也可以用作解密密钥。这种方法在密码学中叫做对称加密算法，也称之为对称密钥加密算法。除了数据加密标准（DES），另一个对称密钥加密系统是国际数据加密算法（IDEA），它比 DES 的加密性好，而且对计算机功能要求也没有那么高。IDEA 加密标准由 PGP（pretty good privacy）系统使用。

对称加密算法的加密过程如图 7-3 所示。在通信网络的两端，双方约定一致的加密密钥和解密密钥，在通信的源点用密钥对核心数据进行 DES 加密，然后以密码形式在公共通信网中传输到通信网络的终点。数据到达目的地后，用同样的密钥对密码数据进行解密，再现了明码形式的核心数据。这样，便保证了核心数据在公共通信网中传输的安全性和可靠性。

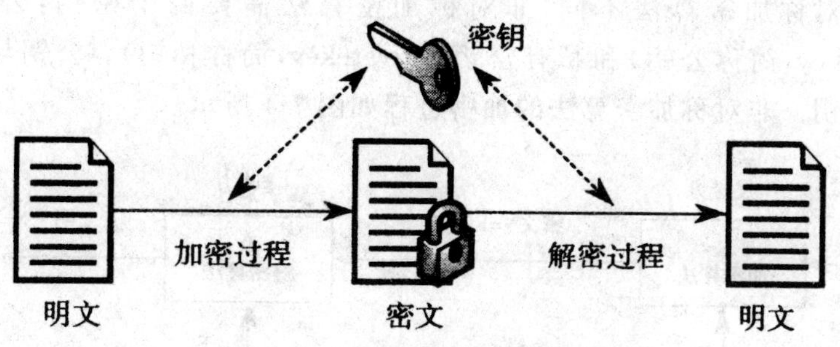

图 7-3 对称加密模型

一些常见的对称密钥算法情况如表 7-1 所示。

表 7-1 常见的对称密钥算法

密码算法	作者	密钥长度	说明
DES	IBM	56	对于现在使用,太弱了
IDEA	Massey 和 Xuejia	128	好,但是属于专利算法
RC4	Ronald Rivest	1～2048	小心,有一些弱密钥
RC5	Ronald Rivest	128～256	好,但是属于专利算法
Rijndael	Daemen 和 Rijmen	128～256	最佳的选择
Serpent	Anderson,Biham,Knuds	128～256	很强
三重 DES	IBM	168	第二最佳选择
Twofish	Bruce Schneier	128～256	很强,被广泛使用

7.1.3 非对称加密模型

1976 年,美国斯坦福大学的两名学者迪菲(Diffie)和赫尔曼(Hellman)为解决 DES 算法密钥利用公开信道传输分发的问题,提出一种新的密钥交换协议,允许在不安全媒体上的通信双方交换信息,安全地达成一致的密钥,这就是“公开密钥系统”。相对于“对称加密算法”,这种方法也叫做“非对称加密算法”。1977 年,即 Diffie-Hellman 的论文发表一年后,MIT 的 3 名研究人员根据这一想法开发了一种实用方法,这就是 RSA 算法。1983 年,RSA 正式被采用为标准,它是目前使用最广泛的非对称加密算法。

与对称加密算法不同，非对称加密算法需要两个密钥：公开密钥(publickey，简称公钥)和私有密钥(privatekey，简称私钥)。公钥与私钥是一对密钥。非对称加密算法的加密过程如图 7-4 所示。

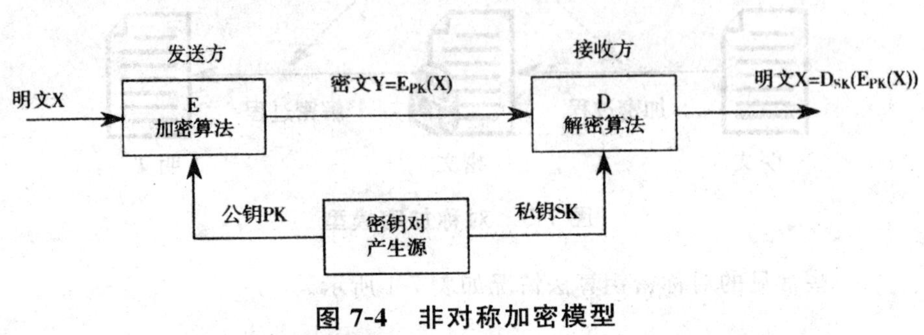

图 7-4 非对称加密模型

7.1.4 数字签名模型

现实生活中的书信或文件是根据亲笔签名或印章来证明其真实性的。签名的作用有两点，一是因为自己的签名难以否认，从而确认了文件已签署这一事实；二是因为签名不易仿冒，从而确定了文件是真的这一事实。在计算机网络中传送的报文又是如何盖章呢？这就是数字签名所要解决的问题。数字签名与书面文件签名有相同之处，采用数字签名，也能确认以下两点：

①信息是由签名者发送的；

②信息自签发后到收到为止未曾作过任何修改。

这样数字签名(digital signature)就可用来防止电子信息因被修改而有人做假，或冒用别人名义发送信息，或发出(收到)信件后又加以否认等情况发生。

数字签名一般采用非对称加密技术(如 RSA)，通过对整个明文进行某种变换得到一个值，作为核实签名。接收者使用发送者的公开密钥对签名进行解密运算，若其结果为明文，则签名有效，证明对方的身份是真实的。当然，签名也可以采用多种方式，例如，将签名附在明文之后。数字签名普遍用于银行、电子贸易等。

1. 数字签名的工作过程

数字签名采用了双重加密的方法来保证信息的完整性和发送者的不可抵赖性，如图 7-5 所示。

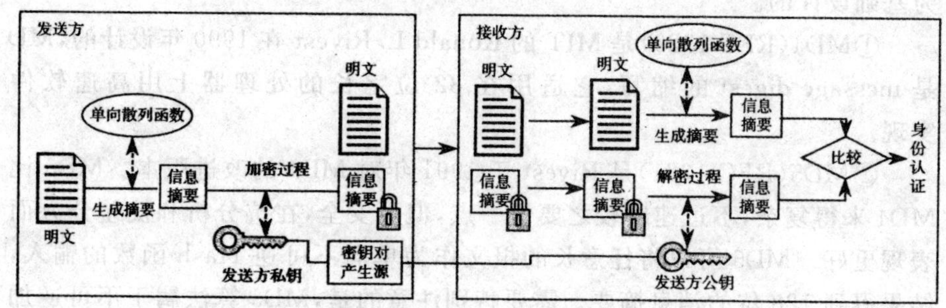

图7-5 数字签名模型

数字签名的工作步骤如下：

①被发送消息用哈希算法加密产生128bit的消息摘要A。

②发送方用自己的私用密钥对消息摘要A再加密，这就形成了数字签名。

③发送方通过某种关联方式，比如封装，将消息原文和数字签名同时传给接收方。

④接收方用发送方的公开密钥对数字签名解密，得到消息摘要A；如果无法解密，则说明该信息不是由发送方发送的。如果能够正常解密，则发送方对发送的消息就具有不可抵赖性。

⑤接收方同时对收到的文件用约定的同一哈希算法加密产生又一摘要B。

⑥接收方将对摘要A和摘要B相互对比。如两者一致，则说明传送过程中信息没有被破坏或篡改过，否则不然。

2. 消息摘要的概念

消息摘要(message digest)又称为数字摘要(digital digest)，它是一个唯一对应一个消息或文本的固定长度的值，由一个单向Hash加密函数对消息进行作用而产生。如果消息在途中改变了，则接收者通过对收到消息的新产生的摘要与原摘要进行比较，就可知道消息是否被改变了。因此，消息摘要保证了消息的完整性。

消息摘要采用单向hash函数将需加密的明文“摘要”成一串128bit的密文，这一串密文亦称为数字指纹(finger print)，它有固定的长度，且不同的明文摘要成密文，其结果总是不同的，而同样的明文其摘要必定一致。

3. 常用哈希算法

MD5和SHA-1是目前应用最广泛的hash算法，而它们都是以MD4

为基础设计的。

①MD4(RFC 1320)是 MIT 的 Ronald L. Rivest 在 1990 年设计的,MD 是 message digest 的缩写,它适用在 32 位字长的处理器上用高速软件实现。

②MD5(RFC 1321)是 Rivest 于 1991 年对 MD4 的改进版本。MD5 比 MD4 来得复杂,不过速度较之要慢一点,但更安全,在抗分析和抗差分方面表现更好。MD5 可以将任意长的报文作为单向不可逆 Hash 函数的输入,结果得到 128 位的消息摘要。需要特别注意的是,MD5 算法属于不可逆加密算法,其特征是加密过程不需要密钥,并且经过加密的数据无法被解密,只有同样的输入数据经过同样的不可逆加密算法才能得到相同的加密数据。

③SHA 和 SHA-1:安全哈希算法(SHA)是由美国国家标准和技术协会(National Institute of Standards and Technology)开发的,该协会隶属于美国商务部,负责发放密码规程的标准。1994 年,又发布了 SHA 原始算法的修订版,称为 SHA-1。与 MD5 相比,SHA-1 生成 160 位的信息摘要,虽然执行更慢,却被认为更安全。它的抗穷举性更好,明文信息的最大长度可达到 264 位。

7.2 对称加密技术

7.2.1 古典加密算法

代码密码、替换密码、变位加密等都是基于统计特性的加密方法,此类加密方法,不能称之为科学,而只能算是一种艺术,而基于统计特性,也正是这类加密方法的致命缺陷。为了提高保密强度,可将这几种加密算法结合使用,形成秘密密钥加密算法。由于可以采用计算机硬件和软件相结合来实现加密和解密,算法的结构可以很复杂,有很长的密钥,使破译很困难,甚至不可能。由于算法难以破译,可将算法公开,攻击者得不到密钥,也就不能破译,因此这类算法的保密性完全依赖于密钥的保密,且加密密钥和解密密钥完全相同或等价,故又称为对称密钥加密算法,其通信模型如图 7-6 所示,其加密模式主要有序列密码和分组密码两种方式。

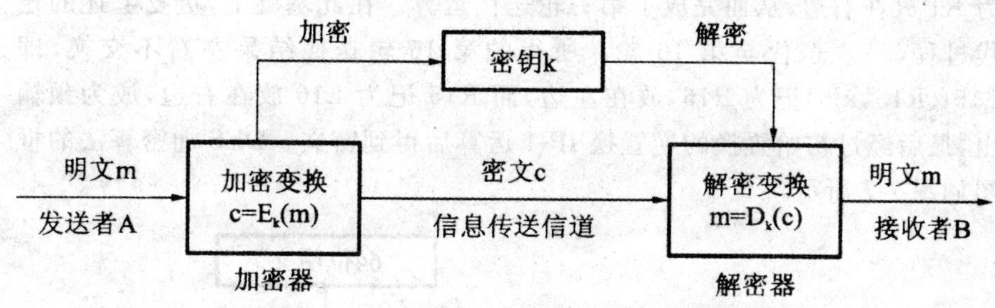

图 7-6　对称密钥密码体制的通信模型

7.2.2　DES 算法

DES 算法是由 IBM 公司的 W. Tuchman 和 C. Meyer 于 1972 年研制成功的，1976 年 11 月，美国政府采用了这个算法，之后美国国家标准局和美国国家标准协会（American National Standard Institute，ANSI）承认了这种算法。1977 年 1 月以数据加密标准（Data Encryption Standard，DES）的名称正式公布于社会，并于 1977 年 7 月 15 日生效。之后，DES 成为金融界及其他非军事行业应用最为广泛的对称加密标准。DES 是分组密码的典型代表，也是第一个被公布出来的标准算法。DES 的算法是完全公开的，这在密码学史上开创了先河，虽然美国政府已经用新的数据加密标准 AES 取代了 DES，但 DES 在现代分组密码理论的发展和应用中起到了决定性作用，DES 的理论和设计思想仍有重要的参考价值。

1. DES 算法描述

DES 是一个 16 轮的 Feistel 型结构密码，它的分组长度为 64 位，用一个 56 位的密钥来加密一个 64 位的明文串，输出一个 64 位的密文串。其中，使用密钥为 64 位的，实际上用 56 位，另 8 位（第 8，16，24，32，40，48，56，64 位）用做奇偶校验。加密的过程是，先对 64 位明文分组进行初始置换，然后分左、右两部分分别经过 16 轮迭代，然后再进行循环移位与变换，最后进行逆变换得出密文。加密与解密使用相同的密钥，因而它属于对称密码体制。

假设输入的明文数据是 64 位。首先经过初始置换 IP 后把其左半部分 32 位记为 L0，右半部分 32 位记为 R0，即成了置换后的输入；然后把 R0 与密钥产生器产生的子密钥 k1 进行运算，其结果计为 f(R0，k1)；再与 L0 进行模 2 加得到 L0f(R0，k1)，把 R0 记为 L1 放在左边，而把 L0f(R0，k1)记为 R1 放在右边，从而完成了第一轮迭代运算。在此基础上，重复上述的迭代过程，一直迭代至第 16 轮。所得的第 16 轮迭代结果左右不交换，即 L15f(R15,kl6)记为 R16，放在左边，而 R15 记为 L16 放在右边，成为预输出，最后经过初始置换的逆置换 IP-1 运算后得到密文。DES 加密算法的框图如图 7-7 所示。

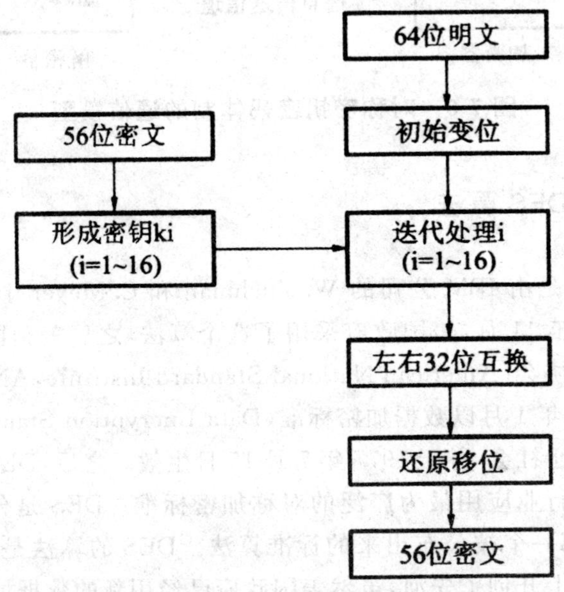

图 7-7　56 位 DES 加密算法的框图

2. DES 加密算法对明文的加密过程

①将长的明文分割成 64 位的明文段，逐段加密。将 64 位明文段首先进行与密钥无关的初始变位处理。

②初始变位后的结果，要进行 16 次迭代处理，每次迭代的算法相同，但参与迭代的密钥不同，密钥共 56 位，分成左右两个 28 位，第 i 次迭代用密钥 ki 参加操作，第 i 次迭代后，左右 28 位的密钥都作循环移位，形成第 i+1 次迭代的密钥。

③经过 16 次迭代处理后的结果进行左、右 32 位的互换位置操作。

④将结果进行一次与初始变位相逆的还原变换处理得到了 64 位的密文。

上述加密过程中的基本运算包括变位、替换和“异或”运算。DES 算法是一种对称算法，既可用于加密，也可用于解密。解密的过程和加密的相似，但密钥使用顺序刚好相反。

3. DES算法的安全性

由于DES算法是公开的，因此其保密性仅取决于对密钥的保密。DES算法的密钥长度为56位，56位长的密钥意味着有2^{56}种可能的密钥，也就是说，共有7.2×10^{16}种密钥，假设一台计算机$1\mu s$可执行一次DES加密，同时假定平均只需搜索密钥空间的一半即可找到密钥，则破译DES要超过1000年的时间。因此，在DES刚成为标准的时候，就当时的计算机水平来讲，在计算机上破解DES的密钥是不可行的，因此，认为DES算法是安全的。

但是随着现代计算机软硬件水平的提高，网络和分布式计算机技术的出现，DES算法面临着严重的挑战。在1999年有人借助一台价格不到25万美元的专用计算机，用略多于22小时的时间就破译了56位密钥的DES。若用价格为100万美元或1000万美元的计算机，则预期的搜索时间分别为3.5小时或21分钟。

4. 三重数据加密标准

1979年，在DES的使用过程中，IBM已经意识到DES的密钥长度太短，不足以保证加密的安全性，于是设计了一种能够有效增加加密安全性的算法，即三重数据加密标准(Triple DES，3DES)的加密标准。

3DES使用两个密钥，并执行三次DES算法。使用两个密钥的原因是考虑到密钥长度对系统的开销，两个DES密钥加起来的长度为112位，这对于商业应用已经足够了。如果使用三个密钥，其长度达到168位，对系统的要求将会提高。3DES加密过程可以用“加密→解密→加密”来描述，即第一步按照常规方式用第一个密钥k1对明文执行DES加密，第二步利用第二个密钥k2对第一步中的加密结果进行解密，第三步使用密钥k1对第二步的结果进行DES加密，得到最终的密文。3DES的解密过程为“解密→加密→解密”，所使用的密钥分别为k1、k2、k1。3DES的加密和解密过程如图7-8所示。

由上文可知3DES的加密过程为“加密→解密→加密”(EDE)，这里为什么不采用“加密→加密→加密”(EEE)的方式呢？这是因为采用EDE的目的是与已经被广泛使用的DES(也称为“单钥DES”)系统保持兼容性。由于DES的加密和解密者是64位整数集之间的一个映射关系，使用EDE方式的3DES系统就可以与使用单密钥DES的系统进行通信，在实现过程中只需设置k1=k2即可。

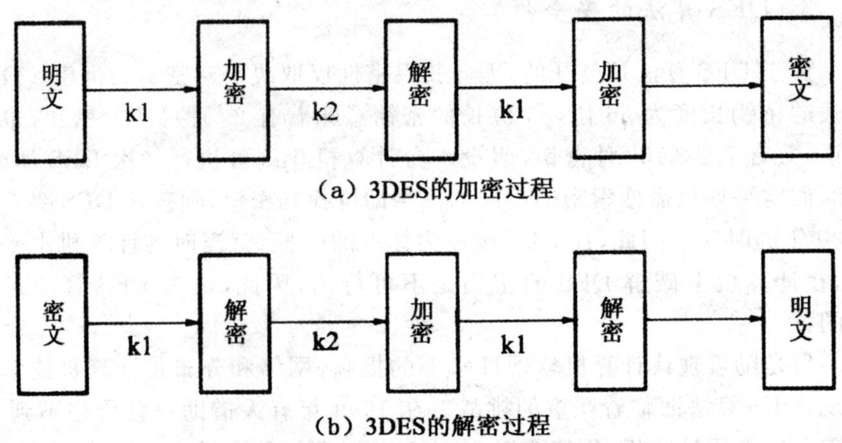

图 7-8　3DES 的加密和解密过程

7.2.3　AES 算法

随着对称密码的发展，DES 数据加密标准算法由于密钥长度较小(56 位)，已经不适应当今分布式开放网络对数据加密安全性的要求，因此 1997 年 NIST 公开征集新的数据加密标准，即高级加密标准(Advanced Encryption Standard，AES)。经过三轮筛选，比利时人 Joan Daeman 和 Vincent Rijmen 提交的 Rijndael(该单词发音为[raindeil])算法被提议为 AES 的最终算法。此算法成为美国新的数据加密标准而被广泛应用在各个领域中。尽管人们对 AES 还有不同的看法，但总体来说，AES 作为新一代的数据加密标准汇聚了强安全性、高性能、高效率、易用和灵活等优点。

1. AES 算法的特点

AES 设计有三种密钥长度：128 位，192 位和 256 位，相对而言，AES 的 128 密钥比 DES 的 56 位密钥强 1021 倍。在 AES 算法中，密钥长度和数据块长度可以单独选择，之间没有必然的联系。数据块的长度以 32 位为间隔递增，在 128～256 位之间。在具体实施中，AES 一般有两种方案：一种是数据块和密钥都为 128 位；另一种是数据块为 128 位，而密钥为 256 位。原来的 192 位的密钥几乎不使用。在下面的内容中，主要以数据块和密钥都为 128 位来介绍。

与 DES 一样，AES 也是一种迭代分组密码，同样使用了多轮置换和替换操作，并且操作是可逆的。但与 DES 不同的是，AES 算法不是 Feistel 密码结构，AES 的操作轮数在 10～14 之间。其中当数据块和密钥都为 128 位时，轮数为 10。随着数据块和密钥长度的增加，操作轮数也会随之增加，最大值为 14。不过，在每一次操作中，DES 是直接以位为单位，而在 AES 中则以 8 位的字节为单位。这样做的目的是便于通过硬件和软件实现。AES 的每一轮操作包括如下 4 个函数。

①ByteSub(字节替换)。用一张称为“S 盒子”的固定表来执行字节到字节的替换。

②ShiftRow(行移位置换)。行与行之间执行简单的置换。

③MixCloumn(列混淆替换)。列中的每一个字节替换成该列所有字节的一个函数。

④AddRoundKey(轮密钥加)。用当前的数据块与扩充密钥的一部分进行简单的 XOR 运算。

以上 4 个函数中，具体为 1 次置换 3 次迭代。

2. AES 算法的工作原理及过程

如图 7-9 所示的是 AES 的 state 与 rk 数组的工作示意图。其中，128 位(16 字节)的明文以字节的形式存储在 4×4 的矩阵中，即

$$\begin{bmatrix} a00 & a01 & a02 & a03 \\ a10 & a11 & a12 & a13 \\ a20 & a21 & a22 & a23 \\ a30 & a31 & a32 & a33 \end{bmatrix}$$

具体存放在 state 数组中。

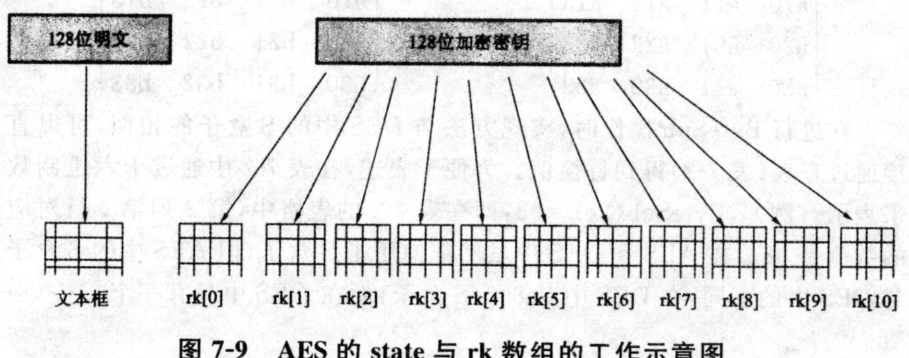

图 7-9　AES 的 state 与 rk 数组的工作示意图

在算法开始时，state 数组被初始化为 128 位的明文数据块，其中前 4 个字节存放在数组的第 0 列，接下来的 4 个字节被放在第 1 列，依此类推。然后在轮操作过程中的每一步，state 数组都要被修改，其中包括数组内部字节对字节的置换，以及数组内部的替换。在算法的最后，state 中的内容就是加密后输出的密文。

在进行 state 数组初始化的同时，128 位的密钥也被扩展到 11 个与 state 同样结构的状态数组 rk[i]中，i=0,1,2,…,10。rk 中存放的是由 128 位加密密钥扩展出的轮密码(也称为子密码)。其中，有一个 rk 被用在计算过程的开始处，其他 10 个 rk 被分别用在 10 轮计算中，每一轮使用一个数组。从 128 位的加密密钥扩展得到轮密码的过程基本上是通过反复对密钥中的不同位进行循环移位和 XOR 运行生成的。

假设 state 数组中已经存放了 128 位明文。同时，由 128 位加密密钥扩展得到的轮密码已分别存放在数组 rk[i]中。

在开始轮操作之前，还需要进行一次 state 数组与 rk[0]数组之间的逐字节的 XOR 运算，结果存放在 state 数组中。即在进行轮操作之前，state 数组中每一个字节都被它与 rk[0]中对应的字节进行 XOR 运算后的结果取代。

接下来便进行主循环。这一循环将被执行 10 次，即进行 10 次迭代。在每一次迭代中都用 rk[i]与 state 之间的操作结果来替换 state 中的数据。每一轮的操作都需要经过以下 4 个步骤。

①使用 ByteSub 操作，在 state 数组中进行逐字节的替换。令 state 中每个字节用 aij 表示，替换后的每一个字节用 bij 表示，则有 bij＝ByteSub(aij)，数学描述如下：

$$\begin{pmatrix} a00 & a01 & a02 & a03 \\ a10 & a11 & a12 & a13 \\ a20 & a21 & a22 & a23 \\ a30 & a31 & a32 & a33 \end{pmatrix} \rightarrow \text{ByteSub} \rightarrow \begin{pmatrix} b00 & b01 & b02 & b03 \\ b10 & b11 & b12 & b13 \\ b20 & b21 & b22 & b23 \\ b30 & b31 & b32 & b33 \end{pmatrix}$$

在进行 ByteSub 操作时，实现方法与 DES 中的 S 盒子的相似，可以直接通过查表(表 7-2)得到替换值。为便于表述，在表 7-2 中通过十六进制数来表示。例如，ByteSub(2e)＝98，即在表 7-2 的表格中，第 2 列第 e 行对应的数值是 98。在 AES 和 DES 中虽然都使用了 S 盒子，但 AES 中的 S 盒子与 DES 中的不同，在 DES 中有 8 个 S 盒子，而在 AES 中只有一个。

表 7-2　ByteSub 的对照关系

	0	1	2	3	4	5	6	7	8	9	a	b	c	d	e	f
0	63	7c	77	7b	f2	6b	6f	c5	30	01	67	2b	fe	d7	ab	76
1	ca	82	c9	7d	fa	59	47	f0	ad	d4	a2	af	9c	a4	72	c9
2	b7	fd	93	26	36	3f	f7	cc	34	a5	e5	f1	71	d8	31	15
3	04	c7	23	c3	18	96	05	9a	07	12	80	e2	eb	27	b2	75
4	09	83	2c	1a	1b	6e	5a	a0	52	3b	d6	b3	29	e3	2f	84
5	53	d1	00	ed	20	fc	b1	5b	6a	cb	be	39	4a	4c	58	cf
6	d0	ef	aa	fh	43	4d	33	85	45	f9	02	7f	50	3c	9f	a8
7	51	a3	40	8f	92	9d	38	f5	bc	b6	da	21	10	ff	f3	d2
8	cd	0c	13	ec	5f	97	44	17	c4	a7	7e	3d	64	5d	19	73
9	60	81	4f	dc	22	2a	90	88	46	ee	b8	14	de	5e	0b	db
a	e0	32	3a	0a	49	06	24	5c	c2	d3	ac	62	91	95	e4	79
b	e7	c8	37	6d	8d	d5	4e	a9	6c	56	f4	ea	65	7a	ae	08
c	ba	78	25	2e	1c	a6	b4	c6	e8	dd	74	1f	4b	bd	8b	8a
d	79	3e	b5	66	48	03	f6	0e	61	35	57	b9	86	c1	1d	9e
e	e1	f8	98	11	69	d9	8e	94	9b	1e	87	e9	ce	55	28	df
f	8c	a1	89	0d	bf	e6	42	68	41	99	2d	0f	b0	54	bb	16

②对 state 数组中的每一个字节 aij 用 ShiftRow 操作向左进行移位。将第①步操作得到的结果的行向左移位置换。具体方法为：第 0 行不变，第 1 行左移 1 个字节，第 2 行左移 2 个字节，第 3 行左移 3 个字节。这一步操作是通过 ShiftRow 将整个块中的数据混合起来。数学描述如下：

$$\begin{pmatrix} a00 & a01 & a02 & a03 \\ a10 & a11 & a12 & a13 \\ a20 & a21 & a22 & a23 \\ a30 & a31 & a32 & a33 \end{pmatrix} \rightarrow \text{ShiftRow} \rightarrow \begin{pmatrix} a00 & a01 & a02 & a03 \\ a10 & a11 & a12 & a13 \\ a20 & a21 & a22 & a23 \\ a30 & a31 & a32 & a33 \end{pmatrix}$$

③使用 MixCloumn 操作将 state 数组中每一列的字节混合起来，列与列之间互不影响。这里类似于 DES 中的 S 盒子，包括移位和 XOR 运算，可以通过查表(类似于表 7-2 所示的表)来实现。数学描述如下：

$$\begin{pmatrix} a0i \\ a1i \\ a2i \\ a3i \end{pmatrix} \rightarrow \text{Mixcolumn} \rightarrow \begin{pmatrix} a0i \\ a1i \\ a2i \\ a3i \end{pmatrix}, i=0,1,2,3$$

④使用 AddRoundKey 操作，与本轮的轮密钥进行 XOR 运算，其结果保存到 state 数组中。与 DES 相似，密钥扩展算法产生每一轮的轮密钥，并保存在 rk[i]中。为了表述方便，在这里用 kij 来代替 rk[i]，但 kij 中的 i 和 j 分别表示存放轮密钥的矩阵的行和列，i，j=0，1，2，3，而 rk[i]中的 i 则表示是第 i，i=1，2，…，10 轮使用的轮密钥。将轮密钥 kij 和当前 4×4 字节矩阵 aij 进行 XOR 操作生成 bij 的过程描述如下：

$$\begin{pmatrix} a00 & a01 & a02 & a03 \\ a10 & a11 & a12 & a13 \\ a20 & a21 & a22 & a23 \\ a30 & a31 & a32 & a33 \end{pmatrix} \oplus \begin{pmatrix} k00 & k01 & k02 & k03 \\ k10 & k11 & k12 & k13 \\ k20 & k21 & k22 & k23 \\ k30 & k31 & k32 & k33 \end{pmatrix} = \begin{pmatrix} b00 & b01 & b02 & b03 \\ b10 & b11 & b12 & b13 \\ b20 & b21 & b22 & b23 \\ b30 & b31 & b32 & b33 \end{pmatrix}$$

通过以上 XOR 操作后，生成的 bij 再替换掉 state 中的 aij，这时就是加密后的密文。

在以上操作中，由于每一步都是可逆的，所以解密过程也非常简单，只要将加密算法反过来运行就可以实现。

7.2.4 PGP 安全加密系统

加密技术在计算机网络中主要用于传送经过加密的数据报，或者用于后文将介绍的认证技术、数字签名技术，以保证网络的连通性和可用性不受损害。加密技术也可以面向网络应用服务，它的优点在于实现相对较为简单，不需要对数据报所经过的网络的安全性能提出特殊要求，保证了数据端到端传送的安全。PGP(Pretty Good Privacy)加密系统就是一个很好的例子。

PGP 是一种混合密码系统，主要支持 IDEA、RSA、MD5 以及一个随机数生成算法，可以用于多种涉及信息交换的应用领域，目前主要用于电子邮件加密。

使用 PGP 加密明文时，按下列步骤实现：

①对明文进行压缩。压缩可以节省传输的数据量，同时可以加强密文的安全性，因为压缩过程减少了明文中的重复模式，大大增强了对密码分析的抵御能力。

②生成一个一次性的会话密钥。该会话密钥是从用户的鼠标随机移动

和击键中产生的一个随机数。

③利用会话密钥和一个传统加密算法(IDEA)加密明文,得到密文。

④使用接收用户的公钥来加密会话钥。

⑤将加密后的会话密钥与密文一起传送给接收用户。

PGP 的解密过程与加密过程相反。

PGP 为什么使用 RSA 和 IDEA 结合来进行信息加密传递呢?一个原因是 RSA 算法计算量很大、速度太慢,不适合于加密大量的数据,而传统的 DES 技术由于密码长度有限(56 位),其安全性受到置疑,而与 DES 类似的 IDEA 却能够使用 128 位密钥,并且具有与 DES 一样的加密速度。

一个成熟的加密体系还需要一个与之相配的成熟的密匙管理机制。在 RSA 加密体制中,应该防止被篡改或替换的公钥被传输给合法用户。PGP 使用了基于一个可信赖实体的密码发布方案解决公钥发布。另一方面,私钥的保密性也是重要的,私钥尽管不存在被篡改的问题,但有可能被泄露,原因是 RSA 的私钥很长,任何人都不可能记住它。PGP 使用一个用户更容易记忆的通行字来加密私钥,只有给出正确的通行字才能得到私钥,方便了用户的使用。

7.2.5　其他分组对称加密算法

DES 的出现在密码学上具有划时代的意义,但比 DES 更安全的加密算法也在不断出现,下面简单介绍三种算法。

1. 国际数据加密标准(IDEA)

国际数据加密标准(International Data Encryption Algorithm,IDEA)的明文和密文都是 64 位,但密钥长度为 128 位,因而更安全。IDEA 和 DES 相似,也是先将明文划分为一个个 64 位的数据块,然后经过 8 轮编码和一次替换,得出 64 位的密文。同时,对于每一轮编码,每一个输出位都与每一个输入位有关。IDEA 比 DES 的加密性好,加密和解密的运算速度很快,无论是软件还是硬件,实现起来比较容易。

2. RC5/RC6

RC5 和 RC6 分组密码算法是由麻省理工学院(MIT)的 RonRivest 于 1994 年提出的,并由 RSA 实验室对其性能进行分析。RC5 适合于硬件和软件实现,只使用在微处理器上。

3. TEA

微型加密算法(tiny encryption algorithm，TEA)是由英国剑桥大学计算机实验室的 David J. Wheeler 和 Roger M. Needham 于 1994 年提出的一种对称分组密码算法。它采用 128 位的密钥对 64 位的数据分组进行加密，其循环次数可由用户根据加密强度需要设定。

7.2.6 对称加密程序设计

首先阐述常用的对称加密算法，然后叙述相应的程序设计方法和实例。

1. 对称加密算法

SymmetricAlgorithm 类表示所有对称算法的实现都必须从中继承的抽象基类，它派生了 DES、Triple-DEs、RC2 和 Rijndael 等对称加密算法，来自于 System. Security. Cryptography 命名空间。SymmetricAlgorithm 类提供了对称加密算法的公用属性和方法，如表 7-3 所示。

表 7-3 SymmetricAIgorithm 类的主要属性和方法

名称	描述
BlockSize	获取或设置加密操作的块大小
IV	获取或设置对称算法的初始化向量
Key	获取或设置对称算法的密钥
KeySize	获取或设置对称算法所用密钥的大小
Mode	获取或设置对称算法的运算模式
Clear()	释放资源
Create()	创建用于执行对称算法的加密实例
CreateDecryptor()	用指定的密钥和初始化向景创建一个对称解密器对象
CreateEncryptor()	用指定的密钥和初始化向量创建一个对称加密器对象
GenerateIV()	为对称加密算法生成一个随机的初始化向量(IV)，并重写 IV 属性中所存储的值
GenerateKey()	为对称加密算法生成一个随机密钥(Key)，并重写 Key 属性的值

从 SymmetricAlgorithm 类派生的类使用一种称为密码块链接(CBC)的链接模式，该模式需要密钥(Key)和初始化向量(IV)才能执行数据的加密转换。若要解密使用其中一个 SymmetricAlgorithm 类加密的数据，必须将 Key 属性和 IV 属性设置为用于加密的相同值。为了保证对称算法有效，必须只有发送方和接收方知道密钥。

RijndaelManaged、DESCryptoServieeProvider、RC2CryptoServieeProvider 和 TripleDESCryptoServiee Provider 是对称算法的实现。

注意，当使用派生类时，从安全的角度考虑，仅在使用完对象后强制垃圾回收是不够的。必须对该对象显式调用 Clear 方法，以便在释放对象之前将对象中所包含的所有敏感数据清零；垃圾回收并不会将回收对象的内容清零，而只是将内存标记为可用于重新分配。因而，垃圾回收对象中所包含的数据可能仍存在于未分配内存的内存堆中。在加密对象的情况中，这些数据可能包含敏感信息，如密钥数据或纯文本块。

.NET Framework 中所有包含敏感数据的加密类均实现 Clear 方法。被调用时，Clear 方法用零改写对象内的所有敏感数据，然后释放对象以便它能被垃圾回收器安全地回收。当对象已被清零并释放后，应该调用 Dispose 方法并将 disposing 参数设置为 True，以释放与对象关联的所有托管资源和非托管资源。

2. 基于流的加密解密方法

由于对称加密往往用于加密大量数据信息，隐藏采用了流式加密方法，以便支持对内存流和文件流等数据的加密和解密。托管对称加密类与称为 CryptoStream 的特殊流类一起使用。可以使用从 Stream 类派生的任何类(包括 FileStream、MemorySteam 和 NetworkStream)初始化 CryptoStream 类。使用这些类，可以对各种流对象执行对称加密。

(1)对称加密算法的加密过程

基于对称加密算法的加密过程主要有 4 个阶段：

①创建对称加密算法实例，例如：

```
cryptoService= new RijndaelManaged();
cryptoService.Mode= CipherMode.CBC;//设置为链接模式
```

②设置初始化参数，包括密钥和初始化向量等。在实际使用中，初始化参数可以由加密算法实例自动产生，也可以由用户设置，但是初始向量和密钥的长度必须满足加密算法的需要。例如下面是用户设置方法：

```
cryptoService.Key= GetLegalKey();      //设置密钥
```

cryptoService. IV= GetLegalIV(); //设置初始向量

③创建加密实例,如:

ICryptoTrans form cryptoTransform = cryptoService. CreateEncryptor();

④创建加密流,如:

MemoryStream ms= new MemoryStream();//创建内存流

CryptoStream cs= new CryptoStream(ms,crytoTransform,CryptoStreamMode. Write);

⑤通过流的写操作实现数据加密,如:

cs. Write(plainByte,0,plainByte. Length);

cs. FlushFinalBlock();

byte[] cryptoByte= ms. ToArray();

return Convert. ToBase64String(cryptoByte,0,cryptoByte.GetLength(0));

(2)对称加密算法的解密过程

基于对称加密算法的解密过程主要有以下 5 个阶段:

①创建对称加密算法实例:

cryptoService= new RijndaelManaged();

cryptoService. Mode= CipherMode. CBC; //设置为链接模式

②设置初始化参数,包括密钥和初始化向量等。用户设置方法如下:

cryptoService. Key= GetLegalKey(); //设置密钥

cryptoService. IV= GetLegalIV(); //设置初始向量

③创建解密实例,如:

ICryptoTransform cryptoTransform= cryptoService. CreateEncryptor();

④创建解密流,如:

MemoryStream ms= new MemoryStream(cryptoByte,0,cryptoByte.Length);//创建内存流

CryptoStream cs= new CryptoStream(ms,crytoTransform,CryptoStreamMode. Read);

⑤通过解密流进行数据解密：

```
StreamReader sr= new StreamReader(cs);
return sr.ReadToEnd();
```

下面的代码示例使用具有指定 Key 属性和初始化向量(IV)的 RijndaelManaged 类，以加密 inName 指定的文件，并将加密结果输出到 outName 指定的文件。该方法的 desKey 和 desIv 参数为 8 字节数组。必须安装了高度加密包才能运行此示例。

```
private static void EncryptData(string inName,String outName,byte[]rijnKey,byte[] rijnIV)
{
    //创建文件流
    FileStream fin= new FileStream(inName,FileMode.Open,FileAccess.Read);
    FileStream fout= new FileStream(outName,FileMode.OpenOrCreate,FileAccess.Write);
    fout.SetLength(0);
    //设置读写变量
    byte[] bin= new byte[100];     //This is intermediate storage for the encryption.
    long rdlen= 0;                 //This is the total number of bytes written
    long totlen= fin.Length;//This is the total length of the input file
    int len;          //This is the number of bytes to be written at a time
    SymmetricAlgorithm rijn= SymmetricAlgorithm.Create();
    //Creates the default implementation,which is RijndaelManaged.
    CryptoStream encStream= new CryptoStream(fout,rijn.CreateEncryptor(rijnKey,rijnIV),CryptoStreamMode.Write);
    Console.WriteLine("Encrypting…");
    //读入文件,然后加密并写到输出文件
    while(rdlen< totlen)
    {
        len= fin.Read(bin,0,100);
```

```
            encStream.Write(bin,0,len);
            rdlen= rdlen+ len;
            Console.WriteLine("{0}bytes processed",rdlen);
        }
        encStream.Close();
        fout.Close();
        fin.Close();
    }
```

3. 对称加密程序设计实例

(1)命名空间与重要实例

```
using System.Security.Cryptography;
using System.IO;
RijndaelManaged rij= new RijndaelManaged();
//创建对称加密算法实例
```

(2)加密程序代码

```
//加密文件的按钮
private void btnEncryptor_Click(object sender,System.EventArgs e)
{
    if(txtSourceFile.Text! = null || txtEnFile.Text! = null)
    {
        encryption(txtPwd.Text,txtSourceFile.Text,txtEnFile.Text);
    }
}
//用于加密的函数
public void encryption ( string textBox, string readfile, string writefile)
{
    try
    {
        if(textBox.Length> = 8&&textBox.Length< = 12)//判断密码的字符的大小
```

```
        {
                byte [] key= System.Text.Encoding.Default.GetBytes
(textBox);
                byte [] iv= rij.IV;
                Rijndael crypt= Rijndael.Create();
                ICryptoTransform transform= crypt.CreateEncryp-
tor(key,iv);
                //写进文件
                 FileStream fswrite= new FileStream(writefile,
FileMode.Cteate);
                CryptoStream cs= new CryptoStteam(fswrite,trans
form,CryptoStreamMode.Write)
                //打开文件
                  FileStream fsread= new FileStream(readfile,
FileMode.Open);
                int length;
                while((length= fsread.ReadByte())! = -1)
                {
                    cs.WriteByte((byte)length);
                }
                fsread.Close();
                cs.Close();
                fswrite.Close();
                enresult= true;//成功加密
                MessageBox.show("加密完成!");
        }
        else
        {
                MessageBox.Show("密码为--12个字符!");
                return;
        }
    }
    catch(Exception e)
    {
        MessageBox.Show(e.ToString());
    }
```

```
    }
    //打开加密文件的按钮
    private void btnOpenFile1_Click(objectsender,system.EventArgs e)
    {
        openfile= new OpenFileDialog();
        openfile.Filter= "All files(* .* )|* .* ";
        openfile.ShowDialog();
        txtSourceFile.Text= openfile.FileName;
        ext= getfileext(openfile.FileName);
    }
    //保存加密文件的按钮
    private void btnsaveFile1 _ Click ( object sender, system. Even-
tArgs e)
    {
        savefile= new SaveFileDialog();
        savefile.Filter= ext+ "files"+ "(* ."+ ext+ ")|* ."+
ext+ "|All files(* .* )|* .* ";
        savefile.ShowDialog();
        txtEnFile.Text= savefile.FileName;
    }
    //得到文件的扩展名
    private string getfileext(string filename)
    {
        try
        {
            char [] point= new char[]{'•'};
            string [] filename2= filename.Split(point);
            return filename2[1];
        }
        catch
        {
            return null;
        }
    }
```

(3)解密程序代码

```
//解密文件的按钮
private void btnDncryptor_Click(object sender,System.EventArgs e)
{
    decryption(txtPwd2.Text,txtDnFile.Text,txtFinalFile.Text);
}
//用于解密的函数
public void decryption(string textBox, string readfile, string writefile)
{
    try
    {
        if(textBox.Length> :8&&textBox.Length< = 12)
        {
            byte[] key= System.Text.Encoding.Defamlt.GetBytes(textBox);
            byte[]iv= rij.IV;
            Rijndael crypt= Rijndael.Create();
            ICryptoTransform transform= crypt.CreateDecryptor(key,iV);
            //读取加密后的文件
            FileStream fsopen= new FileStream(readfile,FileMode.Open);
            CryptoStream cs= new CryptoStream(fsopen,transform,CryptoStream Mode.Read);
            //把解密后的结果写进文件
            FileStream fswrite= new FileStream(writefile,FileMode.OpenOr Create);
            int length:
            while((length= cs.ReadByte())! = -1)
            {
                fswrite.WriteByte((byte)length);
            }
            fswrite.Close();
```

```
                cs.Close();
                fsopen.Close();
                deresult= true;//成功解密
                MessageBox.Show("解密完成!");
            }
            else
            {
                MessageBox.Show("密码为--12 个字符!");
                return;
            }
        }
        catch(Exception e)
        {
            MessageBox.Show(e.ToString());
        }
    }
```

对于打开解密文件和保存解密文件的按钮,其事件处理方法与加密中的相同。

7.3 非对称加密技术

公钥加密最初是由 Diffie 和 Hellman 在 1976 年提出的,这是几千年以来文字加密颠覆性的革命。非对称加密(公钥加密)是指在加密过程中,密钥被分为一对,一个是公开密钥,一个是私有密钥。公开密钥用于对信息进行加密,私有密钥作为解码密钥而被保存。

大体说来,公钥加密系统的使用有 3 个方面:加密/解密——发送方可以用接收方的公钥加密信息;数字签名/发送方用其私钥“签署”信息(通过对消息或作为消息函数的小块数据应用加密算法来进行签署),通过数字签名可以实现对原始报文的鉴别和不可抵赖;密钥交换/双方互相合作可以进行会话密钥的交换。目前,公钥加密主要用在消息验证和密钥分发方面。

公钥加密算法有多种,目前最常用的有 RSA 算法和 Diffie-Hellman 算法。

7.3.1 非对称加密算法原理

在非对称加密体系中，密钥被分解为一对，即公开密钥和私有密钥。这对密钥中的任何一把都可以作为公开密钥（加密密钥）通过非保密方式向他人公开，而另一把作为私有密钥（解密密钥）加以保管。在加密系统中，公开密钥用于加密，私有密钥用于解密。私有密钥只能由生成密钥的交换方掌握，公开密钥可广泛公布，但它只对应于生成密钥的交换方。

非对称密钥有两种使用方式，传送保密信息和消失认证。

①传送保密信息。这种方式可用于在公共网络中实现保密通信；它可以实现多个用户用公钥加密的消息只能由一个用户用私钥解读，即其他用户使用接收方的公钥对信息加密后发送给接收方，只有接收方能进行解读。

②消息认证。这种方式可用于认证系统中对消息进行数字签名。公钥是公开的，因此一个用户用私钥加密的消息可被其他多个用户用公钥解读；公钥与私钥是对应的，同时也证明了消息的来源。

非对称加密算法特点如下。

①用加密密钥（在此称为 PK）对明文 M 加密后得到密文，再用解密密钥（在此称为 SK）对密文进行解密，即可恢复出明文 M，即 $D_{SK}[E_{PK}(M)]=M$。

②加密密钥不能用来解密，即 $D_{PK}[E_{PK}(M)]\neq M$；$D_{SK}[E_{SK}(M)]\neq M$。

③用 SK 加密的信息只能用 PK 解密，用 PK 加密的信息只能用 SK 解密。

④从已知的 PK 不可能推导出 SK。

⑤加密和解密的运算可交换作用次序，即 $E_{PK}[D_{SK}(M)]=D_{SK}[E_{PK}(M)]=M$。

如图 7-10 所示，如果用户 B 要给用户 A 发送一个数据，这时该用户会在公开的密钥中找到与用户 A 所拥有的私有密钥对应的一个公开密钥，然后用此公开密钥对数据进行加密后发送到网络中传输。用户 A 在接收到密文后便通过自己的私有密钥进行解密，因为数据的发送方使用接收方的公开密钥来加密数据，所以只有用户 A 才能够读懂该密文。当其他用户获得该密文时，因为他们没有加密该信息的公开密钥对应的私有密钥，所以无法读懂该密文。

非对称加密方式可以使通信双方无需事先交换密钥就可以建立安全通信，广泛应用于身份认证、数字签名等信息交换领域。

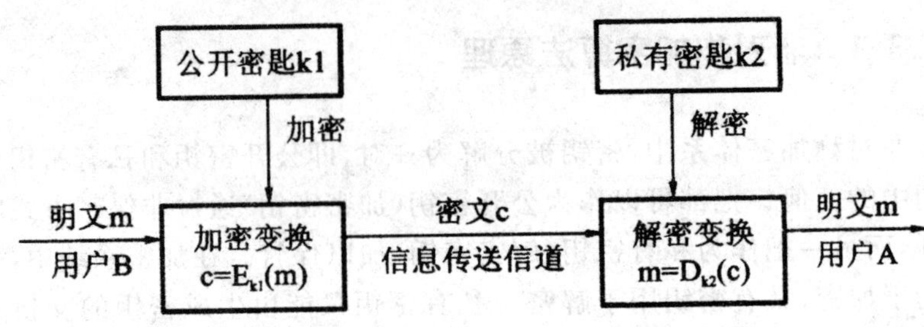

图 7-10　非对称密钥密码体制的通信模型

7.3.2　RSA 公钥加密

RSA 体制是 1978 年由 Rivest，Shamir 和 Adleman 提出的第一个公钥密钥体制（PKC），也是迄今为止理论上最为成熟完善的一种公钥体制。它的安全性是基于大整数的分解。

采用 RSA 体制加密，首先选择一对不同的素数 p 和 q，计算 $n=pq$，$f=(p-1)(q-1)$，并找到一个与 f 互素的数 d，并计算其逆 a，即如 $da=1(\mathrm{mod}f)$，则密钥空间 $K=(n,p,q,a,d)$。

若用 M 表示明文，C 表示密文，则加密过程为 $C=M^a\mathrm{mod}n$；解密过程为 $M=Cd\mathrm{mod}n$。n 和 a 是公开的，而 p,g,d 是保密的。

现在用一个简单的例子来说明 RSA 公开密钥系统的工作原理。首先选择两个素数 $p=7,q=17$；然后计算 $n=pq=7\times17=119$；再计算 $f=(p-1)(q-1)=6\times16=96$；选择 d,d 是与 96 互素的素数，但比 96 小，本例中 $d=5$；最后确定 a，使 $da=1(\mathrm{mod}96)$，而且 $a<96$。找到 $a=77$，因为 $77\times5=385=4\times96+1$。

由上可得公钥 $K_U=(77,119)$，私钥 $K_R=(5,119)$。若对明文 65(a 的 ASCII 码)使用这些密钥，由于加密要求，求明文 65 的 77 次幂，得到 3.929420092337977833652367108777e+139，除以 119 的余数为 39，所以密文为 39。解密时 395mod119=90224199mod119=65。

上面的例子只是示意性的，真正应用时，两个素数通常均大于 10100。虽然知道公钥可以得到获得私钥的途径，但是需要将模数因子分解成组成它的素数，对于足够长的密钥，这是很困难的，可以说基本上不可能实现。RSA 认为对于普通的公司而言，使用 1024 位的密钥就已经足够了；对于极其重要的资料使用 2048 位的密钥就可以了；对于日常的应用而言，768 位的密钥长度已足够，因为当前技术还无法破解它。用运算速度为 100 万次/秒的计算机分解 500 位的 n，计算机操作次数为 1.3×10^{39}，需要运算时间为 41222729578893962455606291.2227296 年,约 4.2×10^{25} 年。在 1994 年 RSA129(129 个数字公钥,即 428 位的公钥)被分解,花费了 5000 年机时,是利用 Internet 上一些计算机的空闲 CPU 周期一共花了 8 个月完成的。1995 年,Blacknet 密钥(384 位)被分解,用了几十台工作站和一台 MarPar,共用 400 年机时,仅历时 3 个月。随着计算机技术的发展,能够被破解的密钥长度还会继续增加。但是不是值得某些人和组织去花费巨大的人力、物力破译某一个密码就有待商榷了。

破解 RSA 的方法一种是蛮力攻击——尝试所有可能的密钥,另一种就是分解它的两个素数的乘积,但不管哪种方法,对于现在所用位数的密码的破译还是无法实现,所以至少几年内 RSA 的安全是可靠的,RSA 从 1977 年保持到现在还没有被攻破就说明,它不像有些人说的那样脆弱。

因为 RSA 密钥的生成、加密/解密的计算比较复杂,密钥越大系统运行速度也就越慢,所以在网络应用中同 DES 算法结合使用,对数据量大的明文采用 DES 算法来加密与解密,而对签名信息和 DES 算法的密钥这种数据量小的信息采用 RSA 算法。

7.3.3 DH 公钥加密

DH(Diffie-Hellman)公钥算法是由 Diffie 与 Hellman 在 1976 年提出的,也叫 Diffie-Hellman 密钥交换,在许多商业产品中都采用这种加密体制作为密钥交换体制。

Diffie-Hellman 算法概括如下:设 p 为一个大素数,且 $p-1$ 有大素数因子,选 a 为 p 的一个原根(即 a 的幂可以生成从 $1\sim p-1$ 的所有整数,也即 $a \bmod p, a^2 \bmod p, \cdots, a^{p-1} \bmod p$ 各不相同,可以以某种方式重新排列从 $1\sim p-1$ 的所有整数。)。找到大素数 p 和原根 a,在应用时,用户 A 若与 B 进行通信,首先 A 选择随机私钥 X_A($X_A<p$)并计算出 Y_A($Y_A=a^{XA} \bmod p$),同样用户 B 选择随机私钥 X_B($X_B<p$)并计算出 Y_B($Y_B=a^{XB} \bmod p$),双方都把 X 作为私钥,把 Y 发送给对方。那么,用户 A 计算出密钥 $K=Y_B^{XA} \bmod p$,用户 B 计算出密钥 $K=Y_A^{XB} \bmod p$,由上面两种条件推理出的结果是一致的,这样双方就交换了密钥,而且能保证 X 值都是私有的。而要通过已知的 p, a, Y_A, Y_B,计算出 x,对于较大的素数来说,这种计算方式几乎是不可能的。

下面通过一个示例来说明 DH 的加密过程。选择 $p=71$,$a=7$,用户 A 选择私钥 $X_A=5$,$X_B=12$,则 $Y_A=7^5 \bmod 71=51$,$Y_B=7^{12} \bmod 71=4$,在双方发送 Y 后,双方都可以计算出通用密钥 $K=Y_B^{XA}$ bmod71 $=$ Y_A^{XB} bmod71 $=$

30。而攻击者从公钥{51,4}中可以计算出通用密钥30。

但这一密钥交换容易受到伪装攻击。如果A和B正在寻求交换公钥，第三人C可能每次都介入交换。A认为公钥 Y_A 正发送给B，但事实上被C截获，C向B发送一个别人的公钥，B认为公钥 Y_B 正发送A，但被C截获，B得到的也不再是A的公钥，这样C截获从A来的信息，有A/C密钥解密并修改，再使用B/C密钥转发给B，但A和B并不知道发生的一切。

为了防止这种情况，1992年Diffie和其他人共同开发了经认证的Diffie-Hellman密钥协议。在这个协议中，必须使用现有的私钥/公钥对与公钥元素相关的数字证书，由数字证书验证交换的初始公共值。

7.3.4 非对称加密程序设计

AsymmetricAlgorithm类表示所有不对称算法的实现都必须从中继承的抽象基类，它派生出RSA和DSA两种加密算法，由System. Security. Cryptography命名空间提供。

RSACryptoServiceProvider类是公钥算法的一个实现类，通常用于数据的加密；DSACryptoServiceProvider类是数字签名算法的一个实现类。它们在创建新实例时将创建一个公钥/私钥对，且可以用以下方式之一提取密钥信息：

①ToXMLString()方法：它返回密钥信息的XML表示形式，其中参数为false时只返回公钥/而参数为true时则返回公钥/私钥对。

②ExportParameters()方法：它返回RSAParameters结构以保存密钥信息，其中参数为false时只返回公钥，而参数为true时则返回公钥/私钥对。

RSACryptoServiceProvider类的主要属性和方法如表7-4和表7-5所示。

表7-4 RSACryptoServiceProvider类的主要属性

名称	描述
CspKeyContainerInfo	获取描述有关加密密钥对的附加信息的CspKeyContainer-Info对象
KeyExchangeAlgorithm	获取RSA的这一实现中可用的密钥交换算法的名称
KeySize	获取当前密钥的大小
LegalKeySizes	获取不对称算法支持的密钥大小(从AsymmetricAlgorithm继承)

续表

名称	描述
PersistKeyInCsp	获取或设置一个值，该值指示密钥是否应该永久驻留在加密服务提供程序(CSP)中
PublicOnly	获取一个值，该值指示 RSACryptoServiceProvider 对象是否仅包含一个公钥
SignatureAlgorithm	获取 RSA 的这一实现中可用的签名算法的名称
UseMachineKeyStore	获取或设置一个值，该值指示密钥是否应保持在计算机的密钥存储区中(而不是保持在用户配置文件存储区中)

表 7-5　RSACrypto Service Provider 类的主要方法

名称	描述
Clear	释放由 Asymmetric Algorithm 类使用的所有资源(从 Asymmetric Algorithm 继承)
Create	允许实例化 RSA 的特定实现(从 RSA 继承)
Decrypt	使用 RSA 算法对数据进行解密
Encrypt	使用 RSA 算法对数据进行加密
ExportCspBlob	导出包含与 RSACrypto Service Provider 对象关联的密钥信息的 Blob
ExportParameters	导出 RSAParameters
FromXmlString	通过 XML 字符串中的密钥信息初始化 RSA 对象(从 RSA 继承)
GetHashCode	用做特定类型的哈希函数。GetHashCode 适合在哈希算法和数据结构(如哈希表)中使用(从 Object 继承)
ImportCspBlob	导入一个表示 RSA 密钥信息的 Blob
ImportParameters	导入指定的 RSAParameters
SignData	计算指定数据的哈希值并对其签名
SignHash	通过用私钥对其进行加密来计算指定哈希值的签名
ToXmlString	创建并返回包含当前 RSA 对象的密钥的 XML 字符串(从 RSA 继承)
VerifyData	通过将指定的签名数据与为指定数据计算的签名进行比较来验证指定的签名数据
VerifyHash	通过将指定的签名数据与为指定哈希值计算的签名进行比较来验证指定的签名数据

下面给出一个 RSA 加密编程实例。

(1)设计界面

该程序具有 4 个功能：

①首先是获取公钥/私钥对，并分别保存成文件；

②对字符串进行加密和解密；

③对文本文件进行加密和解密；

④对其他格式文件进行加密和解密。

(2)命名空间

```
using System.IO;
using System.Text;
using System.Security.Cryptography;
using System.Threading;
```

(3)主要实例

```
private static RSACryptoServiceProvider Crypt;
private System.Windows.Forms.Button btnGetKeys;
private System.Windows.Forms.Button btnSavePA;
private System.Windows.Forms.Button btnSaveSA;
private System.Windows.Forms.SaveFileDialog save;
private System.Windows.Forms.Button btnEnStringByPA;
private System.Windows.Forms.Button btnDnStringBySA;
private System.Windows.Forms.openFileDialog open;
private System.Windows.Forms.Button btnSave2File;
private System.Windows.Forms.Button btnOpentxtFile;
private System.Windows.Forms.Button btnSavetxtFile;
private System.Windows.Forms.Button btnEnTxtFile;
private System.Windows.Forms.Button btnDntxtFile;
private System.Windows.Forms.Button btnOpenOtherFile;
private System.Windows.Forms.Button btnSaveOtherFile;
private System.Windows.Forms.Button btnEnOtherFile;
private System.Windows.Forms.Button btnDnOtherFile;
```

(4)获取公钥/私钥对的程序设计

```
//得到钥匙信息
private void btnGetKeys _click(object sender, system.EVen-
tArgs e)
```

```
    {
        crypt= new RSACryptoServiceprovider();
        publickey= crypt.ToXmlString(false);
        richtext.Text= "导出秘匙的情况下:\n"+ publickey+ "\n";
        privatekey= crypt.ToXmlString(true);
        string info= "仅仅导出公匙的情况下:\n"+ privatekey+ "\n";
        richtext.AppendText(info);
        crypt.Clear();
    }
    //保存公匙信息
    private void btnSavePA_Click(object sender, System.EVentArgs e)
    {
        save= new SaveFileDialog();
        save.Filter= "File Text (*.txt)|*.txt|All File(*.*)|*.*";
        save.ShowDialog();
        publicinfo= save.FileName;
    }
    //保存密匙信息
    private void btnSaveSA_Click(object sender, System.EventArgs e)
    {
        save= new SaveFileDialog();
        save.Filter= "File Text (*.txt)|*.txt|All File(*.*)|*.*";
        save.ShowDialog();
        publicinfo= save.FileName;
    }
    //把钥匙信息写入文件
    private void btnSave2File_Click(object sender,System.EventArgs e)
    {
        StreamWriter one= new StreamWriter(publicinfo, true, UTF8Encoding.UTF8);
        one.Write(publickey);
```

```
        StreamWriter two= new StreamWriter(privateinfo,true,
UTF8Encoding.UTF8);
        two.Write(privatekey);
        one.Flush();
        two.Flush();
        one.Close();
        two.Close();
        MessageBox.Show("成功保存公匙和密匙!");
    }
```

(5)加密/解密字符串的程序设计

以字符串“计算机网络编程代码测试”为例。其对应的代码如下：

```
    //用公匙加密
    private void btnEnStringByPA_Click(object sender,System.
EventArgs e)
    {
        if(textBox1.Text= = " ")
        {
            MessageBox.Show("加密文字信息不能为空!");
            return;
        }
            try
        {
            readpublickey= ReadPublicKey();//读取公钥
            crypt= new RSACryptoServiceProvider();
            UTF8Encoding enc= new UTF8Encoding();
            bytes= enc.GetBytes(textBox1.Text);
            crypt.FromXmlString(readpublickey);
            bytes= crypt.Encrypt(bytes,false);
            string encryttext= enc.GetString(bytes);
            richtext2.Text= "加密结果:\n\n"+ encryttext+ "\n\n"
 + "加密结束!";
        }
        catch
        {
            MessageBox.Show("请检查是否打开公匙或者公匙是否损坏!");
```

```
        }
    }
    //使用私匙解密
    private void btnDnStringEIysA_Click(object sender,System.
EventArgs e)
    {
        try
        {
            readprivatekey= ReadPrivateKey();//读取私钥
            UTF8Encoding enc= new UTF8Encoding();
            byte[]decryptbyte;
            crypt.FromXmlString(readprivatekey);
            decryptbyte= crypt.Decrypt(bytes,false);
            string decrypttext= enc.GetString(decryptbyte);
            richtext3.Text= "解密结果:\n\n"+ decrypttext+ "\n\
n"+ "解密结束!";
        }
        catch
        {
            MessageBox.Show("请检查是否打开私匙或者私匙是否损坏!");
        }
    }
```

(6)加密/解密文本文件的程序设计

给定一个文本文件,通过 RSA 加密技术加密文件内容后,保存为另一个文件。实现的代码如下:

```
    //打开加密或者解密的文件
    private void
    btnopentxtFile_Click(object sender,System.EventArgs e)
    {
        open= new openFileDialog();
        open.Filter= "Text File(*.txt)|*.txt|All Files(*.*)|
*.*";
        open.ShowDialog();
        textBox2.Text= open.FileName;
        openla= true;
```

```
}
//保存加密或者解密的文件
private void btnSavetxtFile _Click(object sender, System.
EventArgs e)
{
    try
    {
        save= new SaveFileDialog();
        save.Filter= "File Text (* .txt) |* .txt|All Files(* .
* )|* .* ";
        save.ShowDialog();
        textBox3.Text= save.FileName;
        savela= true;
    }
    catch
    {
        MessageBox.Show("请输入文件名字!");
        return;
    }
}
//加密文本文件
private void btnEntxtFile_Click(object sender,System.Even-
tArgs e)
{
    if(openla= = true&&savela= = true)
    {
        readpublickey= eadPublicKey();    //读取公钥
        crypt= new RSACryptoServiceProvider();
        crypt.FromXmlString(readpublickey);
        UTF8Encoding enc= new UTF8Encoding();
        //读取原文件到一个 string
        StreamReader sr= new StreamReader(textBox2.Text,En-
coding.Default);
        string textinfo= sr.ReadToEnd();
        sr.Close();
        //richtext4.AppendText("\n 原文件内容:\n"+ textinfo+ "
```

```
\n");
                //开始加密
                string readinfo= EncryptFile(textinfo,textBox3.Text);
                richtext4.Clear();     //清空文本
                richtext4.AppendText("加密文件已经保存到:"+ text-
Box3.Text+ "\n\n");
                richtext4.AppendText("加密结果:\n\n"+ readinfo+ "\n
\n 加密结束!");
            }
            else
                MessageBox.Show("请选择你要加密的文件或者要保存的
文件!");
        }
        //解密文件
        private void btnDntxtFile_Click(object sender,System.Even-
tArgs e)
        {
            if(openla= = true&&savela= = true)
            {
                try
                {
                    readprivatekey= ReadPrlvateKey();    //读取私钥
                    crypt= new RSACryptoServiceProvider();
                    crypt.FromXmlString(readprivatekey);
                    string decryptinfo= DecryptFile(textBox2.Text,text-
Box3.Text);
                    richtext4.Clear();     //清空文本
                    richtext4.AppendText("解密文件已经保存到:"+ text-
Box3.Text+ "\n\n");
                    richtext4.AppendText("解密结果:\n\n"+ decryptinfo
+ "\n\n"+ "解密结束! \n");
                }
                catch
                {
                    MessageBox.Show("请检查密匙文件是否和公匙相对应或
者密匙文件损坏!");
```

```
                return;
            }
        }
        else
                MessageBox.Show("请选择你要解密的文件或者要保存的
文件!");
    }
```

7.4 网络信息加密传输编程理论

采用 RSA 加密技术,进行网络加密传输的工作原理如图 7-11 所示。

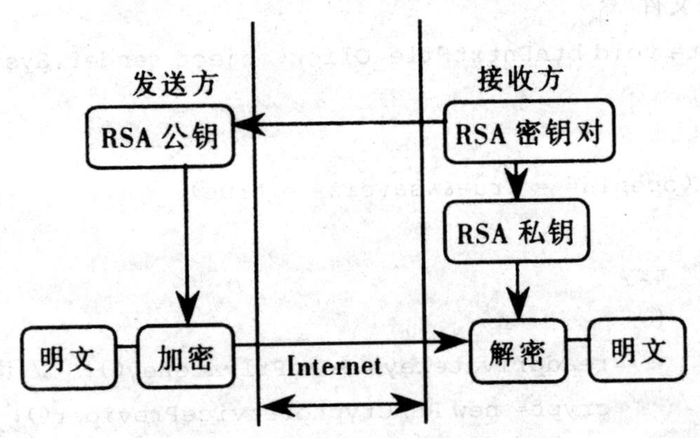

图 7-11 RSA 网络加密传输原理

但是,由于非对称加密算法的计算时间长,对于网络传输信息的实时性有很大影响,所以多用于秘密的加密处理。而对称加密算法的运算效率高,适用于实际信息的加密。如果将两者结合起来,就可以实现综合效果,通过网络加密传输大量的重要信息,比如网络双向聊天内容。因此,这种混合加密模式得到了广泛的应用。

采用 RSA 和 DES 混合加密技术,进行网络加密传输的工作原理如图 7-12 所示。

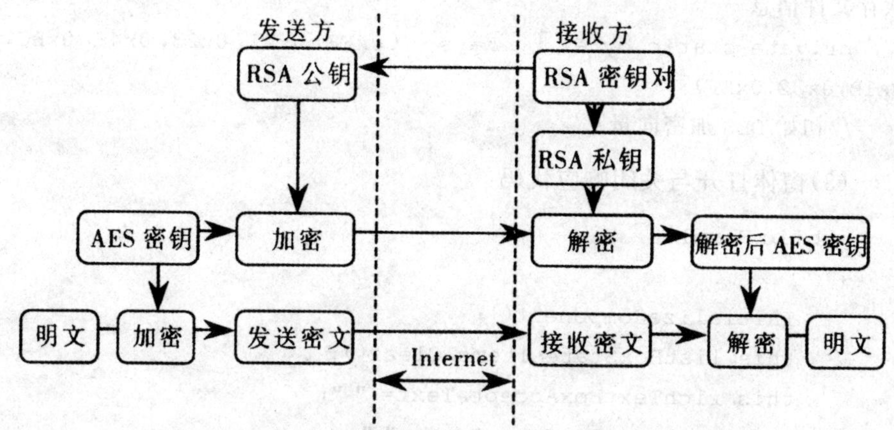

图 7-12　混合加密技术用于网络传输的工作原理

下面详细阐述编程内容，服务器方为发送方，需要接受 RSA 公钥；客户端为接收方，产生一对密钥后，保留私钥以解密服务器方发来的对称密码。

7.4.1　服务器的实现

(1)命名空间

```
using System.Net;
using System.Net.Sockets;
using System.IO;
using System.Security.Cryptography;
using System.Text;
using System.Runt ime.Serialization.Formatters.Binary;
using System.Threading;
```

(2)主要实例

```
private Socket socket;
private Socket clientSocket;
private Thread thread;
static  String sencryptKey;
static  SymmetricAlgorithm symm;            //DES 密钥
static  RSACryptoServiceProvider rsa;   //RSA 密钥
private statics tring richTextBoxReceiveFileName;      //文本
```

保存文件信息

```
private static byte[]  Keys= (0xFE,0xA1,0x23,0x4E,0xBC,
0x1B,0x32,0xEF);
//初始 DES 加密向量
```

(3)窗体打开与关闭响应代码

```
public Form1()
{
    InitializeComponent();
    this.listBoxState.Items.Clear();
    this.richTextBoxAccept.Text= " ";
    this.richTextBoxSend.Text= " ":
    this.textBoxIP.Text= GetLocalIP();    //获取本地 IP 地址)
}
privatevoidForml _ closing(objectsender,System.component-
Model.Cancel BventArgs e)
{
    try
    {
        socket.Shutdown(SocketShutdown.Both);
        socket.Close();
        if(clientSocket.Connected)
        {
            clientSocket.Close();
            thread.Abort();
        }
    }
    catch{}
}
```

(4)获取本地 IP 地址

```
public string GetLocalIp()
{
        string sHostName= system.Net.Dns.GetHostName();  //
获取本地计算机的主机名
        IPHostEntry hostinfo= System.Net.Dns.GetHostByName
(sHostName);
```

```
        //获取指定主机名的 DNS 信息
        IPAddress add= hostinfo.AddressList[0];//获取或设置
与主机关联的 IP 地址列表
        return add.ToString();
    }
```

(5)开始监听客户端的连接请求

```
private void btnStamt_Click(object sender,System.EyentArgs e)
{
    try
    {
        this.btnStart.Enabled= false;
        sencryptKey= this.textBoxl.Text;
        if(sencryptKey.Length! = 8)    //DES 密钥 Key 元素要求
byte 且不应使用弱口令
        {
            MessageBox.show("请输入位密码");
            this.Close();
        }
        IPAddress ip= IPAddress.Parse(this.textBoxIP.Text);
        IPEndpoint server= new IPEndPOint(ip,Int32.Parse(this.
textBoxPort.Text));
        socket:new Socket(AddtessFamily.InterNetwork,Sock-
etType.Stream,ProtocolType.Tcp);
        socket.Bind(server);
        socket.Listen(10);
        clientSocket:socket.Accept();
        this.listBoxState.Items.Add("与客户"+ clientsock-
et.RemoteEndPoint.ToString()+ "建立连接");
        this.btnStart.Enabled= false;
        getClinetPublicKey(clientSocket);    //接收客户端发
送的 RSA 公钥
        encryptAndsendsymmetricKey(clientsocket);  //加密
DES 对称密钥的发送
    }
    catch
```

```
        {
            MessageBox.Show(" ");
        }
            thread= new Thread(new ThreadStart(AcceptMessage));
            //创建一个线程接收客户请求
        thread.Start();
    }
```

(6)停止监听客户端的连接请求

```
private void btnStop_Click(ob;ect sender,System.EventArgs e)
{
    this.btnStart.Enabled= true;
    try
    {
        socket.Shutdown(SocketShutdown.Both);
        socket.Close();
        if(clientSocket.Connected)
        {
            clientSocket.Close();
            thread.Abort();
        }
    }
    catch
    {
        MessageBox.show("监听尚未开始,关闭无效!");
    }
}
```

(7)发送信息程序设计

```
private void btnSend_click(object sender,System.EventArgs e)
{
        string myenc= EncryptDES(this.richTextBoxSend.Text,
sencryptKey);
        string str= myenc;
        int i= str.Length;
        if(i= = 0)
        {
```

```
            return;
        }
        else
            i* = 2;//因为 str 为 Unicode 编码,每个字符占 2 字节,所以实际字节数应* 2
        }
        byte[]datasize= new byte[4];
        dataslze= System.BitConverter.GetBytes(i);  //将位整数值转换为字节数组
        byte[]sendbytes= System.Text.Encodl。ng.Unicode.GetBytes(str);//转字节数组
        try
        {
        NetworkStream netStream= new NetworkStream(clientSocket);
    netStream.Write(datasize,0,4);  //发送记录发送数据大小的数据
        netStream.Write(sendbytes,0,sendbytes.Length);  //发送数据
        netStream.Flush();
        this.richTextBoxSend.Rtf= " ";
    }
    catch
        MessageBox.show("发送错误");
    }
}
```

(8)加密/解密处理程序设计

```
//获取客户端发送的 RSA 公钥
//< param name= "clientSocket"> 操作的套接字< /param>
private void getClinetPublicKey(SocketclientSocket)
{
MemoryStream ms= new MemoryStream();
    BinaryFormatter bf= new BlnaryFormatter();//二进制格式化
    NetworkStream netStream= new NetworkStream(clientSocket);
    //创建 NetworkStream 流
```

```
        byte[]datasize= new byte[4];     //存放首字节
        netStream.Read(datasize,0,4);//从 Networkstream 流读
        int size= System.BitConverter.ToInt32(datasize,0);//确定传
送数据的大小
        Byte[]message= new byte[size];     //存放数据
        int dataleft= size;     //剩余的要读取字节数
        int start= 0;     //起始位置
        while(dataleft> 0)     //读取过程
        {
            int recv= netStream.Read(message,start,dataleft);
            ms.Write(message,0,recv);
            start+ = recv;
            dataleft-= recv;
        }
        ms.Position= 0;     //MemoryStream 操作位置标记规零
        rsa= new RSACryptoServiceProvider();
        rsa.KeySize= 1024;
        //得到从 MemoryStream 经反序列化的公钥
        rsa.ImportParameters((RSAParameters)bf.Deserialize(ms));
        string publickey= rsa.ToXmlString(false);  //公钥转字符串
    }
    //使用客户端的公共密钥加密对称密钥
    private static void encryptAndSendSymmetricKey(Socket cli-
entSocket)
    {
        byte[]symKeyEncrypted;     //对称加密密钥
        byte[]symIVEncrypted;     //对称加密初始化向量
        NetworkStream ns= new NetworkStream(clientSocket);//创
建 NetworkStream 流
        symm= new TripleDESCryptoServiceProvider();
        symm.KeySize= 192;
        //使用 RSA 算法对数据进行加密************

    s ymKeyEncrypted = rsa.Encrypt ( Encoding.UTF8.GetBytes ( sen-
cryptKey),false);//keys 为要加密的数据,参数为 true 则使用 OAEP 填充
(仅在运行 Windows XP 或更高版本的计算机上可用)执行直接的 RSA 加密;否
```

则,如果为 false,则使用 PKCS# 1 1.5 版填充

```
        symIVEncrypted= rsa.Encrypt(Keys,false);
        int i= symKeyEncrypted.Length;     //对称加密密钥长度
        byte[]datasize= new byte[4];     //存放首字节
        datasize= System.BitConverter.GetBytes(i);  //将指定的数据转换为字节数组
        ns.Write(datasize,0,4);
        //向 netstream 流写;datasize 为类型 Byte 的数组,该数组包含要写入 NetworkStream 的数据
        //0 为 buffer 中开始写入数据的位置;为要写入 NetworkStream 的字节数
        ns.Write(symKeyEncrypted,0,symKeyEncrypted.Length);
        ns.Flush();//刷新流中的数据
        int j= symIVEncrypted.Length;//对称加密初始化向量的长度
        byte[]datasize2= new byte[4];
        datasize2= System.BitConverter.GetBytes(i);//将指定的数据转换为字节数组
        ns.Write(datasize2,0,4);
        ns.Write(symIVEncrypted,0,symIVEncrypted.Length);
        ns.Flush();
    }
    ///DES 加密字符串
    ///< param name= "encryptString"> 待加密的字符串< /param>
    ///< param name= "encryptKey"> 加密密钥,要求为位< /param>
    ///< returns> 加密成功返回加密后的字符串,失败返回源串< /returns>
    public static string EncryptDES(strlng encryptString,string encryptKey)
    {
        try
        {
byte[]rgbKey= Encoding.UTF8.GetBytes(encryptKey.Substring(0,8));
            byte[]rgbIV= Keys;     //初始化向量
            //明文转为字节数组

byte[]inputByteArray= Encoding.UTF8.GetBytes(encryptString);
```

```
            DESCryptoServiceProvider dCSP= new DESCryptoServi-
ceProvider();
            MemoryStream mStream= new MemoryStream();
            CryptoStream cStream= new CryptoStream(mStream,dCSP.
CreateEncryptor(rgbKey,rgbIV),CryptoStreamMode.Write);
            //将一个字节序列写入当前 CryptoStream,并将流中的当前位
置提升写入的字节数;
            //0 为 buffer 中的字节偏移量
            cStream.Write(inputByteArray,0,inputByteArray.Length);
            cStream.FlushFinalBlock();
            //将指定的由以 64 为基的数字组成的值的 String 形式转换为
等效的 8 位无符号整数数组
            return Convert.ToBase64String(mStream.ToArray());
        }
        catch
        {
            MessageBox.Show("DES 加密过程错误");
            return encryptString;
        }
    }
    ///DES 解密字符串
    ///< param name= "decryptString"> 待解密的字符串< /param>
    ///< param name= "decryptKey"> 解密密钥,要求为位,和加密密钥相
同< /param>
    ///< returns> 解密成功返回解密后的字符串,失败返源串< /returns>
    public static string DecryptDES(strlng decryptString,string
decryptKey)
    {
        try
        {
            byte[]rgbKey= Encoding.UTF8.GetBytes(decryptKey);
            byte[]rgbIV:Keys;      //初始化向量
//将指定的由以 64 为基的数字组成的值的 String 形式转换为等效的 8 位无
符号整数数组

byte[]inputByteArray= Convert.FromBase64String(decryptString);
```

```
DESCryptoServiceProvider DCSP= new DESCryptoServiceProvider();
          MemoryStream mStream= new MemoryStream();
          CryptoStream cStream:new CryptoStream(mStream,DCSP.
CreateDecryptor(rgbKey,rgbIV),CryptoStreamMode.Write);//将一个
字节序列写入当前 CryptoStream,并将流中的当前位置提升写入的字节数
//inputByteArray 为字节数组
            cStream.Write(inputByteArray, 0, inputByteArray.
Length);
          //用缓冲区的当前状态更新基础数据源或储存库,随后清除缓
冲区
          cStream.FlushFinalBlock();
          return Encoding.UTF8.GetStrlng(mStream.ToArray());//返
回解密后的数组
        }
        catch
        {
          MessageBox.Show("DES 解密过程错误");
          return decryptString;
          }
        }
    //处理客户端的连接请求
    private void AcceptMessage()
    {
        while(true)
        {
          try
          {
            NetworkStream netStream= new NetworkStream(cli-
entSocket);
            byte[]datasize= new byte[4];
            netStream.Read(datasize,0,4);
            //返回由字节数组中指定位置的 4 个字节转换来的 32 位有
符号整数
            int size= System.BitConverter.ToInt32(datasize,0);
            Byte[] message= new byte[size];
            intdataleft= size;
```

```
                int start= 0;
                while(dataleft> 0)
                {
                    intrecv= netStream.Read(message,start,data-
left);
                    Start+ = recv;
                    dataleft-= recv;
                }
                string str= Encoding.Unicode.GetString(message);
                  this.richTextBoxAccept.Text= DecryptDES(str,
sencryptKey);
            }
            catch
            {
                this.listBOXstate.Items.Add("客户端断开连接。");
                break;
            }
        }
    }
```

7.4.2 客户机的实现

(1)命名空间

```
using System.Net;
using System.Net.Sockets;
using System.IO;
using System.Security.Cryptography;
using System.Text;
using System.Runtime.Serialization.Formatters.Binary;
using System.Threading;
```

(2)主要实例

```
private Socket socket;
private Threadthread;
private SymmetricAlgorithm symm;
```

```
private RSACryptoServiceProyider rsa;
private static byte[] Keys;
private static string sdecryptKey;
private static string richTextBoxReceiveFileName;
```

(3)界面的进入与退出

```
public Form1()
{
    InitializeComponent();
    this.richTextBoxSend.Text= " ";
    this.richTextBoxReceive.Text= " ";
    this.listBoxState.Items.Clear();
}
privatevoidFoml_Closing(objectsender,system.componentModel.
cancel EVentArgs e)
{
    try
    {
        socket.Shutdown(SocketShutdown.Both);
        socket.Close();
    }
    catch{}
}
```

(4)连接请求发出与停止

```
private void btnRequest _Click(objectsender,System.EVen-
tArgs e)
{
    int port= Convert.ToInt32(this.textBoxPort.Text);
    IPEndPoint server= newIPEndPoint(IPAddress.parse(this.
textB0xIP.Text),port);
    socket= new Socket(AddressFamily.InterNetwork,Socket-
Type.Stream,Protocol Type.Tcp);
    try
    {
        socket.Connect(server);
    }
```

```
        catch
        {
            MessageBox.show("与服务器连接失败");
            return;
        }
        this.btnRequest.Enabled= false;
        this.listBoxstate.Items.Add("与服务器连接成功");
        sendPublicKey();
        getSymmetricKey(socket);
        Thread thread= new Thread(new ThreadStart(AcceptMes-
sage));
        thread.Start();
    }
    private void btnclose_Click(objectsender, system.EventArgs
e)//关闭
    {
        try
        {
            socket.Shutdown(SocketShutdown.Both);
            socket.Close();
            this.listBoxstate.Items.Add("与主机断开连接");
            thread.Abort();
        }
        catch
        {
            MessageBox.show("尚未与主机连接,断开无效!");
        }
        this.btnRequest.Enabled= true;
    }
```

(5)发送信息

```
    private void btnsend_Click(object sender, system.EventArgs
e)//发送
    {
        string Myenc = EncryptDES(this.richTextBoxSend.Text,
sdecryptKey);
```

```
        string str= Mlyenc;
        int i= str.Length;
        if(i= = 0)
        {
            return;
        }
        else
        {
            i* = 2;
        }
        byte[] datasize= new byte[4];
        datasize= System.BitConverter.GetBytes(i);
        byte[] sendbytes = System.Text.Encoding.Unicode.Get-
Bytes(str);
        try
        {
            NetworkStream netStrearn= new NetworkStream(socket);
            netStream.Write(datasize,0,4);
            netStream.Write(sendbytes,0,sendbytes.Length);
            netStream.Flush();
            this.richTextBoxSend.Text= " ";
        }
        catch
        {
            MessageBox.Show("无法发送!");
        }
    }
```

(6)加密处理程序

```
    private void sendPublicKey()   //发送 RSA 产生的公有密钥
    {
        rsa= new RSACryptoServiceProvider();
        rsa.KeySize= 1024;
        //导出 RSAParameters,要包括私有参数,则为 true 否则为 false
        RSAParameters key= rsa.ExportParameters(false);
        //以二进制格式将对象或整个连接对象图形序列化和反序列化
```

```
        BinaryFormatter bf= new BinaryFormatter();
        MemoryStream ms= new MemoryStream();
        //将对象或连接对象图形序列化为给定流。ms 为要序列化的流，key
加密密钥
        bf.Serialize(ms,key);
        //创建并返回当前 RSA 对象的 XML 字符串表示形式
        string publickey= rsa.ToXmlString(false);
        int i= (int)ms.Length;
        byte[]datasize= new byte[4];
        datasize= System.BitConverter.GetBytes(i);
        try
        {
            NetworkStream netStream= new NetworkStream(socket);
            netStream.Write(datasize,0,4);
            byte[]buffer= ms.GetBuffer();
            netStream.Write(buffer,0,buffer.Length);
            netStream.Flush();
        }
        catch
        {
            MessageBox.Show("发送公钥错误");
        }
    }
    private void getSymmetricKey(socket socket)//获得对称密钥
    {
        NetworkStream netStream= new NetworkStream(socket);
        byte[]datasize= new byte[4];//字节数组
        netStream.Read(datasize,0,4);//读取个字节
        //返回由字节数组中指定位置的四个字节转换来的 32 位有符号整数
        int size= System.BitConverter.ToInt32(datasize,0);
        Byte[]message= new byte[size];
        int dataleft= size;
        int start= 0;
        while(dataleft> 0)
        {
            int recv= netStream.Read(message,start,dataleft);
```

```
            start+ = recv;
            dataleft= recv;
        }
        symm= newTripleDESCryptoServiceProvider();
        symm.KeySize= 192;
        //使用RSA算法对数据进行解密,message是要解密的数据
        byte[]decryptKey= rsa.Decrypt(message,false);
        //如果为true,则使用OAEP填充(仅在运行Microsoft windows
XP或更高版本的计算机上可用)执行直接的RSA解密;否则,如果为false,则
使用PKCS# 1 1.5版填充
        sdecryptKey= Encoding.UTF8.GetString(decryptKey);//获
得解密密钥
        byte[]datasize2= new byte[4];
        netStream.Read(datasize2,0,4);
        //返回由字节数组中指定位置的4个字节转换来的32位有符号整数
        int size2= System.BitConverter.ToInt32(datasize,0);
        Byte[]message2= new byte[size2];
        int dataleft2= size;
        int start2= 0;
        while(dataleft2> 0)
        {
            int recv2= netStream.Read(message2,start2,dataleft2);
            start2+ = recv2;
            dataleft2-= recv2;
        }
        Keys= rsa.Decrypt(message2,false);//利用Decrypt解密
        //利用RSA密钥还原DES的加密密钥message,再利用message还
原对称密钥message2
    }
    //DES解密
    public static string DecryptDES(string decryptString,string
decryptKey)
    {
        try
        {
            byte[]rgbKey= Encoding.UTF8.GetBytes(decryptKey);//
```

密钥

```
        byte[]rgbIV= Keys;//由解密密钥返回的 Keys
        //待解密的密文
        byte[]inputByteArray= Convert.FromBase64String(de-
cryptString)
        DESCryptoServiceProvider DCSP= new DESCryptoServi-
ceProvider();
        MemoryStream mStream= new MemoryStream();
        //CreateDecryptor 创建对称数据加密标准(DES)解密器对象
        CryptoStream cStream= new CryptoStream(mStream,DCSP.
CreateDecryptor(rgbKey,rgbIV),CryptoStreamMode.Write);
        cStream.Write(inputByteArray,0,inputByteArray.Length);
        //将一个字节序列写入当前 CryptoStream,并将流中的当前位
置提升写入的字节数
        //用缓冲区的当前状态更新基础数据源或储存库,随后清除缓
冲区
        cStream.FlushFinalBlock();
        return Encoding.UTF8.GetString(mStream.ToArray());//返
回明文
    }
    catch
    {
        MessageBox.Show("DES 解密过程错误");
        return decryptString;
    }
  }
  public static string EncryptDES(string encryptString,string
encryptKey)
  //DES 加密
  {
    try
    {
        //DES 加密密钥

byte[]rgbKey= Encoding.UTF8.GetBytes(encryptKey.Substring(0,8));
        byte[]rgbIV= Keys;//初始化向量
```

```
            //加密内容转为字节类型
byte[]inputByteArray= Encoding.UTF8.GetBytes(encryptString);
            DESCryptoServiceProvider dCSP= new DESCryptoServi-
ceProvider();
            MemoryStream mStream= new MemoryStream();
            CryptoStream cStream= new CryptoStream(mStream,dCSP.
CreateEncryptor(rgbKey,rgbIV),CryptoStreamMode.Write);
            //CrytoStream定义将数据流链接到加密转换的流
            cStream.Write(inputByteArray,0,inputBYteArray.Length);
            //用缓冲区的当前状态更新基础数据源或储存库,随后清除缓
冲区
            cStream.FlushFinalBlock();
            //将指定的由以 64 为基的数字组成的值的 String 表示形式转
换为等效的 8 位无符号整数数组
            return Convert.ToBase64String(mStream.ToArray());
        }
        catch
        {
            MessageBox.show("DES 加密过程错误");
            return encryptString;
        }
    }
```

(7)接受信息的处理

```
private void AcceptMessage()//接受信息
{
    while(true)
    {
        try
        {
            NetworkStream netStream= new NetworkStream(socket);
            byte[] datasize= new byte[4];
            netStream.Read(datasize,0,4);
            int size= System.BitConverter.ToInt32(datasize,0);
            Byte[] message= new byte[size];
```

```
            int dataleft= size;
            int start= 0;
            while(dataleft> 0)
            {
                int recv= netStream.Read(message,start,dataleft);
                Start+ = reCV;
                dataleft-= recv;
            }
            string str= Encoding.Unicode.GetString(message);
            if(this.checkBox1.Checked= = true)
            this.richTextBoxReceive.Text= DecryptDES(str,sde-
cryptKey);
            else
                this.richTextBoxReceive.Text= str;
        }
        catch
        {
            this.listBoxstate.Items.Add("服务器断开连接。");
            break;
        }
    }
}
```

第 8 章　客户机/服务器程序设计

网络服务是以客户机/服务器模式工作的，服务器在某些特定端口上提供网络服务，等待客户机发送服务请求，并且进行响应。TCP 服务是需要建立连接的网络服务类型，UDP 是不需要建立连接的传输层协议，FTP 服务是基于 TCP 协议的网络服务。

8.1　基于 TCP 的客户机/服务器设计要求及问题分析

8.1.1　TCP 协议概述

1. TCP 协议的主要特点

TCP 协议是一种面向连接、可靠的传输层协议。从应用层的角度来看，TCP 协议在网络层 IP 协议的基础上，通过在两个应用进程之间预先建立连接，为应用层的程序提供可靠的数据流传输服务。图 8-1 给出了 TCP 协议与其他协议的关系。也就是说，TCP 协议为上面的应用层协议提供数据传输服务。TCP 主要用于对传输可靠性要求高的应用层协议。例如，文件传输协议（FTP）、超文本传输协议（HTTP）、简单邮件传输协议（SMTP）、远程登录（Telnet）等。另外，域名系统（DNS）可依赖于 TCP 或 UDP 协议。

TCP 协议的第一个特征是面向连接。通信双方在传输之前需要建立连接，在传输数据过程中需要维护连接，在传输结束后需要释放连接。图 8-2 给出了建立 TCP 连接的过程。服务器始终处于侦听状态，检查是否有客户机的连接请求。在建立连接的过程中，客户机与服务器之间经历三次握手：

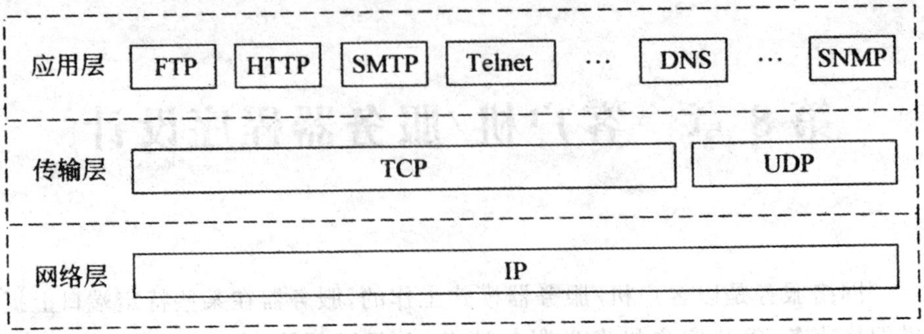

应用层
FTP
HTTP
SMTP
Telnet
…
DNS
…
SNMP
传输层
TCP
UDP
网络层
IP

图 8-1　TCP 协议与其他协议的关系

①客户机首先向服务器发送连接请求；

②服务器响应连接请求并向客户机返回响应；

③客户机再向服务器发送对该响应的确认。

建立连接的发起者是客户机。在释放连接的过程中，客户机与服务器之间经历 4 次握手，涉及客户机与服务器两侧的释放请求与响应。释放连接的发起者可以是客户机或服务器。

应用
程序
客户机
服务器
应用
程序
通信子网
连接请求
第一次握手
响应
第二次握手
确认
第三次握手

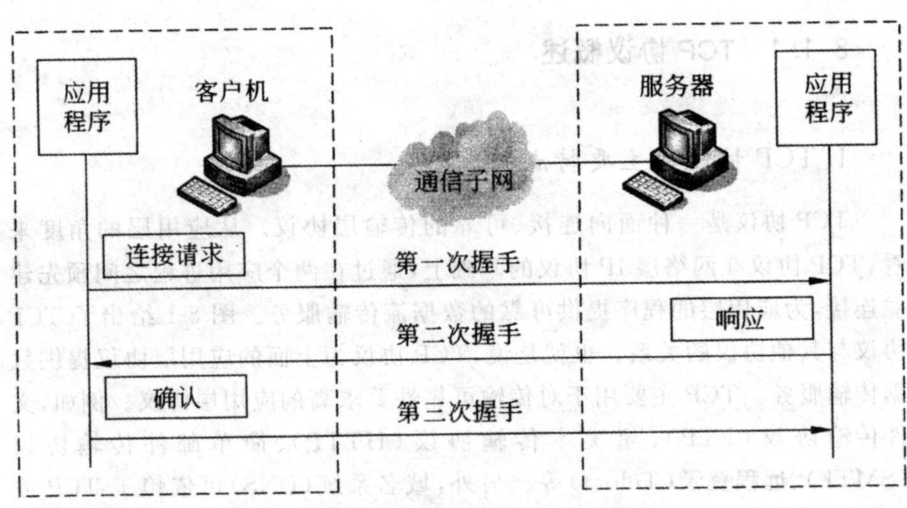

图 8-2　建立 TCP 连接的过程

TCP 协议的第二个特征是数据流传输。流(Stream)相当于一个管道，从一端放入的内容可以从另一端原样取出，它描述了一个不出现丢失、重复与乱序的数据传输过程。应用程序与 TCP 协议每次交互的数据长度可能不同，但 TCP 协议是将应用程序提交的数据看成一连串、无结构的字节流。

为了能够提供字节流方式的传输，发送方和接收方都需要使用缓存。发送方使用发送缓存来存储应用程序送来的数据。发送方不可能为每个写操作创建一个报文段，而是将几个写操作组合成一个报文段，然后提交给网络层 IP 协议来处理。接收方将接收的数据存储在接收缓存中，应用程序使用读操作从缓存中读出相应的数据。

TCP 协议的第三个特征是可靠的传输服务。TCP 协议通过确认机制来检查数据是否安全到达，关键是对发送和接收的数据进行跟踪、确认与重传。TCP 协议建立在不可靠的网络层 IP 协议之上，当 IP 协议及以下层出现传输错误时，TCP 协议只能不断地进行重传，试图弥补传输中出现的问题。TCP 协议通过校验和计算来检查数据是否正确到达，这个计算过程与 IP 协议的设计思路相同。TCP 协议使用窗口机制来进行流量与拥塞控制。窗口是指通信双方分配的存储接收数据的缓冲区，窗口大小由通信双方在建立连接时协商；但是接收方可以根据需要来动态调整窗口大小。

TCP 协议需要支持同时建立多个连接，这个特点在服务器上表现得更为突出。根据应用程序的需要，TCP 协议支持一个服务器与多个客户机同时建立多个连接，也支持一个客户机与多个服务器同时建立多个连接。TCP 软件将分别管理多个 TCP 连接。在理论上，TCP 协议可以支持同时建立几百甚至上千条这样的连接，但是建立并发连接的数量越多，每条连接所能够共享的资源就会越少。从上述分析可以看出，TCP 协议是一种很复杂的传输层协议，与仅支持简单报文传输的 UDP 协议相比，TCP 可以提供人们所能想到的几乎所有的传输层功能。目前，大多数互联网应用在传输层使用 TCP 协议。

2. 客户机/服务器编程

基于 TCP 的网络应用采用客户机/服务器模式。客户机是使用网络服务的应用进程，服务器是提供网络服务的应用进程。图 8-3 给出了基于 TCP 的客户机/服务器结构。在网络环境中，客户机发送服务请求完全是随机的，并且同时可能有多个客户机发送请求。因此，服务器需要随时在熟知端口侦听请求，并且具备同时处理并发请求的能力，这是服务器与客户机设计中的最大区别。服务器并发处理的解决方案分为两种：并发服务器(concurrent server)与重复服务器(interactive server)。其中，并发服务器使用工作在后台的守护进程(daemon)，当有服务请求到达时激活该进程来处理。

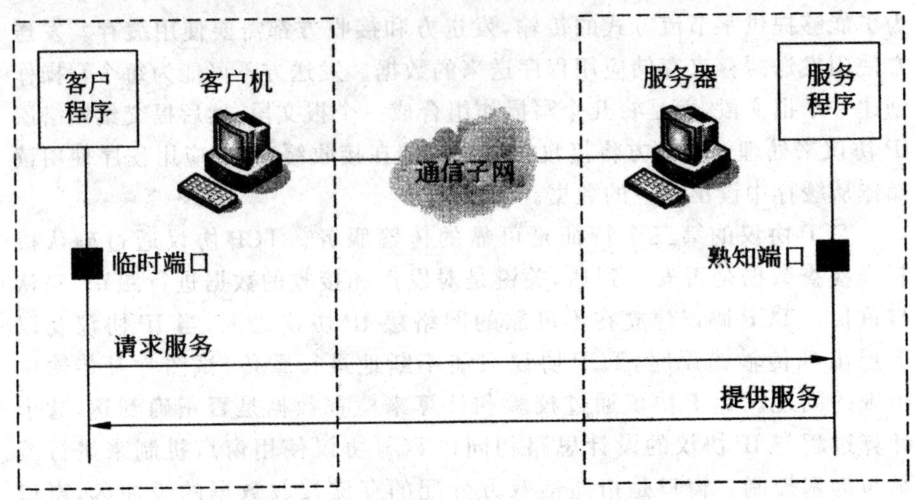

图 8-3　基于 TCP 的客户机/服务器结构

并发服务器本身始终要处于等待并侦听的状态。当服务器接收到客户机发送的服务请求时，它根据该请求的进程号去激活子进程来提供服务，而服务器自身会回到等待状态继续侦听。这里，并发服务器自身被称为主服务器(Master)，它激活的子进程被称为从服务器(Slaver)。主服务器要使用一个全网熟知的进程地址。图 8-4 给出了并发服务器的工作原理。由于不同从服务器可以并发、独立地处理不同客户机的请求，因此并发服务器更适合于面向连接的应用类型，也就是基于 TCP 的服务器程序。

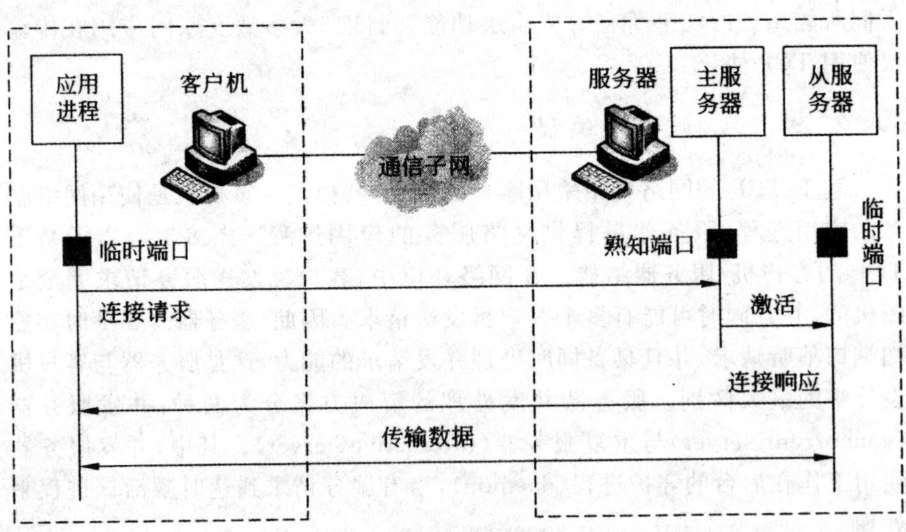

图 8-4　并发服务器的工作原理

无论是客户机还是服务器进程,它们都要通过 IP 地址与端口号来加以标识。在基于 TCP 的网络应用中,使用的端口号是 TCP 协议的端口号。客户机是使用网络服务的应用进程,它通过临时端口号向服务器请求服务。服务器是提供网络服务的应用进程,为了要使众多的客户机知道服务器的存在,它通过熟知端口号来向客户机提供服务。表 8-1 给出了 TCP 的主要熟知端口号。这种熟知端口号(0～1023)是由 IANA 来统一分配的,每个客户机都知道相应服务器的熟知端口号。

表 8-1　TCP 协议的主要熟知端口号

端口号	服务进程	说明
20	FTP	文件传输协议(数据连接)
21	FTP	文件传输协议(控制连接)
23	Telnet	远程登录
25	SMTP	简单邮件传输协议
53	DNS	域名系统
80	HTTP	超文本传输协议
110	POP3	邮局协议第 3 版
443	HTTPS	安全超文本传输协议

8.1.2　例题分析

1. 设计要求

根据基于 TCP 的客户机/服务器工作模式,编写服务器程序接收客户机的命令,并根据命令向客户机做出响应。客户机向服务器发送 sendfile 命令,服务器向客户机返回 commandok 响应,客户机向服务器发送指定的数据。程序设计的具体要求如下。

①要求程序为命令行程序。例如,可执行文件名为 TcpServer. exe,则程序的命令行格式为:

```
TcpServer server_port
```

其中,server_port 为服务器侦听的 TCP 端口。

②要求将服务器的状态显示在控制台上,具体格式为:

```
TCP Server 开始侦听 xx 端口
TCP Server 与 TCP Client 建立连接
TCP Server 接收数据:…
```

③要求有良好的编程规范与注释。编程所使用的操作系统、语言和编译环境不限,但是在提交的说明文档中需要加以注明。

④要求撰写说明文档,包括程序的开发思路、工作流程、关键问题、解决思路以及进一步的改进等内容。

2. 关键问题

(1)基本编程模式分析

基于 TCP 的客户机/服务器进程有相对固定的编程模式。如果客户机与服务器进程之间通信,需要依次调用 Socket 提供的不同函数来实现。但是,服务器编程比客户机编程更复杂。服务器采用重复服务器方式处理多个服务请求。图 8-5 给出了基于 TCP 的客户机/服务器编程模式。其中,客户机首先调用 socket()函数建立套接字,然后调用 connect()函数请求与服务器建立连接,在连接建立后,可以调用 send()函数或 recv()函数发送或接收数据,最后调用 closesocket()函数关闭套接字。

服务器首先调用 socket()函数建立套接字,然后调用 bind()函数将某个端口与套接字绑定,再调用 listen()函数在相应端口上侦听连接建立请求。当服务器侦听到有连接建立请求到达时,调用 accept()函数创建新临时套接字与客户机建立连接,同时服务器使用原有套接字返回侦听状态。服务器使用新创建子线程与客户机建立连接,这样可以并发处理多个客户机的服务请求。在连接建立后,可以调用 send()函数发送数据,或者调用 recv()函数接收数据。最后,调用 closesocket()函数关闭所有套接字。

(2)创建流式套接字

为了实现基于 TCP 的客户机/服务器进程,首先需要调用 socket()函数创建套接字,其中的 SOCK_STREAM 表示创建流式套接字,IPPROTO_IP 表示采用 IP 协议。接着,调用 bind()函数将某个端口与套接字绑定,调用 listen()函数在相应端口上侦听连接请求。这里,需要使用 INADDR_ANY 来获得本地主机的 IP 地址,然后将 IP 地址与端口号共同填充本地 Socket 结构。

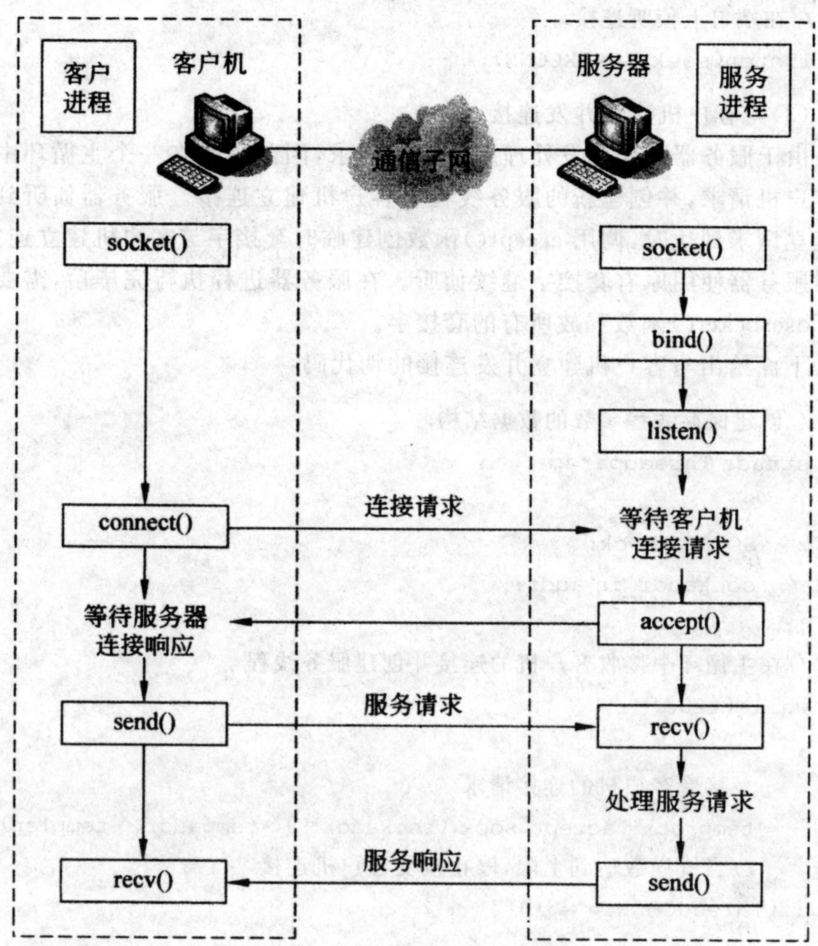

图 8-5　TCP 客户机/服务器编程模式

下面给出创建流式套接字的伪代码：

```
//创建流式 Socket
socket(AF_INET,SOCK_STREAM,IPPROTO_TCP);
//填充本地 Socket 地址
sockaddr_in serveraddr;
serveraddr.sin_family= AF_INET;
serveraddr.sin_port= htons((unsigned short)atoi(argv[1]));
serveraddr.sin_addr.S_un.S_addr= htonl(INADDR_ANY);
//将端口与 IP 地址绑定
bind(sock,(sockaddr* )&serveraddr,sizeof(serveraddr));
```

```
//在端口上侦听连接
listen(soek,SOMAXCONN);
```

(3)与客户机建立并发连接

由于服务器需要并发处理多个连接请求,因此需要在一个主循环中接收客户机请求,并创建新的服务线程与客户机建立连接。服务器侦听到连接建立请求到达时,调用 accept()函数创建临时套接字与客户机建立连接,同时服务器使用原有套接字继续侦听。在服务器进程执行完毕后,需要调用 closesocket()函数释放所有的套接字。

下面给出与客户机建立并发连接的伪代码:

```
//创建保存线程参数的数据结构
struct Threadparam
{
    SOCKET sock;
    sockaddr_in addr;
};
//在主循环中接收客户机的连接并创建服务线程
while(true)
{
    //接受客户机的连接请求
    tempsock= accept(sock,(sockaddr* )&tempaddr,&templen);
    //当线程数达到上限,停止接受客户机连接
if(ThreadCount> = 10)
{
    closesoeket(tempsock);
    continue;
    }
    //设置传递给线程参数
    ThreadParam Param;
    Param.sock= tempsock;
    Param.addr= tempaddr;
    //为每个客户机创建服务线程
    DWORD dwThreadId;
    CreateThread(NULL,0,ServerThread,&Param,0,&dwThreadId);
}
```

(4)在线程中发送与接收数据

当在主循环中接受客户机的连接请求后，需要创建一个服务线程来与客户机建立连接，这时首先要获得由 accept()函数返回的临时套接字。当服务线程与客户机建立连接后，服务器可以调用 send()函数发送数据，或者调用 recv()函数接收数据。当服务器接收到客户机发送的 sendfile 命令时，需要向客户机返回 commandok 响应，然后等待接收来自客户机的数据部分。当然，在某个服务线程执行完毕后，需要调用 closesocket()函数来释放临时套接字。

下面给出在线程中发送与接收数据的伪代码：

```
DWORD WINAPI ServerThread(LPVOID lpParam)
{
    //从线程参数中获得临时套接字
    SOCKET tempsock= ((ThreadParam* )lpParam)-> sock;
    sockaddr_in tempaddr= ((ThreadParam* )lpParam)-> ;addr;
    //通过端口接收客户机命令
    recv(tempsock,recvbuf,sizeof(recvbuf),0);
    if(strcmp(recvbuf,"sendfile")! = 0)
    //通过端口向客户机返回响应
    send(tempsock,"command ok",sizeof("command ok"),0);
    //通过端口接收客户机的数据
    recv(tempsock,recvbuf,sizeof(recvbuf),0);
    //关闭临时套接字
    closesocket(tempsock);
}
```

(5)程序流程图

图 8-6 给出了主程序流程图。要求输入的命令行参数必须正确，除了程序本身的名称以外，还需要提供一个服务器端口号。如果命令行参数的个数不是一个，则程序在输出错误信息后退出。在主程序的流程中，需要判断是否有线程在执行，以及线程数是否达到上限。图 8-7 给出了子线程流程图。在子线程的流程中，需要判断命令格式是否正确以及数据接收是否结束。

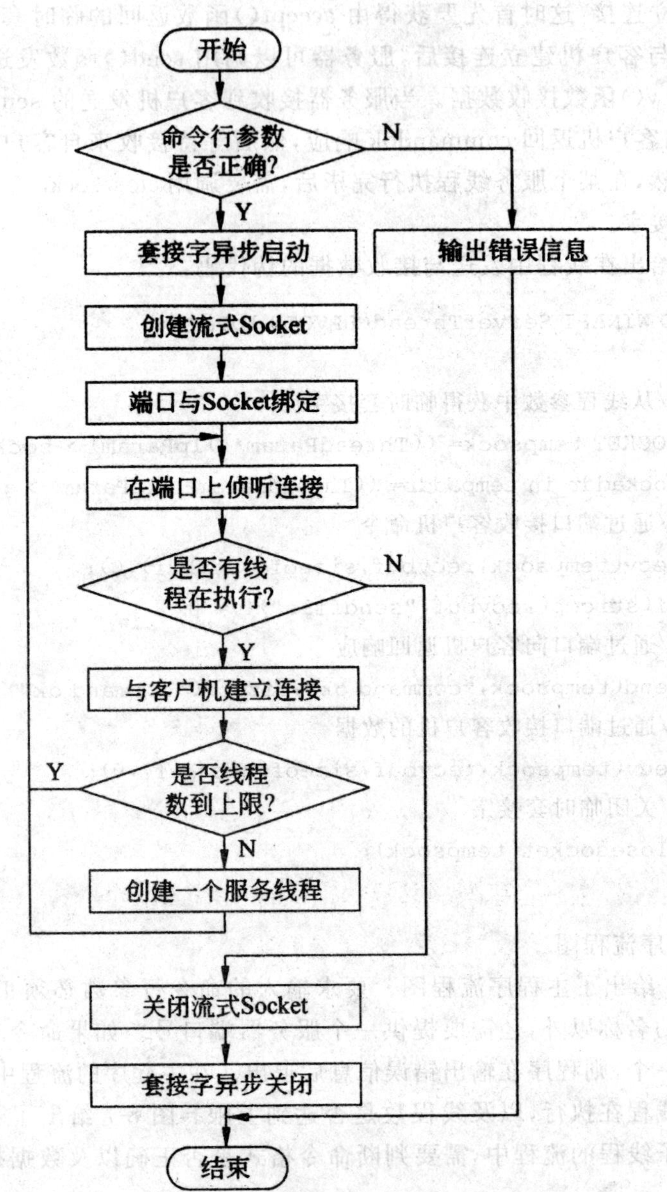

开始
命令行参数
是否正确?
N
Y
套接字异步启动
输出错误信息
创建流式Socket
端口与Socket绑定
在端口上侦听连接
是否有线
程在执行?
N
Y
与客户机建立连接
Y
是否线程
数到上限?
N
创建一个服务线程
关闭流式Socket
套接字异步关闭
结束

图 8-6　主程序流程图

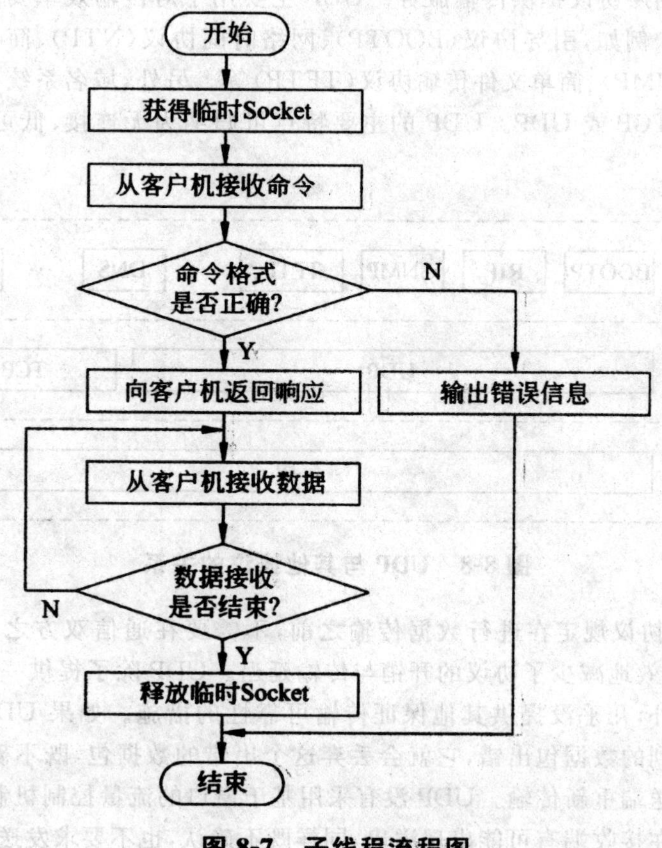

图 8-7 子线程流程图

8.2 基于 UDP 的客户机/服务器设计要求及问题分析

8.2.1 UDP 协议概述

1. UDP 协议的基本概念

UDP 是一种无连接、不可靠的传输层协议。从应用层的角度来看，UDP 协议在网络层 IP 协议的基础上，为应用层的程序提供不可靠的数据包传输服务。图 8-8 给出了 UDP 与其他协议的关系。也就是说，UDP 为上面的应用层协议提供传输服务。UDP 主要用于对传输效率要求高的应用层协议。例如，引导协议（BOOTP）、网络时间协议（NTP）、简单网络管理协议（SNMP）、简单文件传输协议（TFTP）等。另外，域名系统（DNS）可以依赖于 TCP 或 UDP。UDP 的主要特点可归纳为无连接、低可靠性、数据报传输。

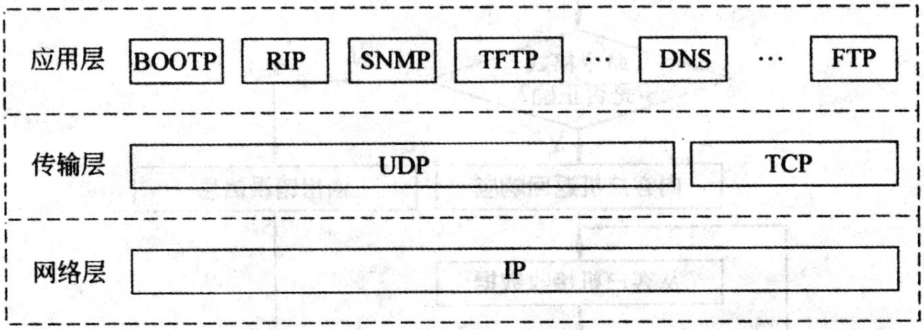

应用层	BOOTP	RIP	SNMP	TFTP	…	DNS	…	FTP
传输层	UDP						TCP	
网络层	IP							

图 8-8　UDP 与其他协议的关系

UDP 协议规定在进行数据传输之前，不需要在通信双方之间建立连接，因此有效地减少了协议的开销与传输延迟。UDP 除了提供一种可选的校验和之外，几乎没提供其他保证传输可靠性的措施。如果 UDP 协议检测出接收到的数据包出错，它就会丢弃这个出错的数据包，既不确认，也不会要求发送端重新传输。UDP 没有采用基于窗口的流量控制机制，当数据包过多时在接收端有可能出现溢出，同样既不确认，也不要求发送端重新传输。因此，UDP 协议提供的是“尽力而为”的传输服务。

UDP 协议对于应用程序提交的高层数据，在添加 UDP 头部形成 UDP 数据包后，向下提交给网络层的 IP 协议来处理。在发送端，UDP 对应用层数据既不合并，也不拆分，而是保留数据原来的长度与格式。在接收端，UDP 将接收的数据包原封不动地提交给应用程序。因此，在使用 UDP 协议时，应用程序必须选择长度合适的高层数据。如果应用程序提交的数据太短，则协议开销相对较大；如果应用程序提交的数据太长，UDP 向网络层提交的 UDP 数据包可能被分片，这样也会降低协议的效率。

应用程序选择是否采用 UDP 协议时，存在以下几个需要考虑的原则。

①简短的交互式应用：如果客户机与服务器之间只需要交互简短的请求与应答，应用程序在这种情况下应该选择 UDP 协议。应用程序可以通过设置定时器与重传机制，以便处理网络层的 IP 分组丢失问题。

②视频播放应用：在互联网环境下播放视频，用户最关注的是视频流能尽快地、不间断地播放，丢失个别数据包对播放效果不会产生重要影响。如

果采用 TCP 协议，可能因重传丢失数据包而增大传输延迟，反而对视频播放造成不利的影响。因此，视频播放应用对数据交付实时性要求较高，而对数据交付可靠性要求较低，UDP 协议显然更为适用。

③多播与广播应用：对于 IP 电话、视频会议等实时性应用，它们要求源主机以恒定速率发送数据，在拥塞发生时允许丢弃部分数据包。UDP 协议支持一对一、一对多与多对多的交互式通信，这点也是 TCP 协议所不支持的。因此，对于多播与广播类应用，UDP 协议显然更为适用。

2. UDP 数据包的结构

根据 OSI 参考模型的定义，传输层使用下面网络层提供的服务，并且要向上面的应用层提供服务。由于 UDP 协议所处的层次高于 IP 协议，因此 UDP 数据包需要封装在 IP 分组中传输。图 8-9 给出了 UDP 数据包的封装过程。当某种应用进程是基于 UDP 协议时，首先将应用层数据作为 UDP 数据与 UDP 头部封装成 UDP 包，然后将 UDP 包作为 IP 数据与 IP 头部封装成 IP 分组。在将 UDP 数据包封装成 IP 分组时，IP 头部的协议字段表示上层协议类型，用于表示 UDP 协议的字段值为 17。

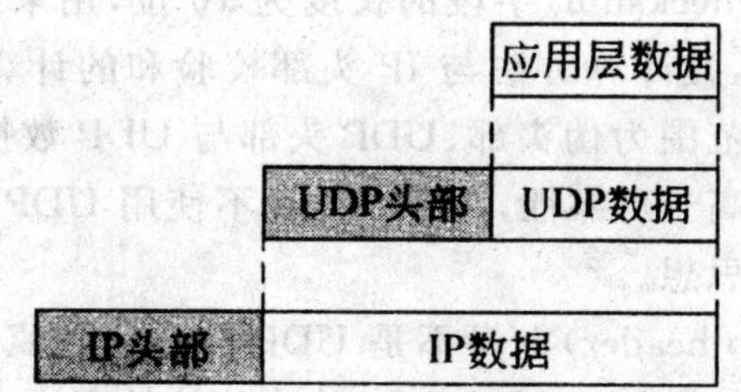

图 8-9　UDP 数据包的封装过程

设计 UDP 协议的主要原则是协议简单、运行快捷。RFC768 是最早出现的 UDP 协议文档，它描述了 UDP 协议的基本内容。RFCl122 是对 UDP 协议进行补充的 RFC 文档。UDP 提供端口形式的传输层寻址，以及一种可选的校验和功能。UDP 协议制定了统一的 UDP 数据包格式。UDP 数据包分为两个部分：UDP 头部与 UDP 数据。图 8-10 给出了 UDP 数据包的结构。UDP 头部长度固定为 8 字节，UDP 数据部分的长度是可变的。

UDP 头部由以下这些字段组成。

(1)端口号

端口号(port number)字段包括两个部分：源端口号与目的端口号。源端口号与目的端口号字段的长度均为 16 位。源端口号表示源进程(发送端)使用的 UDP 端口号，目的端口号表示目的进程(接收端)使用的 UDP

端口号。如果源进程是客户机，源端口号是由 UDP 软件分配的临时端口号，目的端口号是使用服务器的熟知端口号。

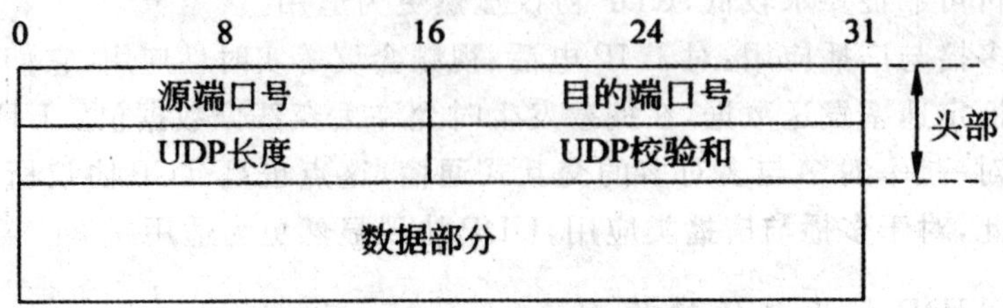

图 8-10 UDP 数据包的结构

(2)UDP 长度

UDP 长度(length)字段的长度为 16 位，表示包括 UDP 头部在内的 UDP 数据包的总长度。UDP 数据包的最小长度为 8B，最大长度为 65535B。由于 UDP 头部长度固定为 8B，因此 UDP 数据部分的最大长度为 65527B。

(3)UDP 校验和

UDP 校验和(checksum)字段的长度为 16 位，用来检查 UDP 数据包在传输中是否出错，其计算方法与 IP 头部校验和的计算方法相同。UDP 校验和字段的校验范围为伪头部、UDP 头部与 UDP 数据。如果应用程序对通信效率的要求高于可靠性，它可以选择不使用 UDP 校验和，这样设计反映出效率优先的思想。

伪头部(pseudo header)本身不是 UDP 数据包的真正头部，只是在计算校验和时临时和 UDP 数据包相加。伪头部的长度为 12B。图 8-11 给出了伪头部的结构。伪头部内容主要来自 IP 分组头部的一部分，它包括以下几个字段：源 IP 地址(16 位)、目的 IP 地址(16 位)、保留位(8 位)、协议(8 位)与 UDP 长度(16 位)。为了保证头部长度为 16 位的整数倍，伪头部中还有 8 位的填充部分(全 0)。UDP 长度是 UDP 数据包的长度，不包括伪头部的长度。

图 8-11 伪头部的结构

3. 基于 UDP 的客户机/服务器编程

基于 UDP 的网络应用采用客户机/服务器模式。这里，客户机与服务器是互相通信的两个应用程序的进程，它们分别称为客户机与服务器。图 8-12 给出了基于 UDP 的客户机/服务器结构。客户机是使用某种网络服务的应用进程，服务器是提供某种网络服务的应用进程。在客户机中，建立一个输出队列与一个输入队列，它们分别用于发送请求与接收应答。在服务器中，建立一个输入队列与一个输出队列，它们分别用于接收请求与发送应答。每种队列都采用先到先服务的工作模式。这种服务器工作方式被称为重复服务器。

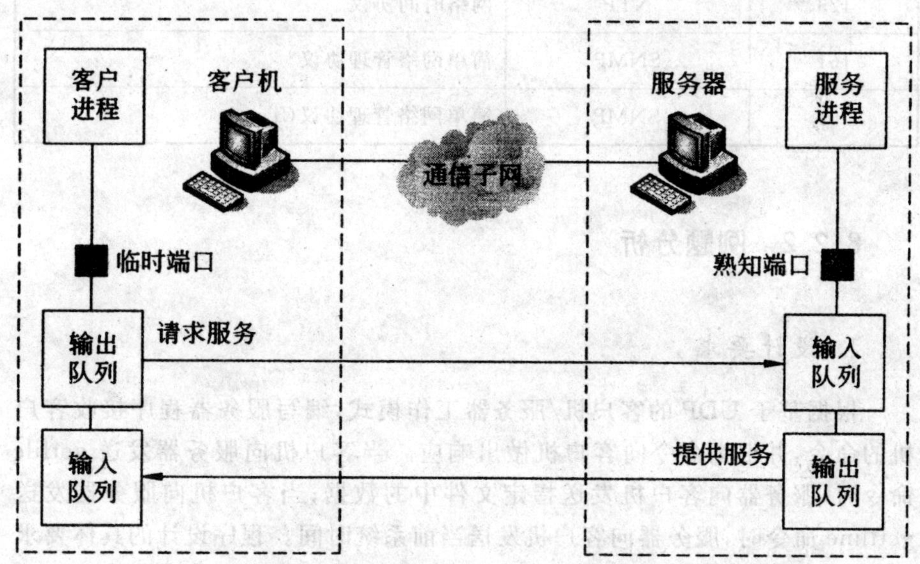

图 8-12 基于 UDP 的客户机/服务器结构

无论是客户机还是服务器进程，它们都要通过 IP 地址与端口号来加以标识。在基于 UDP 的网络应用中，使用的端口号是 UDP 协议的端口号。客户机是使用网络服务的应用进程，它通过临时端口号向服务器请求服务。服务器是提供网络服务的应用进程，为了使众多的客户机知道服务器的存在，它通过熟知端口号来向客户机提供服务。表 8-2 给出了 UDP 的主要熟知端口号。这种熟知端口号(0～1023)是由 IANA 来统一分配的，每个客户机都知道相应服务器的熟知端口号。

表 8-2 UDP 的主要熟知端口号

端口号	服务进程	说明
53	DNS	域名系统
67	BOOPS	引导协议(服务器)
68	BOOPC	引导协议(客户机)
69	TFTP	简单文件传输协议
111	RPC	远程过程调用
123	NTP	网络时间协议
161	SNMP	简单网络管理协议
162	SNMP	简单网络管理协议(Trap)

8.2.2 例题分析

1. 设计要求

根据基于 UDP 的客户机/服务器工作模式,编写服务器程序接收客户机的命令,并根据命令向客户机做出响应。当客户机向服务器发送 getfile 命令时,服务器向客户机发送指定文件中的数据;当客户机向服务器发送 gettime 命令时,服务器向客户机发送当前系统时间。程序设计的具体要求如下。

①要求程序为命令行程序。例如,可执行文件名为 UdpServer.exe,则程序的命令行格式为:

```
UdpServer server_port
```

其中,server_port 为服务器侦听的 UDP 端口号。

②要求将服务器的状态显示在控制台上,具体格式为:

```
UDP Server 接受命令:…
UDP Server 发送数据:…
```

③要求有良好的编程规范与注释。编程所使用的操作系统、语言和编译环境不限，但是在提交的说明文档中需要加以注明。

④要求撰写说明文档，包括程序的开发思路、工作流程、关键问题、解决思路以及进一步的改进等内容。

2. 关键问题

(1)基本编程模式分析

基于 UDP 的客户机/服务器进程有相对固定的编程模式。如果客户机与服务器进程之间通信，需要依次调用 Socket 提供的不同函数来实现。但是，服务器编程比客户机编程更为复杂。服务器采用重复服务器方式处理多个服务请求。图 8-13 给出了基于 UDP 的客户机/服务器编程模式。对于客户机与服务器进程，它们首先需要调用 socket()函数建立套接字，然后可以调用 sendto()函数发送数据，或者调用 recvfrom()函数接收数据，最后需要调用 closesocket()函数关闭套接字。但是，服务器进程在发送与接收数据之前，还要调用 bind()函数将某个端口与套接字绑定。

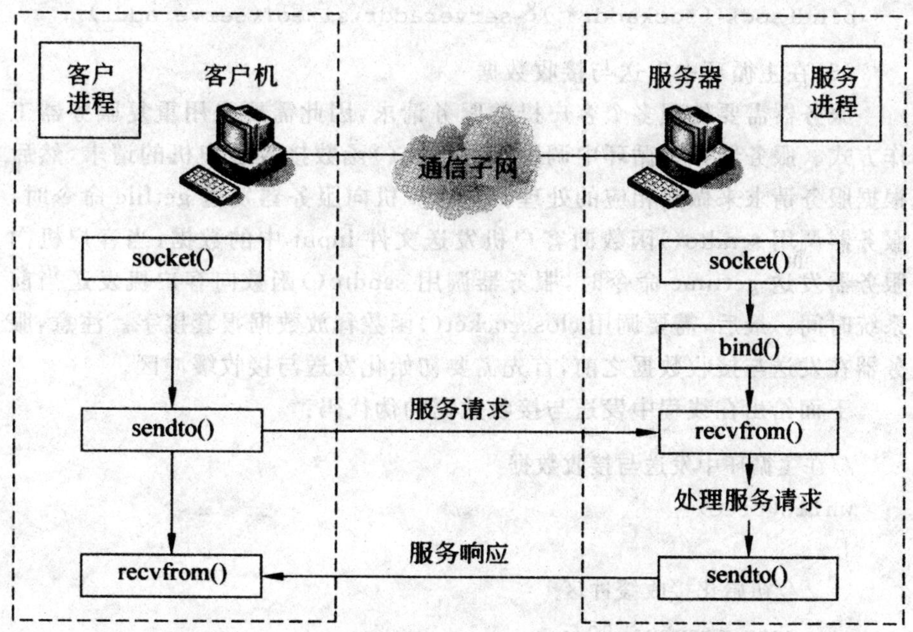

图 8-13　基于 UDP 的客户机/服务器编程模式

(2)创建数据报套接字

为了实现基于 UDP 的客户机/服务器进程，首先需要调用 socket()函数创建套接字，其中的 SOCK_DGRAM 表示创建数据报套接字，IPPROTO_IP 表示采用 IP 协议。接着，需要使用 INADDR_ANY 来获得本地主机的 IP 地址，然后将 IP 地址与端口号共同填充本地 Socket 结构。最后，调用 bind()函数将某个端口与套接字绑定。

下面给出创建数据报套接字的伪代码：

```
//创建数据报 Socket
socket(AF_INET,SOCK_DGRAM,IPPROTO_UDP);
//填充本地 Socket 地址
sockaddr_in serveraddr;
serveraddr.sin_family= AF_NET;
serveraddr.sin_port= htons((unsigned short)atoi(argv[1]));
serveraddr.sin_addr.S_un S_addr= htonl(INADDR_ANY);
//将端口与 IP 地址绑定
bind(sock,(sockaddr* )&serveraddr,sizeof(serveraddr));
```

(3)在主循环中发送与接收数据

服务器需要处理多个客户机的服务请求，因此需要采用重复服务器工作方式。服务器在主循环中调用 recvfrom()函数接收客户机的请求，然后根据服务请求来做出相应的处理。当客户机向服务器发送 getfile 命令时，服务器调用 sendto()函数向客户机发送文件 input 中的数据；当客户机向服务器发送 gettime 命令时，服务器调用 sendto()函数向客户机发送当前系统时间。最后，需要调用 closesocket()函数释放数据报套接字。注意，服务器在发送与接收数据之前，首先需要初始化发送与接收缓冲区。

下面给出在线程中发送与接收数据的伪代码：

```
//在主循环中发送与接收数据
while(true)
{
    //初始化接收缓冲区
    char recvbuf[20];
    memset(recvbuf,'\0',sizeof(recvbuf));
    //从客户机接收请求
    nRecv= recvfrom(sock,recvbuf,sizeof(recvbuf),0,(sock-
addr*)&clientaddr,&clientaddrlen);
```

```
    //初始化发送缓冲区
    char sendbuf[1500];
    memset(sendbuf,'\0',sizeof(sendbuf));
    //判断客户机请求的类型
    if(strcmp(recvbuf,"getfile")= = 0)
        //将文件数据写入发送缓冲区
        fstream infile;
        infile.open("input",ios::in|ios::nocreate);
        infile.read(sendbuf,nlength);
        //向客户机发送数据
        nSend=sendto(sock,sendbuf,sizeof(sendbuf),0,(sockaddr
* )&clientaddr,clientaddrlen);
    }
    //判断客户机请求的类型
    if(strcmp(recvbuf,"gettime")= = 0)
    {
        //将系统时间写入发送缓冲区
        time_t CurTime;
        time(&CurTime);
        strftime(sendbuf,sizeof(sendbuf),"%¥-%m-%d%H:%
M;%S",localtime(&CurTime));
        //向客户机发送数据
         nSend= sendt0 ( sock, sendbuf, sizeof ( sendbuf), 0,
(sockaddr* )&clientaddr,
        clientaddrlen);
    }
}
```

(4)程序流程图

图 8-14 给出了主程序流程图。要求输入的命令行参数必须正确，除了程序本身的名称以外，还需要提供一个服务器端口号。如果命令行参数的个数不是一个，则程序在输出错误信息后退出。在主程序的流程中，需要判断命令格式是否正确，以及数据发送是否结束。

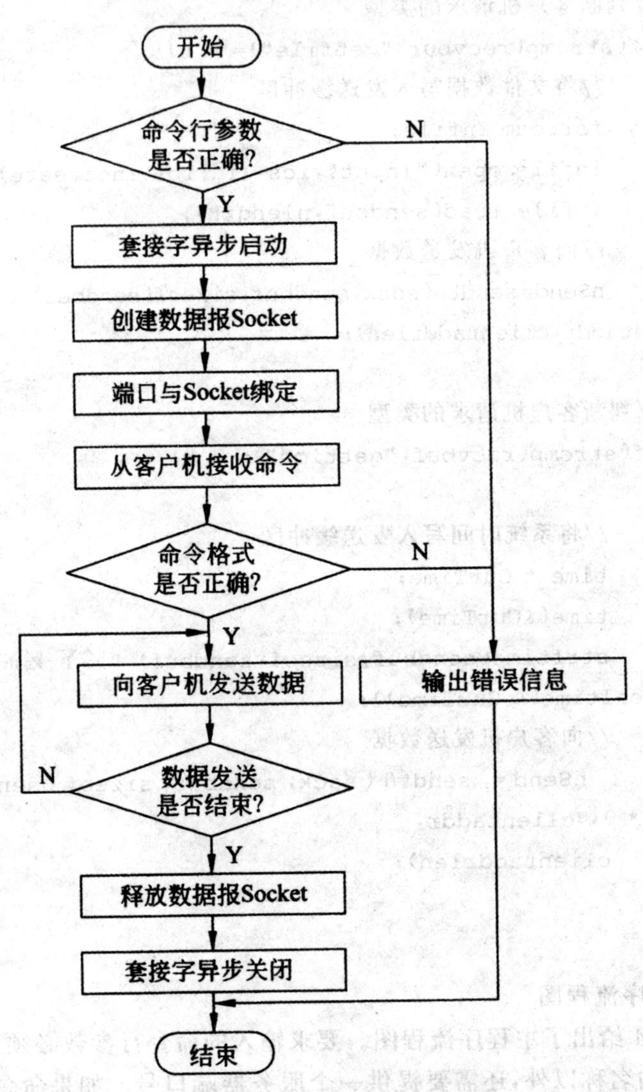

开始
命令行参数
是否正确?
N
Y
套接字异步启动
创建数据报Socket
端口与Socket绑定
从客户机接收命令
命令格式
是否正确?
N
Y
向客户机发送数据
输出错误信息
数据发送
是否结束?
N
Y
释放数据报Socket
套接字异步关闭
结束

图 8-14　主程序流程图

8.3　FTP 客户机设计要求及问题分析

8.3.1　FTP 服务概述

1. 应用层的基本概念

应用层是网络体系结构的最高层次。无论是 OSI 参考模型还是 TCP/IP 参考模型，它们的最高层次都是应用层。图 8-15 给出了 OSI 与 TCP/IP 两种参考模型的层次结构。应用层提供了各种类型的网络服务，Internet 技术的发展极大地丰富了应用层的内容。每种应用层服务都有对应的协议标准。目前，应用层协议主要包括以下几种：文件传输协议（FTP）、远程登录（Telnet）、简单邮件传输协议（SMTP）、超文本传输协议（HTTP）、域名系统（DNS）与简单网络管理协议（SNMP）等。

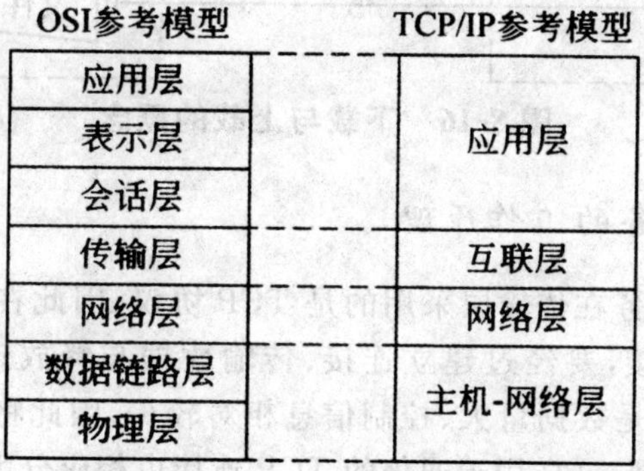

OSI参考模型	TCP/IP参考模型
应用层	应用层
表示层	
会话层	
传输层	互联层
网络层	网络层
数据链路层	主机-网络层
物理层	

图 8-15　OSI 与 TCP/IP 两种参考模型的层次结构

2. FTP 服务的基本概念

文件传输服务又称为 FTP 服务，这是因为它遵循 TCP/IP 协议族中的文件传输协议（file transfer protocol，FTP）。FTP 服务允许用户将文件从一台计算机传输到另一台计算机，并保证文件在 Internet 中传输的可靠性。Internet 采用 TCP/IP 协议作为基本协议，无论两台计算机在地理位置上相距多远，只要这两台计算机都支持 FTP 协议，它们之间就可以相互传输文件。

FTP 服务与其他 Internet 服务一样，采用的也是客户机/服务器模式。FTP 服务器是指提供 FTP 服务的计算机，其中需要运行 FTP 服务器程序；FTP 客户机是指用户的本地计算机，其中需要运行 FTP 客户端软件。文件在 FTP 服务器中是以目录结构存储的。实际上，FTP 服务器运行着一个 FTP 守护进程(daemon)，它负责为用户提供下载与上载服务。图 8-16 给出了下载与上载的概念。下载是指将文件从 FTP 服务器传输到 FTP 客户机；而上载是指将文件从 FTP 客户机传输到 FTP 服务器。

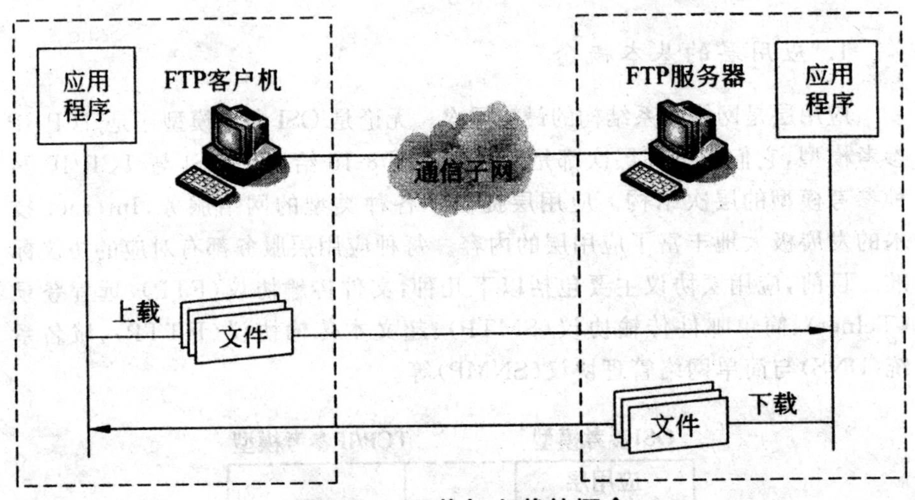

图 8-16　下载与上载的概念

3. FTP 服务的工作原理

由于 FTP 服务在传输层采用的是 TCP 协议，因此在进行文件传输之前需要先建立连接，要经过建立连接、传输数据与释放连接的基本过程。FTP 服务的特点是数据量大、控制信息相对较少，因此将数据分为控制信息与数据分别处理，这样用于通信的 TCP 连接也相应分为控制连接与数据连接两种。图 8-17 给出了 FTP 服务的工作原理。FTP 客户机向 FTP 服务器发送服务请求，FTP 服务器接收与响应 FTP 客户机的请求，并向 FTP 客户机提供所需要的文件传输服务。根据 TCP 协议的规定，FTP 服务器必须使用熟知端口号来提供服务，FTP 客户机使用临时端口号来发送服务请求。

4. FTP 命令与应答

(1)FTP 命令

FTP 协议详细规定了每种协议动作的实现顺序。FTP 命令是 FTP 客户机向服务器发送的操作请求，FTP 服务器根据操作情况向客户机返回应答信息。

图 8-17　FTP 服务的工作原理

FTP 命令的标准书写格式为：

命令名<参数>

FTP 命令由两个部分组成：命令名与参数。其中，命令名是由 3 或 4 个大写字母组成的字符串，它是对该命令的英文描述的缩写，例如 USER 命令是 UserName 的缩写；参数是完成命令需要使用的附加信息，例如 USER 命令的参数为用户名。表 8-3 给出了常用的 FTP 命令。FTP 客户机与服务器需要按照上述格式实现 FTP 命令，以保证不同开发者的 FTP 客户机与服务器之间可以交互。

表 8-3　常用的 FTP 命令

FTP 命令名	格式	用途
USER	USER<username>	系统登录需要的用户名
PASS	PASS<password>	系统登录需要的密码
LIST	LIST<directory>	列出当前目录中的信息
CWD	CWD<directory>	改变当前目录
MKD	MKD<directory>	在当前目录中创建新目录
RMD	RMD<directory>	删除指定目录
TYPE	TYPE<datatype>	改变文件类型

续表

FTP 命令名	格式	用途
STOR	STOR<filename>	上载文件到服务器当前目录
RETR	RETR<filename>	下载文件到本地当前目录
DELE	DELE<filename>	删除指定文件
HELP	HELP<command>	返回指定命令的帮助信息
PASV	PASV	请求服务器等待数据连接
QUIT	QUIT	退出系统登录

(2)FTP 应答

FTP 应答的标准书写格式为：

应答码＜描述信息＞

FTP 应答由两个部分组成：应答码与描述信息。其中，应答码是由 3 位数字组成的字符串，它是对该应答信息的数字标识，例如 020 表示用户登录成功；描述信息是对应答码的文字描述，例如 020 后面的描述信息是 User login success。表 8-4 给出了常用的 FTP 应答。FTP 客户机与服务器需要按照上述格式实现 FTP 应答，但是描述信息的内容可以由自己来确定。

表 8-4　常用的 FTP 应答

FTP 应答码	格式
120	120 Service ready in nnn minutes
125	125 Data connection already open;transfer starting
150	150 File status okay;about to open data connection
220	220 Service ready for new user
225	225 Data connection open;no transfer in progress
226	226 Closing data connection
227	227 Entering Passive Mode(h1,h2,h3,h4,p1,p2)
230	230 User logged in,proceed
250	250 Requested file action okay,completed
331	331 User name okay,need password
332	332 Need account for login
421	421 Service not available,closing control connection

续表

FTP 应答码	格式
425	425 Can't open data connection
426	426 Connection closed;transfer aborted
450	450 Requested file action not taken
500	500 Syntax error,command unrecognized
501	501 Syntax error in parameters or arguments
530	530 Not logged in
550	550 Requested action not taken

图 8-18 给出了 FTP 命令与应答的关系。除了 LIST 命令之外，FTP 客户机每发送一个命令，FTP 服务器都会返回一个应答。每个 FTP 命令对应不同的操作结果，都会收到对应的 FTP 应答。

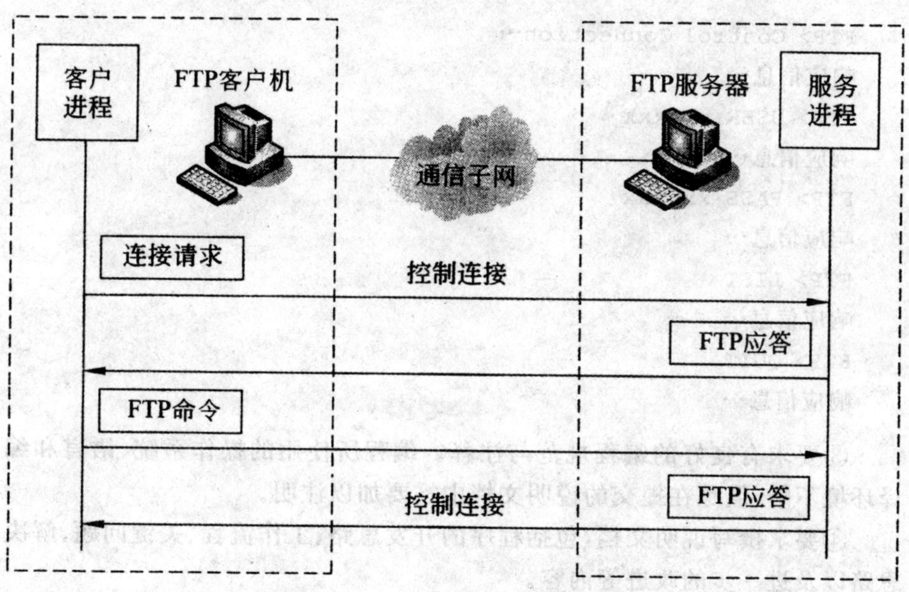

图 8-18　FTP 命令与应答的关系

8.3.2 例题分析

1. 设计要求

根据客户机/服务器工作模式，编写 FTP 客户机程序向服务器发送命令，并将 FTP 服务器返回的应答信息与数据显示在控制台上。在本练习中为了简便起见，只需要实现 USER、PASS、LIST 与 QUIT 命令。程序设计的具体要求如下。

①要求程序为命令行程序。例如，可执行文件名为 FtpClient. exe，则程序的命令行格式为：

```
FtpClient server_addr
```

其中，server_addr 为 FTP 服务器的 IP 地址。

②要求将 FTP 服务器的状态显示在控制台上，具体格式为：

```
FTP> Control Connection…
响应信息…
FTP> USER:xxxxxx
响应信息…
FTP> PASS:xxxxxx
响应信息…
FTP> LIST
响应信息…
FTP> QUIT
响应信息…
```

③要求有良好的编程规范与注释。编程所使用的操作系统、语言和编译环境不限，但是在提交的说明文档中需要加以注明。

④要求撰写说明文档，包括程序的开发思路、工作流程、关键问题、解决思路以及进一步的改进等内容。

2. 关键问题

(1)建立控制连接

在 FTP 客户机与服务器之间进行通信，首先需要建立的就是控制连接。FTP 客户机首先调用 socket()函数来建立套接字，然后调用 connect()函数请求与 FTP 服务器建立连接，在连接建立后就可以调用 send()与 recv()函数来发送与接收数据。当 FTP 客户机向服务器发送连接建立请求后，需要接收与分析 FTP 服务器返回的应答。FTP 服务器返回的应答信息可能包含 120、220 与 421，但是只有接收到的应答码为 220 时，才表示控制连接成功建立并且可以开始发送 FTP 命令。

(2)登录到 FTP 服务器

FTP 客户机与服务器之间建立控制连接后，还需要通过身份认证登录到 FTP 服务器，这时要验证用户名与密码的正确性。登录 FTP 服务器需要使用 USER 与 PASS 命令，它们分别用来输入 FTP 用户名与密码。USER 与 PASS 命令是按照规定顺序出现的。FTP 客户机向服务器发送 USER 命令，FTP 服务器返回的应答可能包含 230、331、421、500、501 与 530，但是只有接收到的应答码为 331 时，才表示用户名正确并继续输入密码；FTP 客户机向服务器发送 PASS 命令，FTP 服务器返回的应答信息可能包含 230、332、421、500、501 与 530，但是只有接收到的应答码为 230 时，才表示用户名与密码均正确且成功登录。

(3)执行 LIST 命令

LIST 命令用来返回当前目录中的信息(包括子目录与文件)，它需要使用数据连接来传输目录信息，因此 FTP 客户机要与服务器建立数据连接。这时，有两种建立数据连接的方法：一种是使用 PORT 命令；另一种是使用 PASV 命令。其中，PORT 命令方式称为主动模式，FTP 客户机指定自己用于数据连接的端口，由 FTP 服务器来与客户机建立数据连接；PASV 命令方式称为被动模式，FTP 服务器在应答信息中指出用于数据连接的端口，由 FTP 客户机与服务器建立数据连接。由于很多内部网络不支持 PORT 方式，因此这里采用的是 PASV 方式。LIST 命令执行完以后，需要释放数据连接。

(4)程序流程图

图 8-19 给出了主程序流程图。这里，要求输入的命令行参数必须正确，除了程序本身的名称以外，还需要提供一个 FTP 服务器的地址。如果命令行参数的个数不是一个，则程序在输出错误信息后退出。如果 FTP 客户机接收的连接应答码有误，或者接收的 USER、PASS、PASV、LIST、QUIT 应答码有误，则程序在输出错误信息后退出。

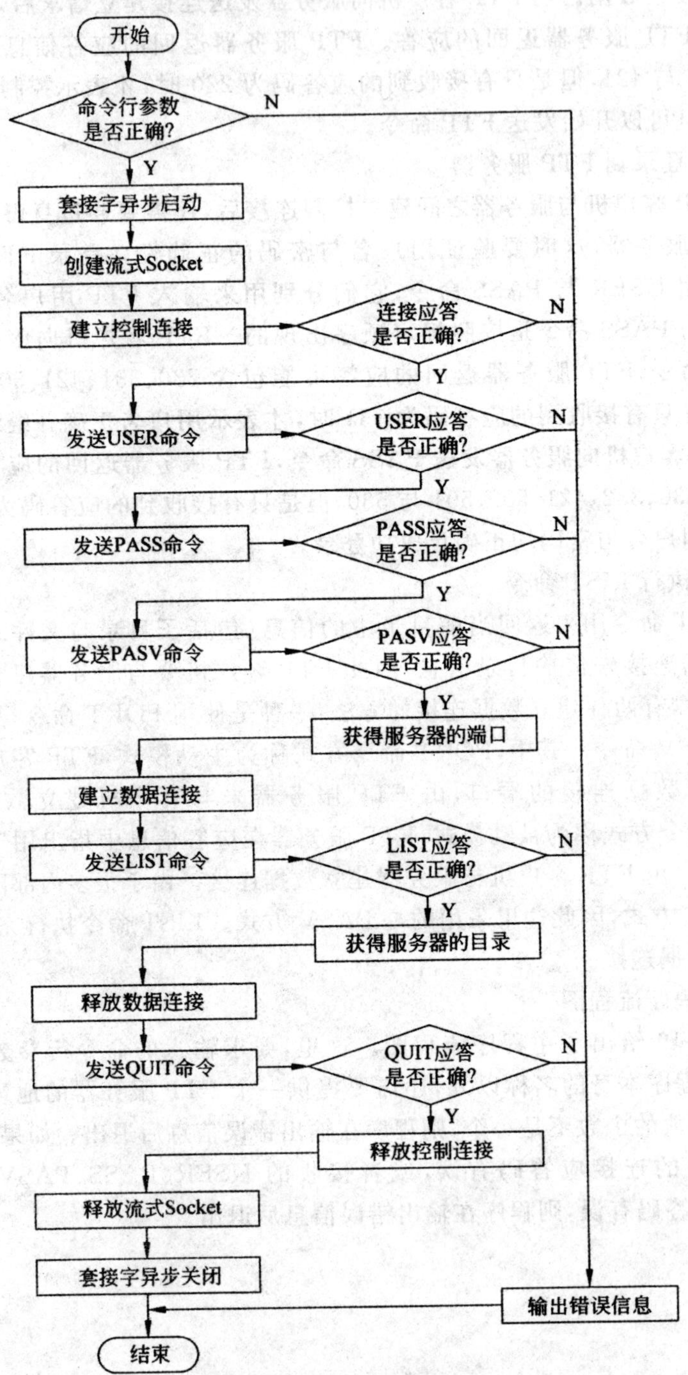

开始
命令行参数
是否正确?
N
Y
套接字异步启动
创建流式Socket
建立控制连接
连接应答
是否正确?
N
Y
发送USER命令
USER应答
是否正确?
N
Y
发送PASS命令
PASS应答
是否正确?
N
Y
发送PASV命令
PASV应答
是否正确?
N
Y
获得服务器的端口
建立数据连接
发送LIST命令
LIST应答
是否正确?
N
Y
获得服务器的目录
释放数据连接
发送QUIT命令
QUIT应答
是否正确?
N
Y
释放控制连接
释放流式Socket
套接字异步关闭
输出错误信息
结束

图 8-19 主程序流程图

参考文献

[1]陈红玉，刘光金，孟庆鑫.计算机技术与网络安全[M].北京：中国纺织出版社，2018.

[2]吴英.计算机网络软件编程指导书[M].2版.北京：清华大学出版社，2017.

[3]李芳，唐磊，张智.计算机网络安全[M].成都：西南交通大学出版社，2017.

[4]谢希仁.计算机网络[M].7版.北京：电子工业出版社，2017.

[5]（美）雅各布森（Jacobson.D）.网络安全基础：网络攻防、协议与安全[M].仰礼友，赵红宇，译.北京：电子工业出版社，2016.

[6]（美）马克里（Malik，S.）.网络安全原理与实践[M].李晓楠，译.北京：人民邮电出版社，2013.

[7]（美）杜里格瑞斯（Douligeris，C.）.网络安全：现状与展望[M].范九伦，王娟，赵锋，译.北京：科学出版社，2010.

[8]沈鑫剡，俞海英，伍红兵，等.网络安全[M].北京：清华大学出版社，2017.

[9]沈鑫剡，等.网络技术基础与计算思维实验教程习题详解[M].北京：清华大学出版社，2016.

[10]沈鑫剡，等.网络技术基础与计算思维[M].北京：清华大学出版社，2016.

[11]马利，姚永雷.计算机网络安全[M].北京：清华大学出版社，2016.

[12]吴功宜，吴英.计算机网络课程设计[M].2版.北京：机械工业出版社，2015.

[13]吴功宜，董大凡，王珺，等.计算机网络高级软件编程技术[M].2版.北京：清华大学出版社，2011.

[14]吴功宜，张健，董大凡，等.网络安全高级软件编程技术[M].北京：清华大学出版社，2007.

[15]吴功宜.计算机网络与互联网技术研究、应用和产业发展[M].北京：清华大学出版社，2008.

[16]吴功宜. 计算机网络. 2 版[M]. 北京:清华大学出版社,2007.

[17]李丹. 网络安全基础与应用[M]. 北京:电子工业出版社,2016.

[18]陈彪,孙嘉. 信息与网络空间安全[M]. 上海:上海科学技术文献出版社,2017.

[19]鲁立,任琦,王彩梅. 计算机网络安全[M]. 2 版. 北京:机械工业出版社,2017.

[20]刘化君. 网络安全技术[M]. 2 版. 北京:机械工业出版社,2015.

[21]石淑华,池瑞楠. 计算机网络安全技术[M]. 4 版. 北京:人民邮电出版社,2016.

[22]赵建超,龚茜茹. 计算机实用信息安全技术[M]. 北京:中国青年出版社,2016.

[23]张兆信,赵永葆,赵尔丹,等. 计算机网络安全与应用技术[M]. 2 版. 北京:机械工业出版社,2017.

[24]付永钢. 计算机信息安全技术[M]. 2 版. 北京:清华大学出版社,2017.

[25]彭新光,王铮. 信息安全技术与应用[M]. 北京:人民邮电出版社,2013.

[26]刘永华. 计算机网络信息安全[M]. 北京:清华大学出版社,2014.

[27]汪双顶,陆沁. 计算机网络安全[M]. 北京:人民邮电出版社,2016.

[28]周德荣,田关伟,宋凌怡. 计算机网络安全理论及应用[M]. 北京:水利水电出版社,2016.

[29]袁津生,吴砚农. 计算机网络安全基础[M]. 4 版. 北京:人民邮电出版社,2013.

[30]赵立群. 计算机网络管理与安全[M]. 2 版. 北京:清华大学出版社,2014.

[31]陈晓桦,武传坤. 网络安全技术[M]. 北京:人民邮电出版社,2017.

[32]蒋天发. 网络空间信息安全[M]. 北京:电子工业出版社,2017.

[33]石磊,赵慧然. 网络安全与管理[M]. 2 版. 北京:清华大学出版社,2015.

[34]罗惠琼,杨亚玲,杨国渝,等. 计算机网络编程与数据通信[M]. 北京:国防工业出版社,2015.

[35]福罗赞. TCP/IP 协议族[M]. 4 版. 王海,张娟,朱晓阳,译. 北京:清华大学出版社,2011.

[36]刘瑞新,马骏,何欣. C# 网络编程及应用[M]. 北京:机械工业出版社,2004.

[37]刘瑞新，马骏，何欣. C#网络编程及应用开发实例与习题解答[M]. 北京：机械工业出版社，2004.

[38]金华，华进. C#网络编程技术教程[M]. 北京：人民邮电出版社，2009.

[39]张晓明. 计算机网络编程技术[M]. 北京：中国铁道出版社，2009.

[40]袁津生，吴砚农. 计算机网络安全基础[M]. 4版. 北京：人民邮电出版社，2013.

[41]杜文才. 计算机网络安全基础[M]. 北京：清华大学出版社，2016.

[42]孟祥丰，白永祥. 计算机网络安全技术研究[M]. 北京：北京理工大学出版社，2013.

[43]张殿明，杨辉. 计算机网络安全[M]. 2版. 北京：清华大学出版社，2014.

[44]吴朔媚，宋建卫. 计算机网络安全技术研究[M]. 长春：东北师范大学出版社，2017.

[45]田庚林，田华，张少芳. 计算机网络安全与管理[M]. 2版. 北京：清华大学出版社，2013.

[46]叶忠杰. 计算机网络安全技术[M]. 3版. 北京：科学出版社，2013.

[47]张康荣. 计算机网络信息安全及其防护对策分析[J]. 网络安全技术与应用，2015(02)：92+94.

[48]侯英杰. 计算机信息安全技术及防护[J]. 电脑知识与技术，2016，12(03)：33－34.

[49]郭之琳. 计算机信息安全技术及防护分析[J]. 智能城市，2016，2(04)：98－99.

[50]马利，梁红杰. 计算机网络安全中的防火墙技术应用研究[J]. 电脑知识与技术，2014，10(16)：3743－3745.

[51]骆兵. 计算机网络信息安全中防火墙技术的有效运用分析[J]. 信息与电脑(理论版)，2016(09)：193－194.

[52]史登勇. 试析防火墙技术的发展及原理[J]. 哈尔滨师范大学自然科学学报，2015，31(02)：91－94.

[53]曹然彬. 网络安全中计算机信息管理技术的应用[J]. 电子技术与软件工程，2017(15)：227+253.

[54]纪文晋. 计算机网络信息管理及其安全[J]. 信息与电脑(理论版)，2016(08)：175－176.

[55]张晓明，殷雄. 基于混沌序列的小波域语音信息隐藏方法[J]. 系统仿真学报，2007(9)：2113－2117.

[56]殷雄，张晓明. 基于LSB的隐蔽通信音频水印算法[J]. 通信学报，2007，28(11A)：49－53.

[57]张晓彦，张晓明. 一种基于表格属性的网页信息隐藏算法[J]. 北京石油化工学院学报，2009，17(1)：43－47.

[58]朱晓凤. 基于SOCKET编程实现的组态软件与控制器的网络通讯[J]. 电子元器件应用，2010，12(05)：41－43＋47.

[59]张涛. 基于计算机网络的信息安全技术及发展趋势探究[J]. 无线互联科技，2015，(24)：96－97.

[60]孙淑颖. 浅谈计算机信息安全技术与应用[J]. 中国新技术新产品，2014，(24)：16.

[61]吴小雷. 浅谈网络环境中的信息安全技术[J]. 中国新通信，2013，15(06)：37－44.

[62]李强. 网络环境中信息安全技术讨论[J]. 无线互联科技，2013，(11)：12.

[63]许梅. 企业网络信息安全技术开发现状研究[J]. 经贸实践，2015，(08)：325.

[64]刘贺. 网络信息安全技术及其应用分析[J]. 湖北函授大学学报，2015，28(17)：73－74.

[65]刘丹，孙岩. 我国网络信息安全的现状与对策[J]. 技术与市场，2014，21(07)：327.

[66]范兴亮. 新探大数据时代信息安全的新特点与新要求[J]. 科技传播，2017，9(13)：40－41.

[67]陈云. 中国网民信息安全状况研究[J]. 互联网天地，2014，(02)：70－74.

[68]刘伟. 浅析网络信息安全问题与对策[J]. 信息化建设，2016，(01)：121.

[69]王静. 浅析网络信息安全中的信息泄露问题[J]. 新闻研究导刊，2017，8(11)：54－55.

[70]曹维. 网络信息安全性分析建模研究[J]. 黑龙江科学，2017，8(12)：72－73.

[71]薛睿，蔡艳. 目前我国移动电子商务安全问题及解决途径[J]. 河南教育学院学报(自然科学版)，2012，21(03)：33－36.

[72]鲁林俊. 嵌入式终端密钥协商协议的研究与实现[D]. 华北电力大学，2015.

[73]蔡洋. 基于身份的可证安全的密钥协商协议研究[D]. 山东大

学,2013.

[74]薛睿.基于SET协议的电子商务安全问题研究[D].郑州大学,2013.

[75]谭红连.基于无证书密钥协商协议的研究[D].西华大学,2013.

[76]程紫尧.多种应用环境下安全认证协议的研究[D].北京交通大学,2013.

[77]肖锋.物联网电子标签安全协议的研究与设计[D].北京邮电大学,2013.